国家出版基金项目
NATIONAL PUBLICATION FOUNDATION

离子液体丛书
SERIE BOOKS ON
IONIC LIQUIDS

张锁江 韩布兴 丛书主编

# 聚离子液体功能材料

POLY（IONIC LIQUID）
BASED FUNCTIONAL MATERIALS

严 锋 等 编著

化学工业出版社
·北京·

内容简介　　《聚离子液体功能材料》是“离子液体丛书”分册之一。本书围绕聚离子液体的特性和应用展开论述，系统介绍了聚离子液体的合成方法及多孔离子聚合物的结构设计、合成和应用，详细阐述了聚离子液体在生物医用材料、能源器件、智能响应材料等领域的应用和相关结构性能的调控策略。本书注重基础知识和研究方法的介绍，同时紧紧围绕聚离子液体领域前沿研究进展，集科学性、应用性和实效性为一体。

本书既适合高等院校化学、生物、材料、能源等相关专业的研究生和高年级本科生参阅，也适合相关领域科研人员参考。

图书在版编目（CIP）数据

聚离子液体功能材料 / 严锋等编著．—北京：化学工业出版社，2024.8

（离子液体丛书）

ISBN 978-7-122-45572-7

Ⅰ．①聚…　Ⅱ．①严…　Ⅲ．①离子-液体-研究　Ⅳ．① O646.1

中国国家版本馆CIP数据核字（2024）第090837号

责任编辑：成荣霞　仇志刚

文字编辑：毕梅芳　师明远

责任校对：王　静

装帧设计：王晓宇

出版发行：化学工业出版社

（北京市东城区青年湖南街13号　邮政编码100011）

印　　装：天津裕同印刷有限公司

787mm×1092mm　1/16　印张13　字数219千字

2026年1月北京第1版第1次印刷

购书咨询：010-64518888

售后服务：010-64518899

网　　址：http://www.cip.com.cn

凡购买本书，如有缺损质量问题，本社销售中心负责调换。

定　　价：198.00元　

# “离子液体丛书”
## 编委会

IONIC LIQUIDS

Foreword

# 序

离子液体作为新一代绿色介质和功能材料，已成为国际绿色科技研究前沿。历经30年研究，进入了基础-应用迭代发展新阶段。我国的科学工作者在离子液体领域展现了高度的活跃性，2012年组织筹建了中国化工学会离子液体专业委员会，创办了亚太离子液体与绿色过程会议（APCIL）、全国离子液体与绿色过程学术会议，承办了第8届国际离子液体大会，以及以离子液体为主题的香山科学会议、双清论坛、学部论坛等，我国学者发表的离子液体文章数量已居世界首位，多项离子液体绿色技术实现产业示范应用，这无不显示着我国离子液体研究的快速成长。

鉴于目前大部分研究成果虽有部分科学家著书立作，却少有系统性梳理的现状，2020年，在南昌举行的第5届全国离子液体与绿色过程学术会议及离子液体专业委员会会议上，大家形成共识，集聚众智编撰“离子液体丛书”（以下简称“丛书”），以期为从事离子液体相关研究的学者、工程师等提供参考，进一步促进我国离子液体研究的发展。由此，在2020年12月举行的以“离子液体科学与工程”为题的中国科学院学部科学与技术前沿论坛上，对“丛书”进行内容规划，并最终形成了“丛书”的整体架构。“丛书”汇集了国内30余所高校、科研院所的近百位专家参编，共20余分册，集离子液体基础理论研究与应用研究为一体，首次全面清晰地勾勒离子液体知识及应用体系架构，力求系统全面且阐述深入，致力将该领域知识散点升华到方法学的高度，以期为读者提供更全面的知识。

在“丛书”完成之际，我对作出重要贡献的各分册主编以及参与编写的老师，致以诚挚的感谢！向化学工业出版社的相关编辑表示衷心的感谢！我坚信，我国学者一定能够在离子液体领域作出更多更好的成绩，以造福人类。

张锁江

2025年1月于北京

# 前言

Preface

聚离子液体起源于20世纪70年代，始于对乙烯基吡啶盐自由基聚合的研究。21世纪初，聚离子液体固态电解质被应用于电化学领域，经过几十年的发展，目前已经成为备受瞩目的一类新型功能高分子材料。聚离子液体重复单元中具有离子基团，克服了离子液体小分子的流动性，兼具离子液体的可调变性和聚合物的可加工性等优势，近年来在化学、化工、材料、生物、催化和能源等领域得到广泛应用。目前，聚离子液体的研究主要集中在合成方法、结构调控及构效关系等方面。系统归纳总结该领域丰富的研究成果，对进一步开发满足多样化应用需求的多功能聚离子液体，推动现代交叉学科的发展，具有重要意义。

本书以聚离子液体结构设计和合成为基础，围绕其离子电导率、热稳定性、化学稳定性、亲疏水性、可调变性等特性展开论述，内容主要涉及聚离子液体在生物医用材料、能源器件、智能响应材料等领域的应用进展，着重揭示不同应用领域聚离子液体链段组成、结构及阴阳离子化学结构对性能可控调节的规律。本书在对聚离子液体的前沿研究进行系统归纳总结的同时，也对编著团队的相关工作进行了重点介绍。团队成员周莹杰、郭江娜、孙哲、郭思宇、门永军、赵杰、林本才、潘霁、周家美、章子俊、张秋阳、徐辉、高淑娜、郭雨、李江蓉、陈志伟、马欣雨、欧旭、胡寅、刘子央、王振永、侯晓、刘勤波、李维政等在文献收集、文字整理等方面做了大量工作，在此对他们付出的努力和所做的贡献一并表示感谢。同时，非常感谢丛书主编张锁江院士和韩布兴院士给予的支持，感谢化学工业出版社的帮助。

本书在编写过程中，参阅了大量的文献资料和学术论著，借此机会谨向原文献作者表示衷心的感谢。由于聚离子液体发展迅速，相关研究成果和文献很多，仅选取了部分代表性工作编写在书中。尽管编著者力求向读者尽可能提供完善、详尽、准确的结论和数据等信息，但由于水平有限，书中难免存在不足之处，敬请各位专家、学者和广大读者批评指正。

最后，感谢国家自然科学基金对本项目的支持，感谢国家出版基金对本书出版的支持。

严锋

Contents

# 目录

## 4

## 聚离子液体能源器件

089–140

SERIE BOOKS ON **IONIC LIQUIDS**

IONIC LIQUIDS

# 1 绪论

# 1.1 概述

离子液体 (ionic liquids) 是指由阴离子和阳离子组成、在室温下呈液体状的熔融盐，又称为室温熔融盐，具有电导率高、电化学窗口宽、热稳定性和化学稳定性优异等特性，在能源、化工、生物等领域具有广泛的应用前景。聚离子液体［poly(ionic liquid)s，PIL］是指聚合物结构单元中含有离子液体结构的一类离子聚合物[1-6]，兼具离子液体特性和聚合物特性。聚离子液体阴阳离子的结构多样性和可调节性，使得其在生物医用材料、能源器件、智能响应材料等领域获得了广泛关注和初步应用，已经成为高分子化学和材料科学领域的研究热点。

按照离子与聚合物主链的连接方式，聚离子液体主要可分为（图 1-1）聚阳离子型、聚阴离子型、两性聚离子液体。聚阳离子型，即阳离子以共价键和聚合物主链相连，如聚咪唑阳离子、聚吡啶阳离子、聚季铵阳离子、聚季鏻阳离子等，主要应用在抗菌材料[7-11]、固态电解质[12-17]、刺激响应性材料[18-21]、催化剂[22-24]等领域。聚阴离子型，即阴离子与聚合物主链通过共价键连接，如聚磺酸阴离子、聚磷酸阴离子、聚羧酸阴离子，主要应用在软骨组织凝胶[25]、人造骨骼[26]、水处理[27]等领域。两性聚离子液体，即阴阳离子单元通过共价键与聚合物主链相连，在药物释放、仿生多肽、低毒抗菌、自修复材料领域具有一定的潜在应用[28-30]。

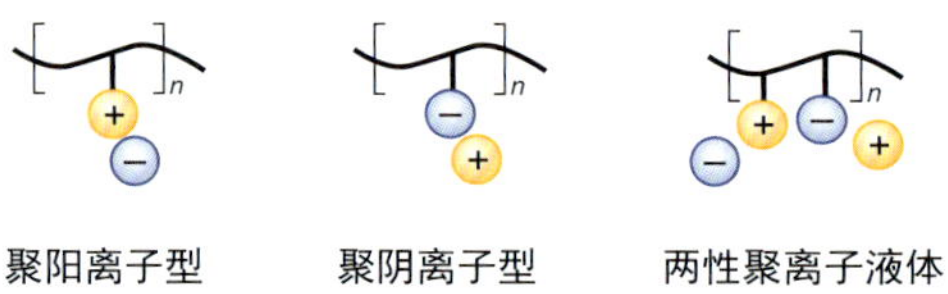


图 1-1 常见的聚离子液体化学结构示意图

聚离子液体的研究最早可追溯到 20 世纪 70 年代，研究人员专注于研究乙烯基吡啶盐和乙烯基咪唑盐中正电荷芳香环对乙烯基自由基聚合的影响[31-34]。直到 2000 年左右，Ohno 等[35-38]率先合成了聚离子液体替代传统的固态电解质，并将其应用于电化学领域。最初，聚离子液体的出现是为了克服离子液体的流动性，近年来，由于聚离子液体特殊的物理化学性能，设计新的结构、获得新的性能、满足新的应用需求，已经成为聚离子液体的研究重点。

## 1.2 聚离子液体的特性

聚离子液体中重复的阴阳离子之间具有氢键、离子键、静电力等多重作用，宏观上表现出与小分子离子液体相当的优异性能，比如较高的离子电导率、较好的热稳定性和化学稳定性以及较宽的电化学窗口等独特性质。此外，聚离子液体兼具聚合物的结构特点，聚合物链段的缠结和运动特性，以及其独特的链段拓扑结构，可进一步影响阴阳离子之间的静电作用力。因此，聚离子液体宏观上表现出不同于非离子型聚合物的独特性能。从本质上来讲，聚离子液体的离子电导率、稳定性、亲疏水性等是由主链结构、阴阳离子结构和种类、取代基团类型和构象等决定的，充分认识各项物理化学性质，对其合成和应用具有指导意义。

离子导电性是聚离子液体的基本性质，主要是由聚合物主链上的反离子在电场作用下的迁移所引起的。离子液体一般是双离子传导，在聚合后，部分离子受到聚合物主链骨架的束缚，导致参与传导的离子数量下降而使得电导率明显降低。此外，聚离子液体与离子液体相比，其玻璃化转变温度较高，导致链段的运动被抑制而表现出稍微逊色的离子电导率。可通过合理设计主链或侧链结构、调控聚合物的分子量，以获得离子电导率不同的聚离子液体。总的说来，聚离子液体的离子电导率受聚合物链段结构、阴阳离子的类型、分子量大小、玻璃化转变温度等因素的影响[39-42]。一般地，聚合物分子量越小，玻璃化转变温度越低，聚离子液体的离子电导率越高。

热稳定性和化学稳定性作为聚离子液体的重要性质，通常受其主链结构和阴阳离子类型的影响。一般地，聚离子液体具有比非离子型聚合物更高的热分解温度和电化学稳定性。结构中含有芳香基团的离子液体单元会显著提高聚离子液体的热稳定性，但在主链或侧链中引入柔性链通常会降低其稳定性。此外，阴阳离子的结构也会影响聚离子液体的热稳定性[2, 5, 43]。常见的几种阳离子的热稳定性顺序大致为：咪唑类＞哌啶类＞吡咯类＞季铵类；常见的几种阴离子的热稳定性顺序大致为：$[TFSI]^-$ ＞ $[CF_3SO_3]^-$ ＞ $[(CF_3SO_2)_2N]^-$ ＞ $[C_{12}H_{25}C_6H_4SO_3]^-$ ＞ $[PF_6]^-$ ＞ $Br^-$ ＞ $[C_{16}H_{34}PO_4]^-$。由于聚离子液体可应用于各种复杂的化学环境，其化学稳定性具有重要意义。然而，离子液体单体的某些位点具有较高的化学反应活性，在聚合之后可能会在特殊的化学环境下发生结构重排引发副反应，或者在极端条件下发生降解，进而影响其化学稳定性。比如，咪唑环 C-2 的氢原子在强碱环境下容易被亲核进攻，可发生开环降解[44]。因此，如何提高聚离子液体的化学稳定性是该领域未来研究的重点之一。离子液体优异的电化学性能也可延伸到聚离子液体材料中，聚离子液体的电化学稳定窗口可高于 5V (vs. $Li^+/Li^0$)。根据目前的研究进展，对于卤族阴离子，$F^-$ 的电化学稳定性更高，吡咯类和季铵类的阳离子比咪唑类的阳离子电化学稳定性更好[45]。然而，聚离子液体的结构具有灵活可调变性，目前尚未发现电化学稳定性分布情况的规律。因此，针对其电化学稳定性的研究仍在探索中。

聚离子液体的亲疏水性是其另一种重要的特性，和平衡离子种类有关，可通过简单的离子交换实现聚离子液体亲 / 疏水性的转变。一般地，对于咪唑阳离子型聚离子液体，阴离子为卤素离子或者氢氧根离子时，表现出较好的亲水性，但是当使用 $[PF_6]^-$、$[TFSI]^-$、$[CF_3SO_3]^-$、$[C_{12}H_{25}C_6H_4SO_3]^-$、$[(CF_3SO_2)_2N]^-$ 等阴离子进行交换后，会变为疏水性聚合物[46]。聚离子液体的这种可快速亲疏水性转变的特性，在界面浸润性和生物材料领域具有广泛的适用性。

此外，聚离子液体中的离子结构可以与细菌的细胞膜产生静电结合而破坏其完整性，其疏水链段可以插入细胞膜的磷脂双分子层，发生扰动，破坏细胞膜而杀死细菌，因此，聚离子液体具有抗菌性。聚离子液体的抗菌作用机制与传统抗生素不同，不易产生细菌耐药性，近年来获得广泛关注。聚离子液体的抗菌性能与阴阳离子结构、密度、聚合物链段结构等密切相关。常见的阳离子包括咪唑类、吡咯类、季铵类、胍类、季鏻类等，均具有一定的抗菌性。阳离子不同其抗菌性能也有较大差异，一般地，阳离子电荷密度越大聚离子液体的抗菌性能越好。阴离子的类型对聚离子液体的抗菌性能也具有较大的影响，比如咪唑类聚离子液体中，常规阴离子 $[N(CN)_2]^-$、$[NO_3]^-$、$[SCN]^-$、$I^-$、$Cl^-$、$[PF_6]^-$、$[MeOSO_3]^-$、$[HSO_4]^-$、$[BF_4]^-$、$[PTS]^-$ 和 $[TFSI]^-$ 中，$[PTS]^-$ 抗菌性能最差而 $[TFSI]^-$ 抗菌性能最好 [47]。此外，还可通过离子交换将氨基酸、脯氨酸、色氨酸、水杨酸等阴离子引入聚离子液体以增强其抗菌性能 [7]。通过改变聚离子液体阴阳离子的化学结构、链段组成和结构，实现亲疏水平衡和物理化学性能的可控调节，可获得具有不同抗菌性能、生物相容性优良和具有特殊功能的抗菌材料。

聚离子液体的这些特性使得其在生物医用材料、催化、气体吸附和分离、能源器件、智能响应器件等领域得到广泛应用，并展示出良好的应用前景。本书主要讲述聚离子液体的特性、在相关领域的应用以及对应结构和性能调控的规律。第 2 章主要介绍聚离子液体在生物医用领域的研究，包括在抗菌材料、抗肿瘤材料、药物载体、生物传感器和医药分析中的应用；第 3 章主要介绍多孔离子聚合物，包含其结构设计、合成的基本控制规律，以及在催化剂、气体分离和存储以及油水分离等领域的应用；第 4 章针对聚离子液体的高热稳定性和高离子电导率的特性，介绍其在二次电池、超级电容器、燃料电池、染料敏化太阳能电池、液流电池等能源器件中的应用，以及相关结构和性能的调控策略；第 5 章依据聚离子液体亲疏水性、灵活可设计的高密度离子基团和结构等特性，介绍聚离子液体在温度响应、电响应、光响应、pH 响应、离子响应、压力传感、自修复材料等智能材料和器件方面的应用及结构和性能调控规律。

## 1.3 聚离子液体的合成

合成聚离子液体主要有两种途径：一种是利用功能性离子液体单体直接聚合；另一种是通过共价接枝或动态配位等方式对现有聚合物进行后修饰改性（图 1-2）。其中，将带有乙烯基官能团的离子液体通过自由基引发直接聚合，是最为常见的制备聚离子液体的方法。主要是因为适用该方法的离子液体单体种类多、适用性广，且反应条件温和、简便易于控制，容易实现工业化生产。自由基聚合方法主要包括溶液聚合、乳液聚合、分散聚合、悬浮聚合和本体聚合。

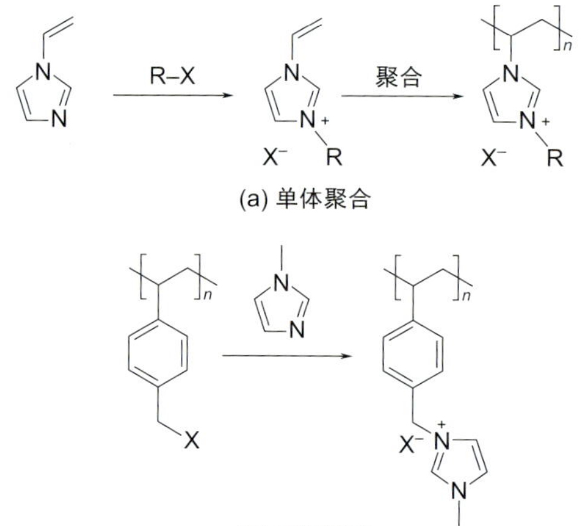


(a) 单体聚合

(b) 后修饰法

图 1-2　聚离子液体的合成路径

图示例为咪唑型聚离子液体的合成，其他聚离子液体合成途径与此类似

## 1.3.1 溶液聚合

溶液聚合即将单体溶于适当溶剂中进行的自由基聚合，是制备聚离子液体的常用方法。 例如，Yuan 等 [48] 将 1- 氰基 -3- 乙烯基咪唑双 ( 三氟甲磺酰基 ) 亚胺盐 ([CNvim][TFSI]) 溶解于乙醇中，以偶氮二异丁腈为引发剂在 70℃下制备相应聚离子液体。采用溶液聚合法制备聚离子液体的溶剂类型具有良好的普适性，除乙醇之外，二甲亚砜 [49-50]、三氯甲烷 [51]、1, 4- 二氧六环 [52]、*N*, *N*- 二甲基甲酰胺 [53]、水 [54] 和四氢呋喃 [55] 等都是可选择的溶剂。

## 1.3.2 乳液聚合

乳液聚合是一种常见的高分子聚合方法，现在逐渐被用于聚离子液体的合成，主要是将单体在乳化剂的作用下分散在水中形成乳液，在引发剂作用下进行聚合。Mathieu 等[56]将离子液体单体[1-辛基-3-乙烯基咪唑溴盐([Ovim]Br)]和离子液体型交联剂[1,1′-(己烷-1,6-二基)双(3-乙烯基咪唑)二溴盐($[C_6(vim)_2]Br_2$)]与不可聚合的离子液体在超临界 $CO_2$ 溶解于离子液体高内相乳液条件下进行乳液聚合，制备得到聚离子液体离子凝胶。Chen 等[57]利用可聚合型离子液体 1-烯丙基-3-甲基咪唑氯盐([Amim]Cl)及 1-烯丙基-3-甲基咪唑六氟磷酸盐($[Amim][PF_6]$)，以 3-烯丙氧基-2-羟基-1-丙烷磺酸钠为乳化剂，以聚乙二醇二丙烯酸酯为交联剂，通过微乳液聚合成功构建了具有良好的热稳定性的聚离子液体多孔材料，该聚离子液体可作为吸附剂从水溶液中去除 $Zn^{2+}$。

## 1.3.3 分散聚合

分散聚合是在聚合体系中加入分散剂以防止生成的聚合物发生凝结，进而形成稳定分散液的聚合方法，是制备微米级单分散聚合物颗粒的有效方法，可用于制备聚离子液体颗粒或微球。Minami 等[58]通过将[2-(甲基丙烯酰氧基)乙基]三甲基铵双(三氟甲磺酰基)亚胺盐([Mtma][TFSI])和 1-乙烯基-3-乙基咪唑双(三氟甲磺酰基)亚胺盐([Veim][TFSI])分别分散在甲醇/乙醇、甲醇/水溶液中，并添加聚(乙烯基吡咯烷酮)作为分散剂，采用分散聚合制备成尺寸可调的高度单分散的聚离子液体粒子。An 等[59]将 1-(4-乙烯基苄基)-3-丁基咪唑四氟硼酸盐($[Vbbim][BF_4]$)分散在乙醇中，通过链转移分散自由基聚合制备了不同形态（球体、蠕虫状和囊泡状)的聚离子液体。Yin 等[60]还利用分散聚合制备了季铵盐型聚离子液体微球，并进一步在其表面聚合多巴胺形成了具有增强电响应电流变效应的均一微球。

## 1.3.4 悬浮聚合

悬浮聚合是指单体（即分散相）以液滴状态悬浮于连续相中，且在分散相内部发生聚合的方法，是制备聚离子液体微球或粒子的常用方法之一。Minami 等人[61]将聚甲基丙烯酸-2-苯乙酯(PPhEMA)溶解在 1-乙烯基-3-乙基咪唑双(三氟甲磺酰基)亚胺盐([Veim][TFSI])和 THF 的混合物中，在室温下将THF缓慢蒸发后，获得包含[Veim][TFSI]和PPhEMA的均匀溶液，并将其倒入聚乙烯醇水溶液（质量分数为1.0%）中进行悬浮聚合，制备了一系列形貌可调的温感型咪唑盐PPhEMA/PIL复合颗粒。同时，聚合温度对所形成聚合物粒子的形貌具有显著影响。采用悬浮聚合也可以获得具有中空结构的聚离子液体颗粒。例如，将油相[乙二醇二甲基丙烯酸酯/2-(甲基丙烯酰氧基)乙基三甲基铵双(三氟甲磺酰基)亚胺盐单体/过氧化苯甲酰/乙酸正丁酯/甲基丙烯酸正丁酯]和水相(聚乙烯醇水溶液)混合均质化后悬浮聚合，可形成具有中空结构的聚离子液体颗粒，并可进一步通过阴离子交换获得通透性不同的中空结构材料[62]。

### 1.3.5 本体聚合

本体聚合是单体在无溶剂以及其他分散剂的条件下，直接聚合的制备方法。Peng等[63]以阴离子型化合物为单体在80℃条件下采用本体聚合，制备热稳定性优异的聚离子液体并应用于锂离子电池电解质。与其他聚合方法相比，本体聚合法无须引入其他溶剂，因此更加绿色环保，尤其适用于膜材料的制备。Yan等[64]采用本体聚合法制备了一系列聚离子液体膜材料。还可以通过对其表面进行主客体分子(二茂铁、环糊精)修饰，获得具有氧化-还原响应性的超分子“搭扣”[65]。

### 1.3.6 聚合物后修饰制备聚离子液体

通过对聚合物进行化学修饰将离子液体单元结构引入聚合物中，也是制备聚离子液体的有效方法。后修饰制备聚离子液体可通过季铵化反应构建离子液体基团，也可通过共价键直接将离子液体基团引入聚合物结构单元中，在聚合物材料的离子化改性或表面功能化修饰方面具有广泛的应用。引入不同化学结构的离子液体可以获得不同性能的聚离子液体。Ji等[66]利用碘甲烷与聚合物中的吡啶基团反应，合成了吡啶型离子聚合物，该聚合物表现出良好的抗菌性能。Kim等[67]通过季铵化反应，将具有变色特性的联吡啶阳离子引入聚合物中获得电致变色离子聚合物。Cameron等[68]将叠氮基官能化的咪唑盐聚离子液体通过化学偶联接枝到羟乙基纤维素上，制备了抗菌性能优异的聚离子液体接枝共聚物。聚离子液体独特的阴阳离子结构使得其更易吸附在凝胶色谱柱上，因此难以对其分子量进行表征，通过聚合物后修饰的方法可以解决该问题，从而更有利于研究聚离子液体的性能与分子量的定量关系。

## 1.4 聚离子液体的发展趋势

聚离子液体兼具离子液体的物理化学性质和聚合物的柔韧性和可加工性等多重优势，经过五十多年的发展，已经在生物、能源、催化、化工等领域的应用中崭露头角。目前，自由基聚合是最为常用的合成聚离子液体的方法，但是由于该聚合方法自身的特点，通常以无规聚合为主，导致聚离子液体分子量难以精确控制且分布较宽，进而影响其结构的可控构筑。虽然可以通过后修饰方法来获得结构较为明确的聚离子液体，但是后处理技术对起始聚合物和预接枝或取代的离子液体的结构特点具有特殊要求，离子基团的种类和接枝数量受到了限制。因此，探索新的合成技术，获得功能多样且结构可控的聚离子液体材料，是未来研究的重点方向之一。同时，离子液体单体的规模化制备技术、影响聚离子液体合成的因素、制备聚离子液体的工艺等基础科学问题，均有待进一步发展和研究。另外，聚离子液体的优异特性引起人们的极大兴趣，其在生物医用材料、能源器件、智能响应材料等领域具有巨大的应用潜力。因此，进一步开发能满足多样化应用需求的多功能聚离子液体至关重要，对现代交叉学科的发展也具有积极的意义，相信会有越来越多性能优异的聚离子液体材料得到开发和应用。随着绿色化学的发展，开发新型可循环、可降解的聚离子液体，可极大地拓宽聚离子液体的应用领域，并对节约能源起到积极的作用，将是今后一段时间内研究的又一重点。最后，虽然关于聚离子液体的合成和应用已经有大量的报道，但都仅限于实验室研究阶段，推动聚离子液体的商品化任重而道远。

## 参考文献


[1] Lu J, Yan F, Texter J. Advanced Applications of Ionic Liquids in Polymer Science. Progress in Polymer Science, 2009, 34:431-448.

[2] Qian W, Texter J, Yan F. Frontiers in Poly(Ionic Liquid)s: Syntheses and Applications. Chemical Society Reviews, 2017,46:1124-1159.

[3] Xu D, Guo J, Yan F. Porous Ionic Polymers: Design, Synthesis, and Applications. Progress in Polymer Science, 2018,79:121-143.

[4] Mecerreyes D. Polymeric Ionic Liquids: Broadening the Properties and Applications of Polyelectrolytes. Progress in Polymer Science, 2011,36:1629-1648.

[5] Yuan J, Antonietti M. Poly(Ionic Liquid)s: Polymers Expanding Classical Property Profiles. Polymer, 2011,52:1469-1482.

[6] Yuan J, Mecerreyes D, Antonietti M. Poly(Ionic Liquid)s: An Update. Progress in Polymer Science, 2013,38:1009-1036.

[7] Guo J, Xu Q, Zheng Z, et al. Intrinsically Antibacterial Poly(Ionic Liquid) Membranes: The Synergistic Effect of Anions. ACS Macro Letters, 2015,4:1094-1098.

[8] Luo Z, Cui H, Guo J, et al. Poly(Ionic Liquid)/Ce - Based Antimicrobial Nanofibrous Membrane for Blocking Drug - Resistance Dissemination from MRSA - Infected Wounds. Advanced Functional Materials, 2021, 31:2100336.

[9] Muñoz-Bonilla A, Fernández-García M. Poly(Ionic Liquid)s as Antimicrobial Materials. European Polymer Journal, 2018,105:135-149.

[10] Zheng Z, Xu Q, Guo J, et al. Structure-Antibacterial Activity Relationships of Imidazolium-Type Ionic Liquid Monomers, Poly(Ionic Liquids) and Poly(Ionic Liquid) Membranes: Effect of Alkyl Chain Length and Cations. ACS Applied Materials & Interfaces, 2016,8:12684-12692.

[11] Xu Q, Zheng Z, Wang B, et al. Zinc Ion Coordinated Poly(Ionic Liquid) Antimicrobial Membranes for Wound Healing. ACS Applied Materials & Interfaces, 2017,9:14656-14664.

[12] Chen X, Zhao J, Zhang J, et al. Bis-Imidazolium Based Poly(Ionic Liquid) Electrolytes for Quasi-Solid-State Dye-Sensitized Solar Cells. Journal of Materials Chemistry, 2012, 22:18018-18024.

[13] Sun Z, Lin B, Yan F. Anion-Exchange Membranes for Alkaline Fuel-Cell Applications: The Effects of Cations. ChemSusChem, 2018, 11:58-70.

[14] Pont A L, Marcilla R, de Meatza I, et al. Pyrrolidinium-Based Polymeric Ionic Liquids as Mechanically and Electrochemically Stable Polymer Electrolytes. Journal of Power Sources, 2009,188:558-563.

[15] de Anastro A F, Lago N, Berlanga C, et al. Poly(Ionic Liquid) Iongel Membranes for All Solid-State Rechargeable Sodium Battery. Journal of Membrane Science, 2019,582:435-441.

[16] Zhou T, Gao X, Dong B, et al. Poly(Ionic Liquid) Hydrogels Exhibiting Superior Mechanical and Electrochemical Properties as Flexible Electrolytes. Journal of Materials Chemistry A, 2016, 4:1112-1118.

[17] Zhao J, Shen X, Yan F, et al. Solvent-Free Ionic Liquid/Poly(Ionic Liquid) Electrolytes for Quasi-Solid-State Dye-Sensitized Solar Cells. Journal of Materials Chemistry, 2011,21:7326-7330.

[18] Ren Y, Liu Z, Jin G, et al. Electric-Field-Induced Gradient Ionogels for Highly Sensitive, Broad-Range-Response, and Freeze/Heat-Resistant Ionic Fingers. Advanced Materials, 2021, 33:2008486.

[19] Zheng S, Li W, Ren Y, et al. Moisture - Wicking, Breathable, and Intrinsically Antibacterial Electronic Skin Based on Dual - Gradient Poly(Ionic Liquid) Nanofiber Membranes. Advanced Materials, 2022,34:2106570.

[20] Wang Z, Xiao H, Duan N, et al. Shape- and Color-Switchable Polyurethane Thermochromic Actuators Based on Metal-Containing Ionic Liquids. ACS Applied Materials & Interfaces, 2021, 13:28878-28888.

[21] Guo J, Sun Z, Zhou Y, et al. Poly(Ionic Liquid) - Based Energy and Electronic Devices. Chinese Journal of Chemistry, 2021, 40:1099-1108.

[22] Wu Z, Chen C, Guo Q, et al. Novel Approach for Preparation of Poly (Ionic Liquid) Catalyst with Macroporous Structure for Biodiesel Production. Fuel, 2016, 184:128-135.

[23] Rojas M, Bernard F, Aquino A, et al. Poly(Ionic Liquid)s as Efficient Catalyst in Transformation of $CO_2$ to Cyclic Carbonate. Journal of Molecular Catalysis A: Chemical, 2014, 392:83-88.

[24] Kim T, Lee H, Stoller M, et al. High-Performance Supercapacitors Based on Poly(Ionic Liquid)-Modified Graphene Electrodes. ACS Nano, 2011,5:436-442.

[25] Ren Z, Zhang Y, Li Y, et al. Hydrogen Bonded and Ionically Crosslinked High Strength Hydrogels Exhibiting $Ca^{2+}$-Triggered Shape Memory Properties and Volume Shrinkage for Cell Detachment. Journal of Materials Chemistry B, 2015, 3:6347-6354.
[26] Dey R, Zhong X, Youle P, et al. Synthesis and Characterization of Poly(Vinylphosphonic Acid-co-Acrylic Acid) Copolymers for Application in Bone Tissue Scaffolds. Macromolecules, 2016,49:2656-2662.
[27] Yang S, Chen L, Mu L, et al. Low Cost Carbon Fiber Aerogel Derived from Bamboo for the Adsorption of Oils and Organic Solvents with Excellent Performances. RSC Advances, 2015,5:38470-38478.
[28] Soll S, Zhang P, Zhao Q, et al. Mesoporous Zwitterionic Poly(Ionic Liquid)s: Intrinsic Complexation and Efficient Catalytic Fixation of $CO_2$. Polymer Chemistry, 2013, 4:5048-5051.
[29] Liu Z, Wang Y, Ren Y, et al. Poly(Ionic Liquid) Hydrogel-Based Anti-Freezing Ionic Skin for a Soft Robotic Gripper. Materials Horizons, 2020,7:919-927.
[30] Zhang L, Du J, Ran T, et al. Preparation and Application of Poly(Zwitterionic Ionic Liquid) to Enhance the Photocatalytic Activity of $TiO_2$. Journal of Materials Science, 2016,51:7186-7198.
[31] Hoover M. Cationic Quaternary Polyelectrolytes—a Literature Review. Journal of Macromolecular Science: Part A-Chemistry, 1970,4:1327-1418.
[32] Hamid S, Sherrington D. Novel Quaternary Ammonium Amphiphilic (Meth)Acrylates: 2. Thermally and Photochemically Initiated Polymerizations. Polymer, 1987,28:332-339.
[33] Hamid S, Sherrington D. Novel Quaternary Ammonium Amphiphilic (Meth)Acrylates: 1. Synthesis, Melting and Interfacial Behaviour. Polymer, 1987, 28:325-331.
[34] Benjelloun A, Brembilla A, Lochon P, et al. Cationic Polyamphiphiles in Aqueous Media: Evidence for a Fingerprint-Like Structure by Cryo-Transmission Electron Microscopy. Langmuir, 1997,13:5770-5773.
[35] Ohno H, Yoshizawa M, Ogihara W. Development of New Class of Ion Conductive Polymers Based on Ionic Liquids. Electrochimica Acta, 2004, 50:255-261.
[36] Yoshizawa-Fujita M, Ogihara W, Ohno H. Novel Polymer Electrolytes Prepared by Copolymerization of Ionic Liquid Monomers. Polymers for Advanced Technologies, 2002,13:589-594.
[37] Yoshizawa M, Hirao M, Ito-Akita K, et al. Ion Conduction in Zwitterionic-Type Molten Salts and Their Polymers. Journal of Materials Chemistry, 2001, 11:1057-1062.
[38] Hirao M, Ito K, Ohno H. Preparation and Polymerization of New Organic Molten Salts: *N*-Alkylimidazolium Salt Derivatives. Electrochimica Acta, 2000, 45:1291-1294.
[39] Wang P, Zhou Y, Luo J, et al. Poly(Ionic Liquid)s-Based Nanocomposite Polyelectrolytes with Tunable Ionic Conductivity Prepared via Si-ATRP. Polymer Chemistry, 2014,5:882-891.
[40] Fan F, Wang W, Holt A, et al. Effect of Molecular Weight on the Ion Transport Mechanism in Polymerized Ionic Liquids. Macromolecules, 2016,49:4557-4570.
[41] Yang F, Huang Y, Zhang M, et al. Significant Improvement of Ionic Conductivity of High-Graphene Oxide-Loading Ice-Templated Poly (Ionic Liquid) Nanocomposite Electrolytes. Polymer, 2018,153:438-444.
[42] Döbbelin M, Azcune I, Bedu M, et al. Synthesis of Pyrrolidinium-Based Poly(Ionic Liquid) Electrolytes with Poly(Ethylene Glycol) Side Chains. Chemistry of Materials, 2012,24:1583-1590.
[43] Shaplov A, Ponkratov D, Vygodskii Y. Poly(Ionic Liquid)s: Synthesis, Properties, and Application. Polymer Science Series B, 2016,58:73-142.
[44] Sun Z, Pan J, Guo J, et al. The Alkaline Stability of Anion Exchange Membrane for Fuel Cell Applications: The Effects of Alkaline Media. Advanced Science, 2018, 5:1800065.
[45] Appetecchi G, Kim G, Montanino M, et al. Ternary Polymer Electrolytes Containing Pyrrolidinium-Based Polymeric Ionic Liquids for Lithium Batteries. Journal of Power Sources, 2010,195:3668-3675.
[46] le Bideau J, Viau L, Vioux A. Ionogels, Ionic Liquid Based Hybrid Materials. Chemical Society Reviews, 2011, 40:907-925.
[47] Hajfarajollah H, Mokhtarani B, Noghabi K, et al. Antibacterial and Antiadhesive Properties of Butyl-Methylimidazolium Ionic Liquids toward Pathogenic Bacteria. RSC Advances, 2014,4:42751-42757.
[48] Lin H, Gong J, Miao H, et al. Flexible and Actuating Nanoporous Poly(Lonic Liquid)-Paper-Based Hybrid Membranes. ACS Applied Materials & Interfaces, 2017,9:15148-15155.
[49] Hou X, Wang Z, Zheng Z, et al. Poly(Ionic Liquid) Electrolytes for a Switchable Silver Mirror. ACS Applied Materials & Interfaces, 2019,11:20417-20424.
[50] Josef E, Guterman R. Designing Solutions for Electrospinning of Poly(Ionic Liquid)s. Macromolecules,

2019,52:5223-5230.
[51] Marcilla R, Blazquez J, Rodriguez J, et al. Tuning the Solubility of Polymerized Ionic Liquids by Simple Anion-Exchange Reactions. Journal of Polymer Science Part A: Polymer Chemistry, 2004, 42:208-212.
[52] Yan X, Zhang F, Zhang H, et al. Improving Oxygen Reduction Performance by Using Protic Poly(Ionic Liquid) as Proton Conductors. ACS Applied Materials & Interfaces, 2019,11:6111-6117.
[53] Morozova S, Shaplov A, Lozinskaya E, et al. Ionic Polyurethanes as a New Family of Poly(Ionic Liquid)s for Efficient $CO_2$ Capture. Macromolecules, 2017,50:2814-2824.
[54] Zhang W, Kochovski Z, Lu Y, et al. Internal Morphology-Controllable Self-Assembly in Poly(Lonic Liquid) Nanoparticles. ACS Nano, 2016, 10:7731-7737.
[55] Bielas R, Mielanczyk A, Skonieczna M, et al. Choline Supported Poly(Ionic Liquid) Graft Copolymers as Novel Delivery Systems of Anionic Pharmaceuticals for Anti-Inflammatory and Anti-Coagulant Therapy. Scientific Reports, 2019,9:14410.
[56] Mathieu K, Jerome C, Debuigne A. Macroporous Poly(Ionic Liquid)/Ionic Liquid Gels via $CO_2$-Based Emulsion-Templating Polymerization. Polymer Chemistry, 2018,9:428-437.
[57] Wang A, Li S, Chen H, et al. Construction of Novel Polymerizable Ionic Liquid Microemulsions and the in Situ Synthesis of Poly(Ionic Liquid) Adsorbents. Nanomaterials, 2019,9:454.
[58] Minami H. Preparation and Morphology Control of Poly(Ionic Liquid) Particles. Langmuir, 2020,36:8668-8679.
[59] Yang Y, Zheng J, Man S, et al. Synthesis of Poly(Ionic Liquid)-Based Nano-Objects with Morphological Transitions via Raft Polymerization-Induced Self-Assembly in Ethanol. Polymer Chemistry, 2018,9:824-827.
[60] Zheng C, Liu Y, Dong Y, et al. Low-Temperature Interfacial Polymerization and Enhanced Electro-Responsive Characteristic of Poly(Ionic Liquid)s@Polyaniline Core-Shell Microspheres. Macromolecular Rapid Communications, 2019,40:1800351.
[61] Tokuda M, Suzuki T, Minami H. Morphological Change of Thermosensitive Imidazolium-Based Poly(Ionic Liquid)/Poly(Phenylethylmethacrylate) Composite Particles. Polymers for Advanced Technologies, 2017,28:470-475.
[62] Nakamura R, Tokuda M, Suzuki T, et al. Preparation of Poly(Ionic Liquid) Hollow Particles with Switchable Permeability. Langmuir, 2016, 32:2331-2337.
[63] Huan D, Shi N, Zhang L, et al. New, Efficient, and Reliable Air Electrode Material for Proton-Conducting Reversible Solid Oxide Cells. ACS Applied Materials & Interfaces, 2018,10:1761-1770.
[64] Qin J, Guo J, Xu Q, et al. Synthesis of Pyrrolidinium-Type Poly(Ionic Liquid) Membranes for Antibacterial Applications. ACS Applied Materials & Interfaces, 2017,9:10504-10511.
[65] Guo J, Yuan C, Guo M, et al. Flexible and Voltage-Switchable Polymer Velcro Constructed Using Host-Guest Recognition between Poly(Ionic Liquid) Strips. Chemical Science, 2014,5:3261-3266.
[66] Fan X, Hu M, Qin Z, et al. Bactericidal and Hemocompatible Coating via the Mixed-Charged Copolymer. ACS Applied Materials & Interfaces, 2018,10:10428-10436.
[67] Puguan J, Kim H. A Switchable Single-Molecule Electrochromic Device Derived from a Viologen-Tethered Triazolium-Based Poly(Ionic Liquid). Journal of Materials Chemistry A, 2019,7:21668-21673.
[68] Joubert F, Yeo R, Sharples G, et al. Preparation of an Antibacterial Poly(Ionic Liquid) Graft Copolymer of Hydroxyethyl Cellulose. Biomacromolecules, 2015,16:3970-3979.

SERIE BOOKS ON **IONIC LIQUIDS**

IONIC LIQUIDS

# 2

# 聚离子液体基生物医用材料

近年来，聚离子液体在生物医用领域的研究方兴未艾。聚离子液体可通过多种方式(静电作用、π-π相互作用、疏水作用及氢键等)与生物组织或生物活性物质作用，加之化学结构可设计性强的特点，使之适于构建生物医用材料。本章将逐一介绍聚离子液体在抗菌、抗肿瘤、药物载体、生物传感器、医药分析等生物医用领域的应用。

# 2.1 聚离子液体基抗菌材料

聚离子液体可通过静电和疏水作用发挥抗菌作用，其中聚离子液体的阳离子官能团依靠静电作用力吸附于带负电荷的细菌表面并破坏其细胞壁，同时亲脂的烷基链插入磷脂双层中扰动细胞膜，辅助破坏细胞结构，最终使细菌因细胞膜损伤、内容物释放而死亡。由于这种膜破坏杀菌机制不易产生细菌耐药性，因而聚离子液体基抗菌材料备受青睐。此外，聚离子液体抗菌基团易富集在材料表面，可缩短杀菌时间，提高杀菌效率，因此在抗菌材料领域具有显著优势。

## 2.1.1 聚离子液体化学结构与抗菌性能间的构效关系

聚离子液体主要通过静电和疏水作用破坏细菌细胞膜，导致细菌细胞内容物释放而死亡。因此，聚离子液体抗菌活性主要由其与细菌间的静电作用和疏水作用决定。这两种作用力的强弱与聚离子液体化学结构密切相关，因此通过研究聚离子液体化学结构如阴阳离子结构和密度、侧链结构和长度、聚合物主链类型等与抗菌性能之间的关系，可以揭示聚离子液体的化学结构对抗菌性能的影响规律，并反馈指导高抗菌性聚离子液体的结构设计和合成。

常见的阳离子，包括咪唑类、吡咯类、吡啶类、季铵类、季鳞类及胍类等，可直接影响聚离子液体与细菌间的作用及其抗菌性能。Anvari等[1]研究发现咪唑盐离子液体对革兰氏阴性菌(大肠杆菌、肺炎克雷伯菌、伤寒沙门氏菌和铜绿假单胞菌)的抗菌性能，显著优于吡啶盐离子子液体。Yan 等[2]比较了基于季铵阳离子、咪唑阳离子、季鏻阳离子、哌啶阳离子的聚离子液体抗菌性能，抗菌性能排序为：季鏻盐＞咪唑盐＞哌啶盐＞季铵盐。其中，季鏻阳离子与细菌细胞膜的结合力最强，因而抗菌性最好。相较于哌啶阳离子，咪唑环内的 π 电子共轭在稳定阳离子环正电荷的同时，还增强了咪唑环与细菌细胞壁的接触能力，从而提高了咪唑盐离子液体的抗菌性能；而季铵阳离子与细胞膜脂质层间的相互作用力最弱，导致其抗菌性能最差。该课题组进一步对含咪唑阳离子、季铵阳离子及三乙烯二胺阳离子的主链型和侧链型聚合物的抗菌性能进行了研究，发现咪唑阳离子聚合物的抗菌活性优于季铵阳离子和三乙烯二胺阳离子聚合物[3]。

电荷密度可影响聚离子液体与细菌细胞膜之间的静电作用，进而导致抗菌性能差异。例如，Zheng[4] 和 Qin[5] 等分别研究了含有单 / 双咪唑类阳离子、单 / 双吡咯类阳离子的聚离子液体的抗菌性能。研究结果表明聚离子液体的抗菌性能随着电荷密度的增加而增强。Wang 等[6]合成了含有疏水尾端的单链 / 双链季铵盐聚离子液体，研究发现阳离子电荷密度与抗菌性能成正比。双链聚离子液体具有更高的正电荷密度，因此其抗菌活性高于相应单链聚离子液体。

聚离子液体的疏水链结构可通过疏水作用插入细菌的双层磷脂膜中，扰动细菌细胞膜，因而聚离子液体的抗菌性能与其疏水链化学结构密切相关。早期研究发现，季铵盐聚离子液体的抗菌性能随着烷基链长度的增加而减弱，因为过长烷基链的弯曲 / 卷曲会包覆季铵基团，阻碍其与细菌间的静电结合，并最终导致抗菌活性的下降[6]。Qin 等[5]发现吡咯烷盐离子液体小分子相较于其均聚物，抗菌性能随烷基链长增加而增强；而在其共聚物膜中，抗菌性能与烷基链长则呈负相关。具体机理为，当细菌分散液与聚离子液体膜表面接触时，吡咯阳离子倾向于聚集在水和聚离子液体膜界面，而碳链则倾向于蜷缩进入膜本体内，导致聚离子液体膜的长碳链效应被掩盖，因而聚离子液体膜的抗菌性与碳链长度呈负相关。

聚离子液体的侧链结构也会影响其抗菌性能。例如，当侧链中碳链长度相同时，含有酰氨基比含有酯基的季铵盐聚离子液体拥有更好的抗菌活性（图 2-1）[7]。此外，侧链的环化和不饱和度也对聚离子液体的抗菌性能具有显著影响。Uppu 等 [8] 发现，含有环化基团、直链取代基和不饱和侧链的聚离子液体的抗菌性能降低。

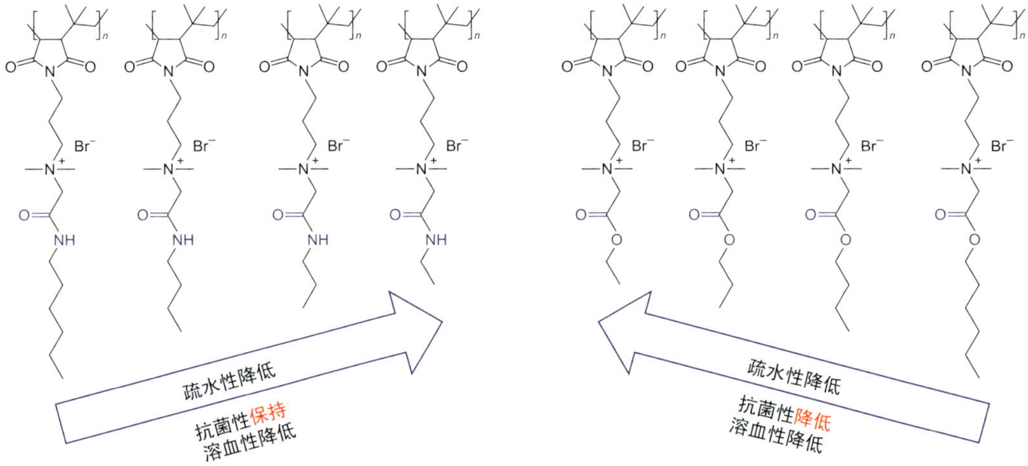


图 2-1　侧链包含酰氨基和酯基结构的季铵盐聚离子液体化学结构及抗菌性能与疏水性关系示意图 [7]

阴离子也会影响聚离子液体的抗菌活性。Mokhtarani 等 [9] 合成了不同阴离子（$[N(CN)_2]^-$、$[NO_3]^-$、$[SCN]^-$、$I^-$、$Cl^-$、$[PF_6]^-$、$[MeOSO_3]^-$、$[HSO_4]^-$、$[BF_4]^-$、$[PTS]^-$ 和 $[TFSI]^-$）的咪唑盐聚离子液体，并系统研究了阴离子种类对抗菌性能的影响。研究结果表明，咪唑盐聚离子液体的抗菌性能受阴离子的影响显著，当阴离子为 $[TFSI]^-$ 时，聚离子液体抗菌性能最佳，而阴离子为 $[PTS]^-$ 时，抗菌性能最差。Guo 等 [10] 合成了阴离子为脯氨酸 ($[Pro]^-$)、色氨酸 ($[Trp]^-$) 和 $Br^-$ 的咪唑盐聚离子液体，实验表明聚离子液体抗菌性能受氨基酸阴离子的影响，表现为：$[Trp]^- > [Pro]^- > Br^-$。近期，研究人员对含有金属配位阴离子的聚离子液体抗菌性能进行了研究。Zheng 等 [11] 研究了阴离子为 $CuCl_2Br^-$、$FeCl_3Br^-$ 和 $ZnCl_2Br^-$ 的咪唑盐聚离子液体的抗菌性能（图 2-2）。研究发现金属配位阴离子产生的活性氧类物质，可以与咪唑阳离子协同提高聚离子液体的抗菌性能，其中含 $CuCl_2Br^-$ 的聚离子液体抗菌性能最优。

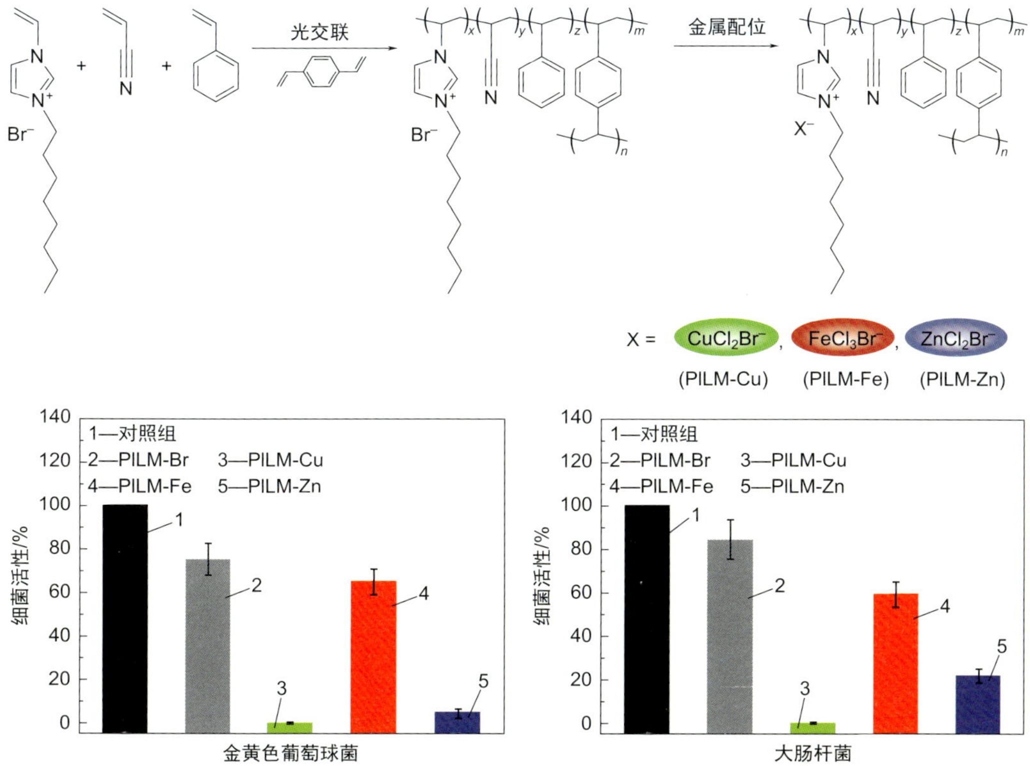


图 2-2　含有金属配位阴离子的聚离子液体的化学结构及抗菌性能[11]

## 2.1.2 聚离子液体基多功能抗菌材料

单一功能的抗菌材料已无法满足抗菌材料发展的需求，制备兼具其他功能，如生物膜消除 / 抑制功能、荧光识别功能、选择性抗菌功能的材料逐渐成为新的研究热点。

细菌大量增殖会导致生物膜的形成，而生物膜内的细菌更难以被杀死。近年来，研究人员进一步开发了兼具抗菌和生物膜消除功能的聚离子液体。例如，季铵盐聚离子液体不仅表现出抗菌性能，其在生物膜消除方面也具有一定功效。季铵阳离子可以与电负性的生物膜胞外基质结合，进一步穿透生物膜并显示抗生物膜活性。Barman 等[12]开发了一种含有氨基酸共轭的季铵盐聚合物，其对鲍曼不动杆菌的抗菌性能和抗生物膜活性研究发现，该季铵盐聚合物对鲍曼不动杆菌耐药菌株和野生菌株的最小抑菌浓度为 8 ～ 16μg・mL$^{-1}$，同时该聚合物能够有效消除耐药鲍曼不动杆菌临床分离株形成的生物膜。此外，基于季铵盐的交联胶束 (QAS@CM) 也被用于生物膜的消除[13]。如图 2-3 所示，QAS@CM 接触到生物膜后，可以通过静电相互作用吸附到生物膜表面，并穿透生物膜胞外基质扩散到整个生物膜中。同时，QAS@CM 表面键合的大量 *β*- 硫代丙酸盐可与生物膜内的微环境产生反应，分解为季铵盐低聚物，表现出生物膜消除和细菌杀灭性能。Takahashi 的研究也得到了类似的结果[14]，他们所合成的两亲离子聚合物在 1000μg・mL$^{-1}$ 的浓度下，可有效杀死细菌并抑制 80% 生物膜的形成。

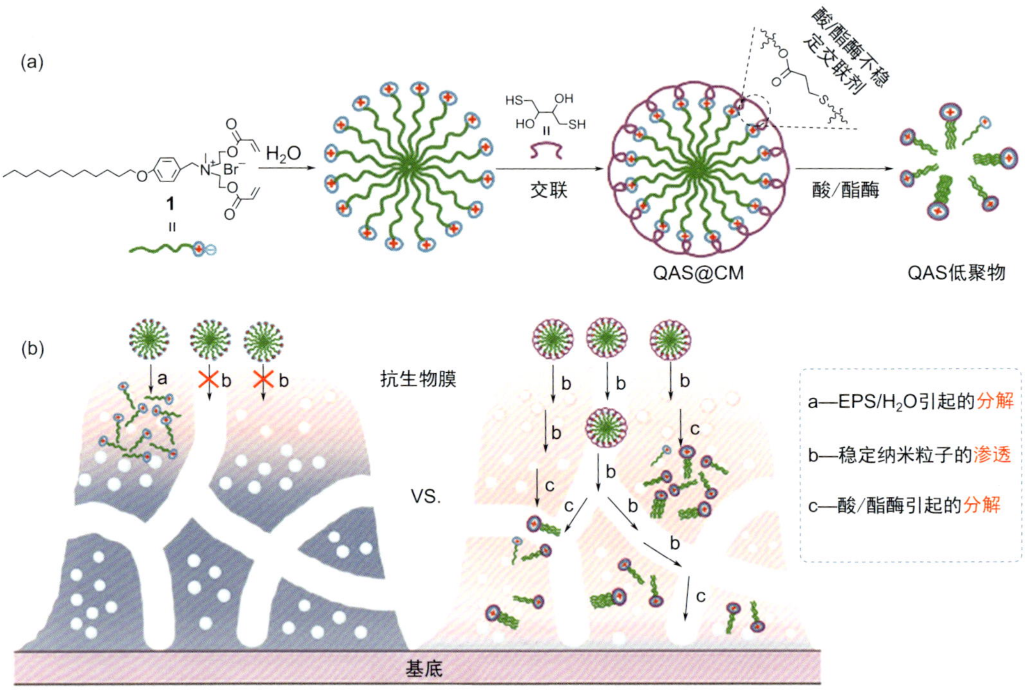


图 2-3　基于季铵盐的交联胶束 (QAS@CM) 的抗生物膜作用机制示意图[13]

通过荧光识别死细菌能够直观地显示材料的抗菌性能。Shi 等 [15] 将具有聚集诱导荧光 (AIE) 性能的四苯乙烯基团通过共价键引入离子液体中，获得具有 AIE 性能的离子液体。该离子液体可通过静电作用聚集到细菌表面，在杀死细菌的同时呈现荧光，实现对死细菌的荧光识别。近期，Zheng 等 [16] 合成了系列柔性荧光二酮吡咯基咪唑盐离子液体衍生物，其中咪唑侧链碳原子数为 6 的离子液体具有相对较小的分子尺寸，可以穿透细菌膜，显示出快速高效的抗菌活性，同时呈现荧光，实现细菌荧光识别。此外，Wang 等 [17] 通过阴离子交换将具有 AIE 性能的阴离子 ($TPE-SO_3^-$) 引入咪唑盐聚离子液体中，实现细菌杀灭和死细菌荧光识别，同时能够抑制生物膜的形成。

耐药菌感染是临床医学面临的重要挑战，其感染率和复发率高，难以快速有效治愈。高效地杀灭耐药菌并阻断耐药基因的传播，是消除耐药菌感染的根本途径。近期，Luo 等 [18] 合成了具有耐药基因吸附分解性能的咪唑盐聚离子液体。他们将铈 (Ce) 基脱氧核糖核酸模拟酶 (DNase) 与聚离子液体结合，通过静电纺丝技术制备了一种具备 DNA 分解功能的抗菌纳米纤维膜。该聚离子液体纳米纤维膜在杀灭耐甲氧西林金黄色葡萄球菌和耐卡那霉素大肠杆菌 ( > 97%) 的同时，可吸附死亡耐药菌释放的耐药基因并将之进一步分解，从而阻断耐药细菌的感染。

综上所述，聚离子液体通过膜破坏机制杀死细菌，在杀灭细菌的同时避免细菌产生耐药性，因此在抗菌材料领域具有广泛的应用前景。获得具有优异抗菌性能的抗菌材料，揭示聚离子液体结构和抗菌性能之间的构效关系，制备多效抗菌材料，仍是目前聚离子液体抗菌材料发展的重点。

## 2.2 聚离子液体基抗肿瘤材料

肿瘤，尤其是恶性肿瘤，严重威胁人类生命安全。肿瘤细胞具有不同于正常细胞的代谢变化，而其自身可通过糖酵解和氧化磷酸化之间的转换来适应代谢环境的改变，因而比正常细胞更具有活性。研发副作用小的高效抗肿瘤材料一直是研究人员努力的方向。近期，研究人员采用聚离子液体构建了多种肿瘤诊疗材料。(聚)离子液体在癌症治疗中主要通过以下两种途径发挥作用：①聚离子液体作为抗癌药物的载体或修饰部分，携带药物进入人体后释放抗癌药物以消灭肿瘤细胞，用于癌症的治疗；②聚离子液体作为标记物或检测体系，靶向识别癌细胞，从而在早期诊断中发挥作用。在本小节中主要围绕以上两方面展开介绍。

### 2.2.1 聚离子液体抗肿瘤药物载体

如何稳定地装载药物和快速释放药物到靶细胞是抗肿瘤药物高效传递和癌症治疗的主要挑战。利用聚离子液体的结构可设计性，可将一些具有抗肿瘤作用的药物通过物理包覆或化学修饰（共价键、离子键、静电作用）等方式引入聚离子液体材料体系中，制备聚离子液体基抗肿瘤材料。例如，刘宇等[19]利用聚离子液体修饰石墨烯并负载阿霉素，最终获得的材料在水中具有良好的溶解性和稳定性。该材料具有pH敏感性，在肿瘤酸性环境中可响应性释放阿霉素；通过延长阿霉素在体内的滞留时间，达到缓控的效果并增强癌症治疗效果。李凤[20]制备了一种可以通过氧化还原响应进行药物缓释的载药纳米粒子。利用离子液体对具有抗肿瘤功效的米糠活性多糖进行硫酸酯化修饰，制备新型离子液体基抗肿瘤材料，研究对比酯化前后米糠多糖对癌细胞的抑制能力和对巨噬细胞的免疫增强活性，发现离子液体的引入可以提高米糠多糖的抗肿瘤活性[21]。

Elshaarawy等[22]开发了一类具有抗菌和抗癌作用的含水杨醛离子液体。利用离子液体对壳聚糖功能化及与金属的配位，协同提高了其抗菌和抗肿瘤性能。

2019年，Lu等[23]合成了一种双响应性透明质酸(HA)接枝的聚离子液体嵌段共聚物。该共聚物可在水中自组装形成胶束(HA-*g*-*m*PEG)，该胶束具有温度和pH双敏感的特异性药物释放性能，并能够通过CD44靶向传递阿霉素（图2-4）。近期，Lu等[24]又制备了具有靶向配体、光响应和pH响应性的载药咪唑盐聚离子液体纳米颗粒，可通过光和pH刺激触发实现药物的释放（图2-5），显示出高效的抗肿瘤作用。

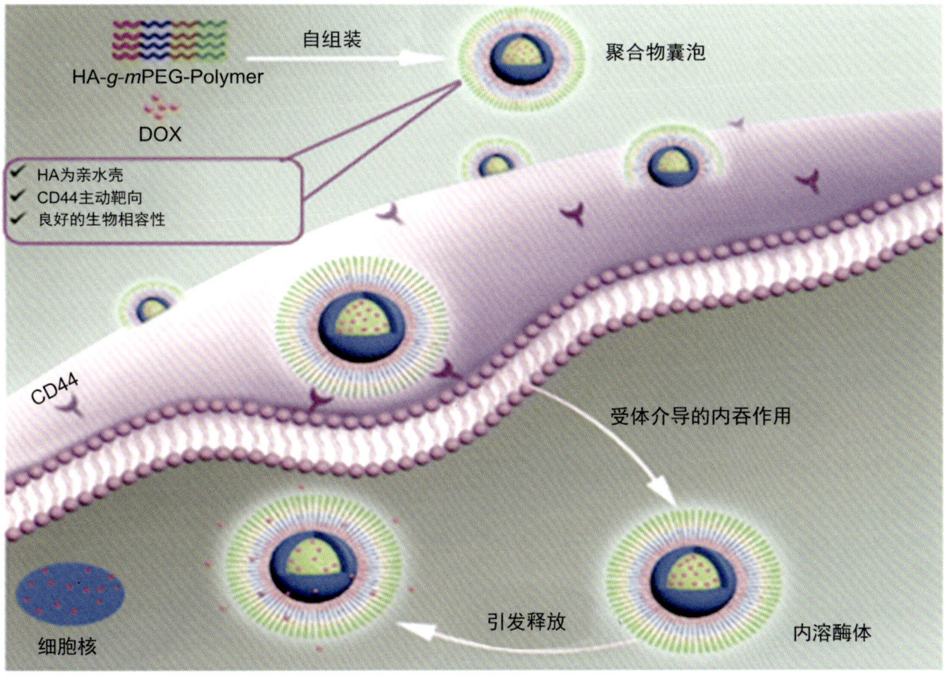


图 2-4 HA-*g*-*m*PEG-Polymer 的抗癌作用机理[23]

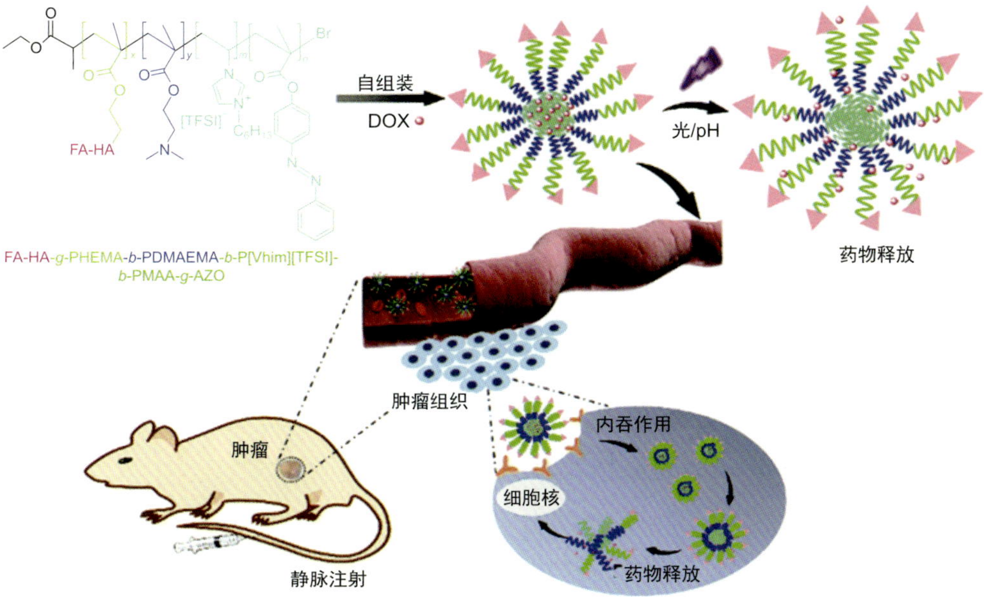


图 2-5 光和 pH 刺激触发药物释放抗肿瘤作用机制[24]

## 2.2.2 聚离子液体用于肿瘤细胞的监测

肿瘤细胞在增殖过程中，会产生部分抗原性物质并存在于人体血清中，通过对该类抗原性物质检测可实现对肿瘤细胞的有效监测。

### 2.2.2.1 肿瘤标记物检测

抗原性物质甲胎蛋白 (AFP) 是一种癌胚糖蛋白，被广泛用于原发性肝癌的血清诊断，准确检测 AFP 水平对肝部肿瘤的早期发现和预测具有重要作用。离子液体可通过离子交换、亲水 / 疏水相互作用、π-π 堆积和静电相互作用等方式与癌症抗原性蛋白分子相互作用，被广泛应用于色谱系统中以提高分离效率，有效检测肿瘤的存在。

胍盐离子液体不仅具有普通离子液体的性能，还具有胍离子特有的分子识别功能，如通过离子配对和氢键识别磷酸阴离子，与核酸形成氢键，与存在于蛋白质表面的芳香族氨基酸通过阳离子 -π 相互作用等。因此，聚胍盐离子液体具有提高检测肿瘤效率的潜力。近年来，聚胍盐离子液体材料受到研究人员的广泛关注。以聚胍盐离子液体为材料，可以建立新型毛细管电色谱 - 激光诱导荧光检测法 (CEC-IA-LIF) 并用于检测 AFP[25]。利用聚胍盐离子液体材料对蛋白质的较高分离富集效率的特性，将其作为 CEC-IA-LIF 方法的信号放大器，用于 AFP 的检测，并对 AFP 表现出较低的检测限和较宽的线性范围。与传统的免疫分析方法相比，该方法具有有毒溶剂用量少、样品消耗低、分析速度快、自动化程度高、开发多分析物分析的通用性强等优点。

此外，荧光成像也是肿瘤细胞检测的常用方法。Zhong 等 [26] 制备了由两亲性纤维素接枝多聚体自组装形成的纤维素纳米胶束 (*p*- 二噁烷酮 ) (MCC-*graft*-PPDO) 共聚物，并将其用于疏水性荧光共轭聚合物封装。该胶束可以进入癌细胞细胞质中，并呈现荧光，在肿瘤细胞成像和肿瘤细胞早期检测方面具有巨大应用潜力。

### 2.2.2.2 聚离子液体电化学传感器

电化学检测具有高灵敏性，广泛应用于肿瘤检测中。利用聚离子液体修饰电极材料可构建免疫传感器，将肿瘤标志物检测、光电化学、免疫传感技术结合，达到特异性检测的目的。例如，将水溶性四元Zn-Cd-Hg-Se量子点与1-(3-吡咯丙基)-3-癸基咪唑四氟硼酸盐(DPPIT)离子液体聚合物结合修饰到ITO电极上，并负载神经元特异性烯醇化酶抗体构建光电免疫传感器。该传感器具有适用性强、操作简单快速、选择性好、灵敏度高、检出限低的优点，可以方便快捷地检测肿瘤标志物[27]。此外，陈雪敏[28]将1-(3-吡咯丙基)-3-癸基咪唑四氟硼酸盐(DPPIT)、1-(3吡咯丙基)-3-丁基咪唑溴盐(PPBIB)和1-甲基-1-(3-吡咯丙基)-4-羟基哌啶溴盐(HMPPPB)离子液体与碳纳米材料结合，构建电化学传感界面，并用于酚类化合物高灵敏测定。近期，离子液体与导电纳米材料（如碳纳米材料和金属纳米材料等）结合制备的传感器表现出增强的传感性能，并用于增敏鳞状细胞癌抗原免疫电化学传感[29]。

综上所述，聚离子液体具有优异的稳定性和多功能性，其不仅可作为药物载体与抗肿瘤药物相结合用于肿瘤的治疗；还可以利用聚离子液体构建荧光探针或作为电极材料用于肿瘤的早期临床诊断，对于肿瘤的早期发现和治疗具有重要意义。聚离子液体在肿瘤诊断和治疗方面研究的加深，有利于加快和拓宽现代医学对肿瘤的认识和丰富治疗手段，并拓展聚离子液体在生物医药方面的应用。

## 2.3 聚离子液体药物载体

传统的给药方式（如口服、注射等）存在诸多问题，如因体液循环或冲刷使得目标位置药物浓度低，无法维持治疗效果；初始浓度过高而对组织细胞造成损害等。针对上述问题，研究人员不断研究并发展新型药物载体。基于聚合物载体的药物递送系统(drug delivery system, DDS)是解决这些问题的有效途径[30, 31]。DDS可提高药物的生物利用度和疾病治疗效果。同时，部分药物载体通过与药物形成相互作用力（如氢键、离子键、共价键等）来控制药物的释放，达到缓释效果，一定程度上保持药物浓度恒定，在避免超过毒性阈值的同时保持有效治疗浓度。靶向药物释放是目前研究的热点，即设计合成一定的载体材料，实现材料在特定条件（如 pH 值、温度）下被激活并释放药物，实现靶向药物释放[32, 33]。例如，具有 pH 响应性的聚合物载体可响应癌细胞的酸性环境，在癌细胞中释放药物并治疗癌症[32]。疾病会引起部分异常细胞表现出更高的温度，设计合成温度响应性聚合物载体，利用在其较低或较高临界溶解温度条件下的特定行为，可构建温度响应性靶向材料，进而利用温度的异常作用于疾病部位[34]。本小节将针对聚离子液体药物载体展开介绍。

聚离子液体的离子化特性和离子交换能力使其在药物载体方面具有潜在的应用价值。将药物与聚离子液体通过离子键或者共价键结合可调节药物的生化性质及药物活性，获得具有高效生物利用度的聚离子液体基药物载体或者前药[34]。氯化胆碱［(2- 羟乙基 ) 三甲基铵氯盐］([Ch]Cl) 具有良好的生物相容性和一定的抗菌性，可用作药物 ( 如水杨酸 ) 载体[35, 36]。将甲基丙烯酸酯官能化形式的 ( 磷酰 ) 胆碱聚合，可获得具有药理学和医学应用的生物相容性优异的聚离子液体。例如，聚 (2- 甲基丙烯酰氧基乙基磷酰胆碱 ) (PMPC) 是植入物、医疗器械及 DDS 常用材料[37]。聚离子液体药物载体材料可通过两种途径制备：①将具有良好生物相容性的聚离子液体通过接枝或者阴离子交换负载药物；②将两亲性共聚物在水溶液中自组装形成胶束封装非离子药物[38]。

Neugebauer 等[39]通过将水杨酸阴离子 ($Sal^-$) 与胆碱结合形成离子化合物，实现药物的可控释放。他们进一步合成了不同含量的季铵盐聚离子液体，分别与 $Cl^-$、$Sal^-$ 或磺胺乙酰胺阴离子 ($Sfc^-$) 结合形成两亲共聚物，构建具有抗菌、消炎的聚离子液体，并系统研究了单药 ( 即单一阴离子 ) 和双药 ( 即两种阴离子 ) 聚合物的药物缓释特性、细胞毒性、抗炎和抗菌活性等，评估了所合成的季铵盐两亲性聚合物作为单 / 双药物纳米载体的潜力。

随后，该课题组通过原子转移自由基聚合制备了不同季铵盐含量的共聚物，并通过阴离子交换法引入具有抗菌和抗炎性能的药物阴离子，构建了离子药物纳米载体（图 2-6）[40]。该聚合物可自组装成粒径较小（19 ～ 306nm）的纳米载体，能有效携带对氨基水杨酸、克拉维酸、夫西地酸和哌拉西林药物阴离子。由于阴离子药物与季铵盐聚合物间的离子作用力不同，在释放过程中释放量差异较大。该研究表明，所合成的季铵盐聚离子液体能够作为药物载体，有效携带并释放多种阴离子药物，在医药领域具有潜在的应用价值。

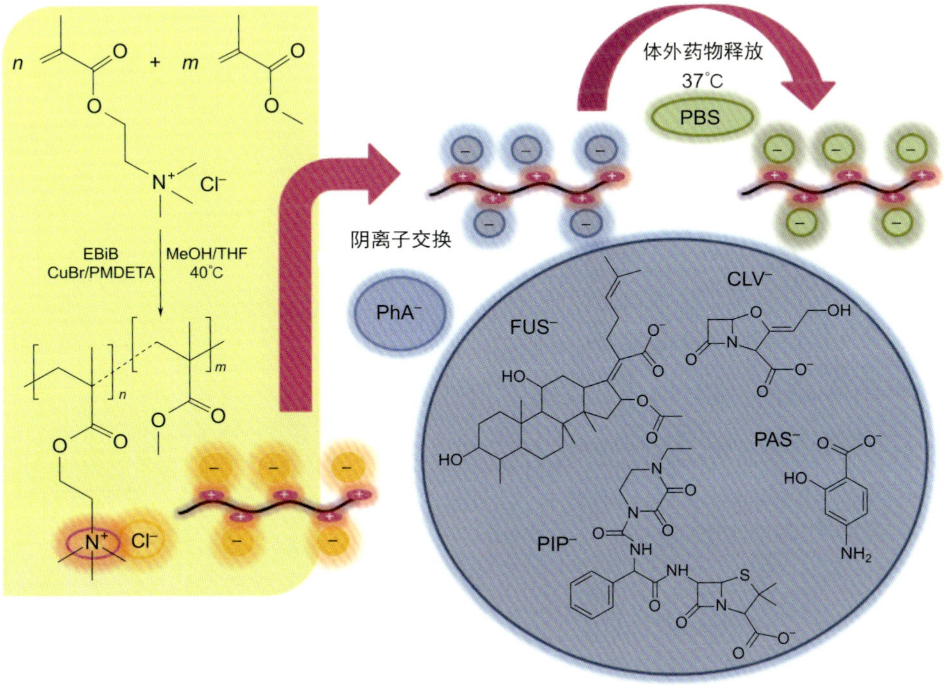


图 2-6　季铵盐聚离子液体及其携带的阴离子药物化学结构及药物释放示意图 [40]

近期，Yan 等 [41] 构建了咪唑盐聚离子液体微针 (MN) 并负载水杨酸阴离子药物，用于治疗痤疮感染（图 2-7）。通过水杨酸阴离子和咪唑阳离子之间的静电相互作用将水杨酸阴离子交换到微针上，该微针能够有效穿透皮肤屏障，缓慢释放药物（7 天）达到杀死丙酸杆菌的效果。动物组织学和免疫组织化学分析进一步证明了该微针在动物体内具有良好的抗菌和抗炎作用。该工作利用聚离子液体基微针作为水杨酸药物载体，为经皮给药治疗痤疮提供了一种有效途径。

利用化学接枝方法可由线型聚合物构建拓扑结构聚合物，通过对接枝度、主链长度和接枝长度的调控，调节聚合物的物理化学性质，获得具备特定功能的聚合物材料。与线型共聚物相比，拓扑结构聚合物作为药物载体具有更长的药物释放时间。同时，拓扑结构的聚合物可进一步通过自组装或者交联形成更稳定的结构，且表现出低临界胶束浓度 (CMC) 和更高的载药能力，更有利于药物的负载及释放。此外，与具有相似分子量和组成的线型类似物相比，拓扑共聚物具有较低的溶液黏度和较小的流体动力学半径，更有利于药物释放后的系统排泄。

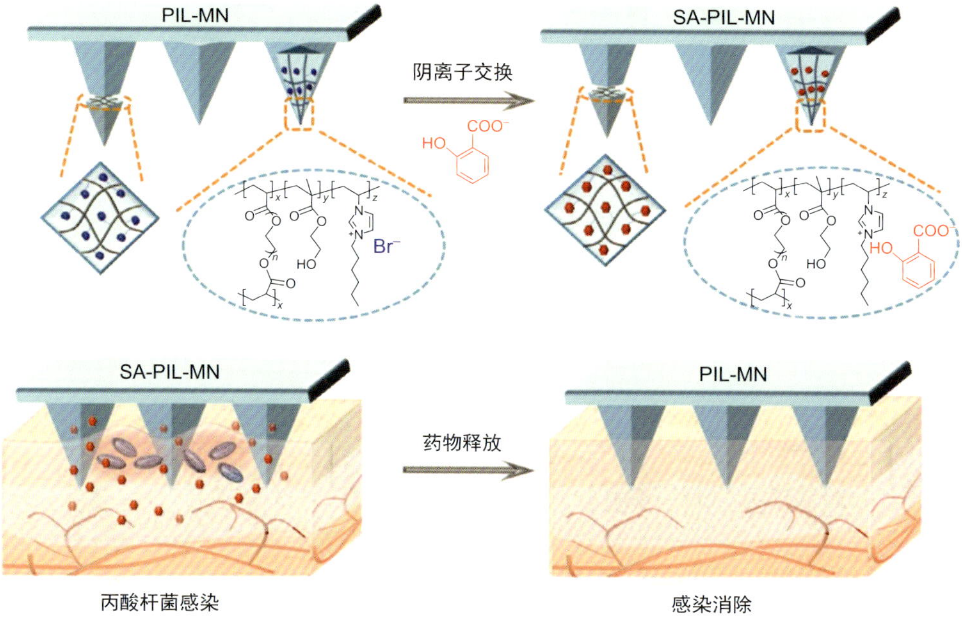


图 2-7 咪唑盐聚离子液体微针用于痤疮治疗的示意图[41]

Neugebauer 等[42] 研发了一种新型聚离子液体药物载体（图 2-8）。首先采用大分子引发剂合成拓扑型季铵盐聚合物，再通过离子交换的方法将对氨基水杨酸钠 (NaPAS) 或克拉维酸钾 (KCLV) 引入聚合物体系中。通过对缓冲溶液中的药物释放研究，评估该聚离子液体共聚物用于载药系统的药物递送性质和释放速率，发现所合成聚合物能快速有效治疗细菌感染。

聚离子液体在药物载体方面的应用逐渐得到研究人员的青睐。聚离子液体作为药物载体主要通过三种途径：①采用聚离子液体囊泡或组装体负载药物；②通过离子交换将离子药物负载到聚离子液体结构中；③通过共价接枝的方法将药物分子接枝到聚离子液体分子链上。目前，聚离子液体在药物载体方面的研究还集中在实验探索阶段，其实际应用还有待进一步研究。

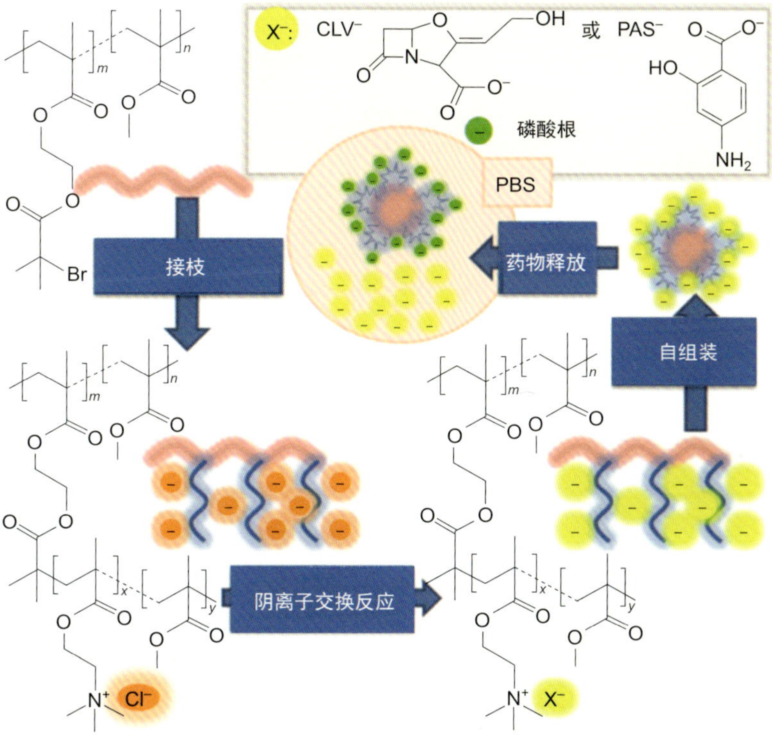


图 2-8 接枝形成的拓扑结构季铵盐聚合物药物载体及所负载阴离子药物化学结构[42]

# 2.4 聚离子液体基生物传感器

生物传感技术在医疗保健、工业过程控制、环境监测和军事应用领域应用广泛。因此，使用电化学、光学和质量敏感的转导模式，开发多功能、灵敏和选择性的生物传感系统具有重要意义。聚离子液体由于其高导电性及与各种分析物间存在多种相互作用的特性，在生物传感器领域有广泛的应用前景。在本小节中，我们将详细介绍聚离子液体在 pH、葡萄糖、蛋白质等生物传感中的应用。

### 2.4.1 聚离子液体基 pH 传感器

pH 传感材料可随外界环境 pH 值改变而表现出灵敏且明显的物理或化学变化。聚离子液体的物理和化学特性可通过设计和调节阴、阳离子的化学结构和组合方式而改变。化学结构的调节是开发聚离子液体基 pH 响应材料的关键。

将传统的 pH 响应基团如 $-COOH$、$-NH_2$ 及其他可被质子化或去质子化的基团，通过共价或者离子键引入聚离子液体结构中，可获得具有 pH 响应性的聚离子液体。Yan 等 [43] 合成了咪唑盐聚离子液体膜，并通过离子键引入具有 pH 响应性的阴离子，如甲酚红 ($CR^-$)、百里酚蓝 ($TB^-$)、溴甲酚绿 ($BG^-$) 及甲基橙 ($MO^-$)，该聚离子液体膜具有 pH 响应性，在不同 pH 条件下可显示出不同的颜色。

部分聚离子液体的低临界溶解温度 (lower critical solution temperature，LCST) 或临界胶束浓度 (critical micelle concentration，CMC) 随 pH 值的改变而不同，因此在药物递送方面具有显著优势。例如，Fan 等 [44] 开发了一种基于季鏻盐聚离子液体的 pH 响应纳米载体 ($CuCo_2S_4$@PIL) 并用于药物递送（图 2-9）。该 $CuCo_2S_4$@PIL 表现出 pH 刺激敏感性，负载药物后在酸性环境下可以进

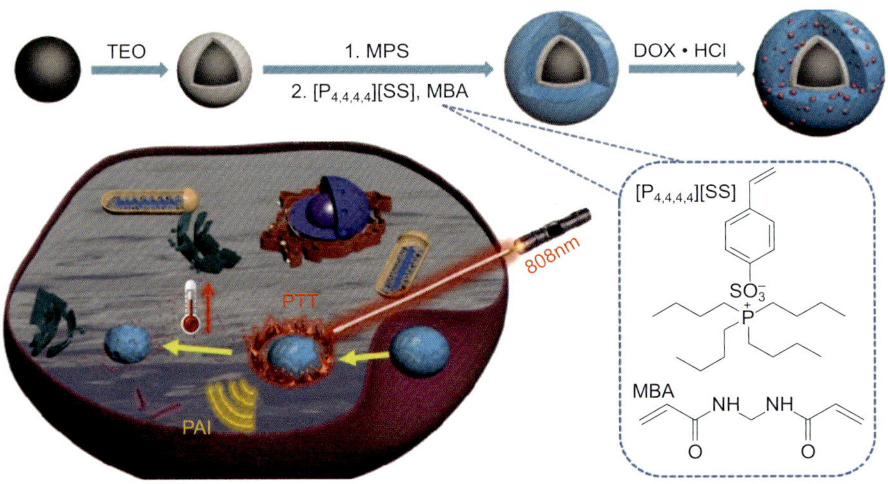


图 2-9 $CuCo_2S_4$@PIL 载体结构示意图及其在近红外激光照射肿瘤微环境中的作用原理 [44]

行有效的药物控释，且 $CuCo_2S_4$ 核可将近红外辐射转化为热能，触发聚离子液体壳的收缩，进一步促进药物释放，确保更有效地将药物递送至目标细胞区域。

细菌生物膜内呈酸性，因此，具有 pH 响应性的聚离子液体材料在酸性细菌生物膜的治疗方面具有良好的应用前景。Wang 等 [45] 开发了 pH 响应性咪唑盐离子液体 (Ce6-IL) 并用于耐药细菌生物膜感染的治疗（图 2-10）。在酸性细菌生物膜环境中，二氢卟吩 (Ce6) 被快速质子化并在 10s 内释放 90%

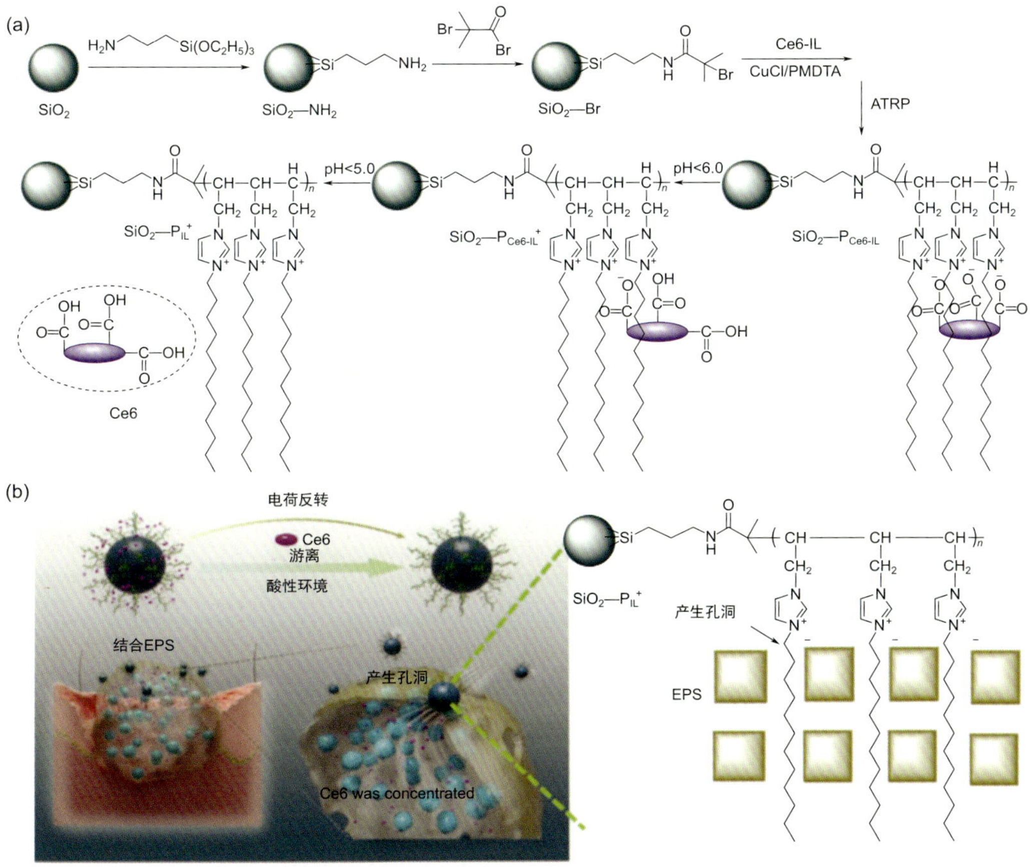


图 2-10 Ce6-IL 的合成路线和 pH 响应性示意图（a）和正电性的 PIL 与带负电荷的 EPS 结合及抗菌作用示意图（b）[45]

的 Ce6，充分暴露聚离子液体的正电荷，使其与细胞外聚合物 (EPS) 及细菌的强静电和疏水相互作用增强，造成生物膜屏障破碎；富集在生物膜中的 Ce6 在光照条件下表现出光动力抗菌效果，可有效治疗耐甲氧西林金黄色葡萄球菌生物膜感染。

### 2.4.2 聚离子液体基葡萄糖传感器

血液中的葡萄糖是评估糖尿病的重要标志物，高效灵敏地检测血糖对监测糖尿病情有重要意义。葡萄糖氧化酶 (GOx) 被广泛用于葡萄糖传感器的制备。聚离子液体是 GOx 固定的良好基质，可保持 GOx 的生物活性，因此，聚离子液体 /Gox 基的葡萄糖生物传感器具有优异的长期稳定性。Marcilla 等 [46] 将 GOx 封装于咪唑盐聚离子液体微粒内，构建了基于三种阴离子 $Br^-$、$(CF_3SO_2)_2N^-$、$BF_4^-$ 的聚离子液体纳米载体，并用于葡萄糖的电化学传感和检测。研究结果表明三种聚离子液体对葡萄糖的响应性受阴离子的影响，表现为：$Br^- > BF_4^- > (CF_3SO_2)_2N^-$。

### 2.4.3 聚离子液体基蛋白质传感器

蛋白质与生命活动（如免疫、细胞生长、代谢作用和分化等）密切相关，蛋白质水平异常是某些疾病的重要标志。因此，蛋白质的快速有效识别在蛋白质组学和医学诊断中具有重要意义。传感器阵列模拟哺乳动物的嗅觉或味觉系统，为检测和识别各种化学相似物质提供了理想的平台，聚离子液体的特殊物理化学性质使其可应用于构建聚离子液体基蛋白质传感器。Xi 等 [47] 开发了一种利用季铵盐、聚 ( 二烯丙基二甲基铵氯盐 )(PDDA) 触发金纳米颗粒 (AuNPs) 不同聚集行为的传感器阵列，用于多种蛋白质的识别（图 2-11）。将金纳米颗粒 (AuNPs) 作为比色探针并使用三条非特异性 DNA 链 (A15、C15 和 T15) 作为非特异性受体，由于 DNA 与蛋白质之间相互作用不同导致剩余 DNA 链数量存在差异，进而利用 PDDA 与带有负电荷的 DNA 和 AuNPs 相互作用，导致不同的 AuNPs 聚集进而产生不同的色度信号，以此识别蛋白质。

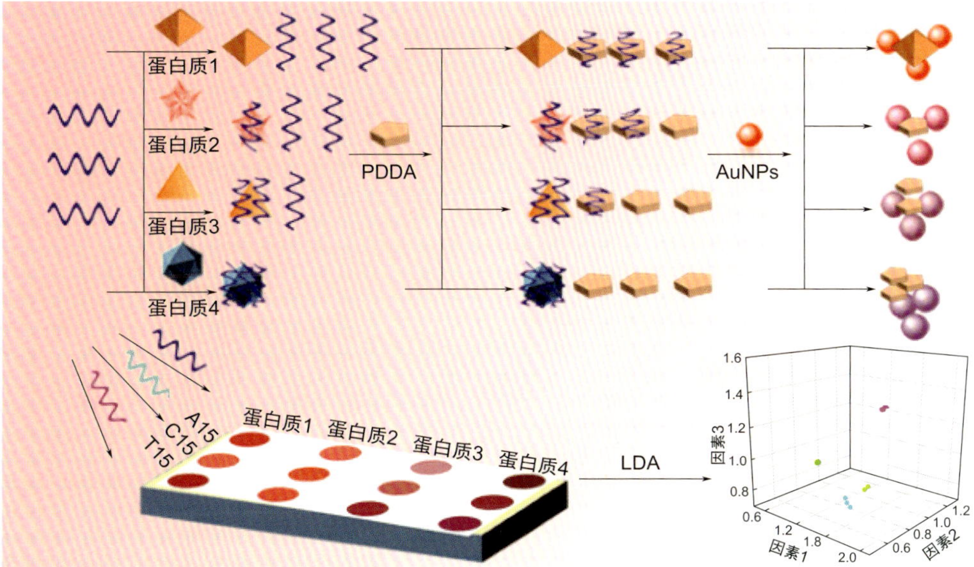


图 2-11 用于蛋白质识别的聚离子液体和基于 AuNPs 的比色传感器阵列示意图[47]

牛奶中的蛋白质同样可以利用聚离子液体基传感器进行检测。Zhang 等[48]研发了一种聚离子液体诱导的苝探针自组装的新型荧光传感器阵列，并用于牛奶掺假的鉴别。阳离子聚合物可诱导羧基修饰的带负电荷的苝探针聚集，并导致单体发射荧光的猝灭和准分子发射荧光的产生。加入带负电荷的蛋白质后，带负电荷的蛋白质和聚阳离子之间的相互作用，引起单体荧光的“开启”和准分子荧光的“关闭”。利用不同的聚合物和不同的蛋白质引起不同的荧光变化，设计了一个由六个传感通道组成的传感器阵列，在纳摩尔浓度下可成功地鉴别出五种乳蛋白（图 2-12）。

聚离子液体中的离子化学结构与生物分子如蛋白质、葡萄糖等之间具有丰富的相互作用形式（离子、共价和非共价分子键），因此，可用于制备生物传感器，在疾病诊断、医用设备等方面具有潜在的应用前景。

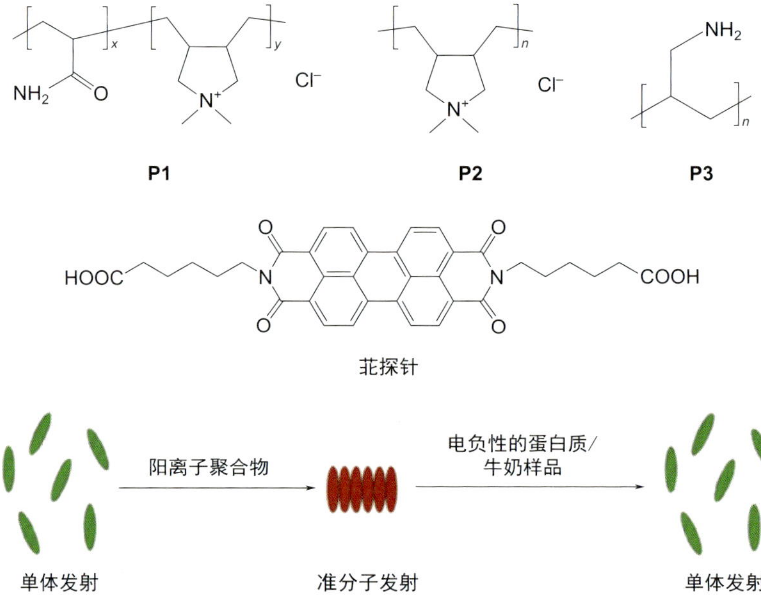


图 2-12　阳离子聚合物和苝探针的结构（a）和用于识别牛奶掺假的传感器阵列示意图（b）[48]

# 2.5 聚离子液体在医药分析中的应用

聚离子液体与目标物间的π-π、氢键、静电、疏水等相互作用，使其具有分离效率高、选择性好、绿色环保等优点。另外，聚离子液体具备易回收、热稳定性和化学稳定性好、结构可设计性强等优势。因此，聚离子液体在医药分析领域表现出巨大的应用潜力，可用作药物、蛋白质及 DNA 的提取剂或吸附剂。

## 2.5.1 聚离子液体在药物提取和检测中的应用

聚离子液体在药物提取和检测中的应用得到研究人员的广泛关注。2002 年，Qin 等 [49] 发现将咪唑盐离子液体通过共价键结合到二氧化硅毛细管表面，并用于固相萃取 - 毛细管区带电泳 - 质谱联用，以分析监测人血清中的西地那非及其代谢物。此外，在反相液相色谱中使用咪唑类离子液体作为流动相添加剂，通过缓解带正电药物与反相游离硅醇基团的相互作用产生的宽色谱峰问题，以增强碱性药物的分离效果[50, 51]。

离子液体优异的萃取性能促进了基于离子液体萃取系统的发展。离子液体对物质的萃取机制包括：①溶质以超分子缔合物的形式在相间转移；②溶剂的部分混合致使溶质分子和溶剂分子从一相过渡到另一相，从而导致相界的不均匀性；③溶质分子通过分子扩散通过相界[52]。例如，Breadmore[53] 利用疏水性的离子液体，1- 乙基 -3- 甲基咪唑双 ( 三氟甲磺酰基 ) 亚胺盐 ([Emim][TFSI])，进行碱性化合物的液 - 液微相萃取，可从尿液和血清中提取和分离氯氮平及其两种活性代谢物，极大地提高了检测灵敏度。

虽然离子液体在药物的提取与分析中具有显著优势，但离子液体价格昂贵，不易分离回收，且离子液体还存在一定的生物毒性，因而限制了离子液体在药物提取与分析中的进一步应用。为了解决上述问题，研究人员将聚离子液体用于药物的分离和分析。

聚离子液体是一种极具潜力的新型分离材料。研究发现在固相萃取 (SPE) 中，较之于离子液体涂层，采用基于聚离子液体涂层的固相萃取，可以增强涂层的黏度和热稳定性，且不易造成损失。此外，通过化学定制结构特殊的聚离子液体与药物进行特定的相互作用，可以增强选择性，从而提高灵敏度并降低检测限。Liu 等[53] 通过原位自由基聚合制备了聚离子液体共聚物，并应用于固相萃取色谱柱。在固相萃取 - 高效液相色谱 (SPE-HPLC) 方法中，利用所合成的聚离子液体共聚物测定人血浆样品中硝苯地平和非洛地平等。当使用甲醇 / 水混合物作为洗脱剂时，提取纯化效果最佳，对三种药物检测限可达 2 ～ 3ng • $mL^{-1}$。

Yang 等[54] 使用小分子离子液体与常规溶剂混合作为萃取剂，利用离子液体卤素阴离子和生育酚同系物中酚羟基之间的氢键作用，实现了生育酚同系物的分离，但分离中仍需使用大量有机溶剂对萃取相中生育酚进行反萃的分离操作，因此增加了能耗和溶剂消耗。Zhu 等[55] 通过可逆加成 - 断裂链转移聚合制备了聚离子液体共聚物，并将溴阴离子交换成丙氨酸阴离子。将此聚离子液体与乙腈混合作为萃取剂，用于生育酚同系物的分离（图 2-13），发现该聚离子液体因其氨基酸阴离子展现了出色的分离效率，且对不同生育酚的分布系数差异较大。由于引入了氨基酸阴离子，该聚离子液体在乙腈中具有热响应性，存在高临界溶解温度，使得聚离子液体可通过改变温度快速回收和再利用，以及萃取相中生育酚的再分离，避免了使用大量溶剂的反萃操作，这项工作证明了聚离子液体可通过更绿色环保的单元操作来分离天然产物。

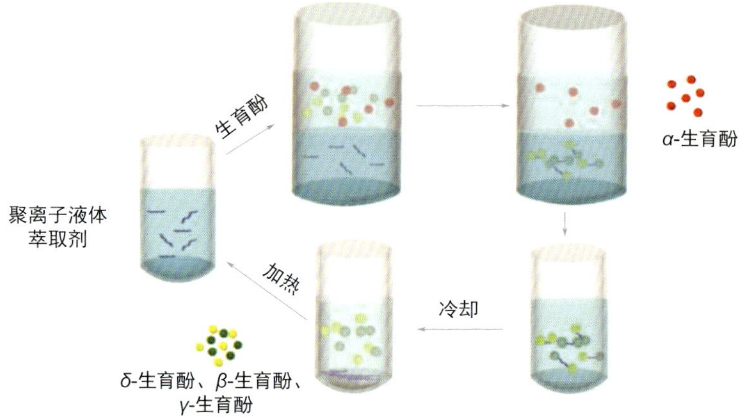


图 2-13　PIL 为萃取剂对不同生育酚的循环萃取分离[55]

随着制药行业的飞速发展，制药废水已成为水污染的重要来源之一，研究人员开始将聚离子液体用于医药废水处理。例如，以聚偏氟乙烯 (PVDF) 超滤膜为底膜，通过浸渍法使多巴胺在膜表面形成聚多巴胺层，然后由化学反应固定溴代卤化物，并通过原子转移自由基聚合反应在 PVDF 膜表面接枝聚离子液体刷[56]。修饰聚离子液体刷后，PVDF 膜表面的 zeta 电位由负变正，且膜表面亲水性显著提高。将上述改性膜用于硫酸氢氯吡咯雷药物的分离实验，结果表明，改性膜的药物通量和截留率均大于未改性 PVDF 膜。聚离子液体刷改性 PVDF 膜可有效改善膜表面的荷电性和亲水性，增加膜的抗污染性和使用寿命，在医药废水方面具有一定的应用前景。

## 2.5.2　聚离子液体基蛋白质吸附材料

离子液体作为一种良好的分离介质，已被广泛应用于蛋白质提取。其中离子液体修饰的固相萃取法备受关注，在固体载体吸附介质表面锚定离子液体，可显著提高对蛋白质的吸附能力。Wei 等 [57] 将咪唑盐离子液体官能团接枝在二氧化硅包覆的磁性微球表面，并用于血红蛋白的吸附。血红蛋白中的亚铁离子与离子液体的咪唑阳离子之间的共价配位和相互作用，提高了磁性微球对血红蛋白的分离能力和选择性。此外，*N*, *N*- 双（2- 甲基丁基）咪唑六氟磷酸盐 ($[(MB)_2im][PF_6]$) 功能化的 $TiO_2$ 纳米复合物也被用于蛋白质的分离，其对血红蛋白表现出良好的选择性吸附 [58]。小分子离子液体功能化纳米材料可能无法完全覆盖支撑材料的表面，且离子液体在分离过程中存在水溶性损耗，因而降低了蛋白质的吸附效率。针对上述问题，聚离子液体成为更好的选择，其良好的化学稳定性可延长其作为分离介质的使用寿命，同时聚离子液体与蛋白质间有更强的亲和相互作用。Yuan 等 [59] 将含 1- 丁基 -3- 乙烯基咪唑阳离子 ($[Bvim]^+$) 的离子液体单体与丙烯酰胺共聚，合成了一种大孔聚离子液体。所制备的聚离子液体对多种蛋白质表现出较强的结合能力，特别是对溶菌酶具有高效的吸附效果。此外，聚离子液体中阴离子种类对蛋白质吸附具有显著影响，当阴离子为氯离子时，聚离子液体对牛血红蛋白的吸附容量为 $13.7mg \cdot g^{-1}$；而当使用十二烷基磺酸根为阴离子时，其吸附容量可达 $447.7mg \cdot g^{-1}$，这可能是因为十二烷基磺酸阴离子削弱了离子液体分子间氢键相互作用，同时增强了蛋白质与离子液体间的作用。此外，对 1- 丁基 -3- 烯丙基咪唑氯盐 ([Baim]Cl) 和 1- 辛基 -3- 乙烯基咪唑溴盐 ([Ovim]Br) 共聚物吸附性能的研究表明，所得离子液体共聚物对牛血清白蛋白和糖蛋白具有更强的吸附能力 [60]。上述研究表明通过改变离子液体的阳离子种类，可吸附和分离不同的蛋白质，并获得不同的吸附和分离效果。Wang 等 [61] 通过溶液聚合法制备了聚 (1- 十二烷基 -3- 乙烯基咪唑溴盐 )($P[C_{12}vim]Br$)，通过咪唑阳离子与血红蛋白中铁原子的共价配位可有效吸附血红蛋白（图 2-14），在存在其他蛋白质的情况下，聚 (1- 十二烷基 -3- 乙烯基咪唑溴盐 ) 对血红蛋白仍表现出优异的选择性吸附。该工作为复杂的生物样品基质中血红蛋白的吸附提供了新途径。

目前，聚离子液体在生物大分子分析中的应用主要包括萃取、气相 / 液相色谱、毛细管电泳等，且对聚离子液体的研究主要集中在阳离子型咪唑盐聚离子液体，对阴离子型聚离子液体的研究较少。阴离子型聚离子液体通常比阳离子型聚离子液体具有更高的离子导电性，更有利于对某些蛋白质的吸附[62]。Dang 等[63]利用 2- 丙烯酰氨基 -2- 甲基丙磺酸 (AMPS) 和含有不同烷基衍生物 ( 如丁基和苯基 ) 的咪唑阳离子，制备了一系列阴离子型聚离子液体（图 2-15），并研究了聚离子液体对 10 种分子量和等电点不同

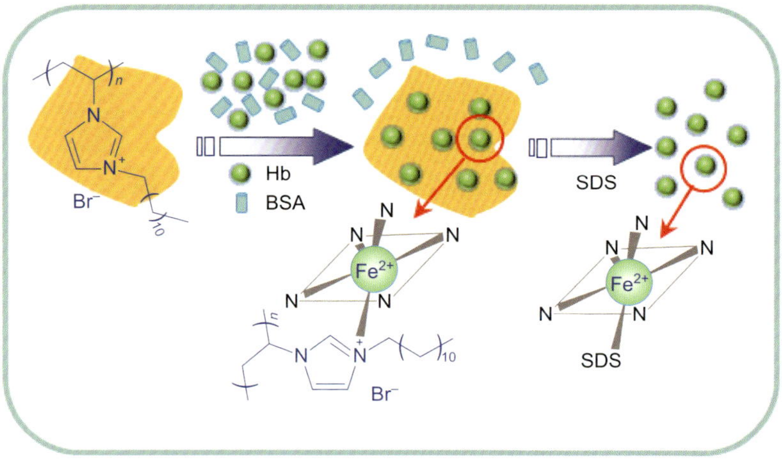


图 2-14　聚 (3- 乙烯基 -1- 十二烷基咪唑溴盐 ) 通过与血红蛋白中铁原子的共价配位作用吸附血红蛋白[61]

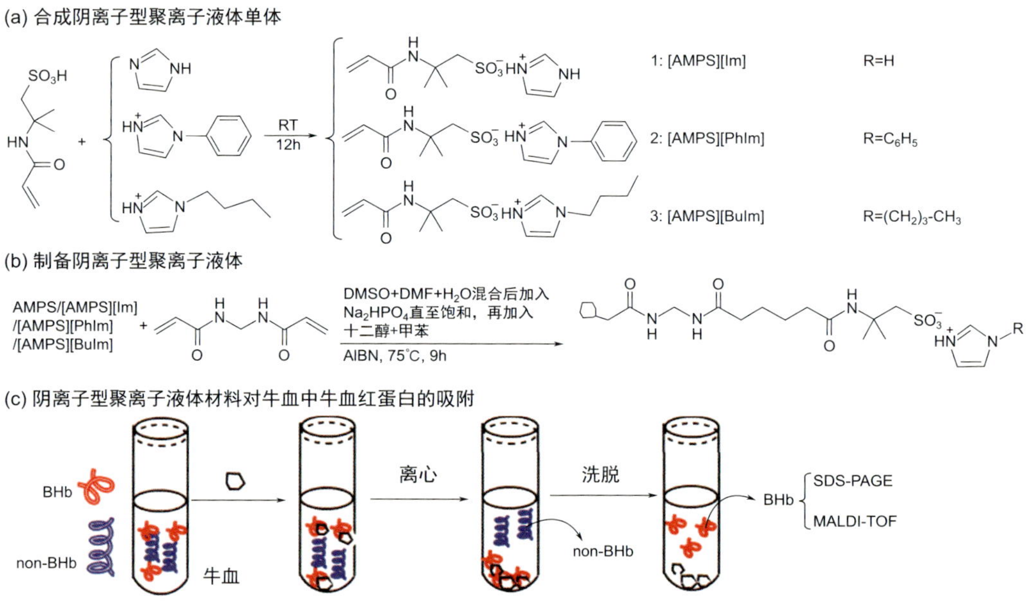


图 2-15　IL 和阴离子型 PIL 材料的制备及其蛋白吸附过程示意图[63]

的蛋白质的吸附性能，证明使用阴离子型聚离子液体材料高效吸附蛋白质的可行性。此外，通过改变 pH 值，调节蛋白质的等电点，可调节阴离子型聚离子液体材料对不同蛋白质的吸附性能与吸附方式。该研究表明阴离子型聚离子液体在蛋白质组分析、医疗诊断和传感器方面具有潜在的应用前景。

### 2.5.3 聚离子液体基 DNA 提取材料

离子液体材料可用于 DNA 的提取。Wang 等 [64] 利用离子液体 1- 丁基 -3- 甲基咪唑六氟磷酸盐 ([Bmim][$PF_6$]) 提取双链 DNA，其中咪唑阳离子可与 DNA 片段中磷酸基团发生相互作用，使得微量的 DNA 被成功提取到离子液体中（图 2-16）。转移到离子液体中的 DNA 可以通过适当的洗脱试剂将其提取回水相中。该研究为微量 DNA 的分离和纯化提供了新方法。聚离子液体在 DNA 的提取中也具有重要的应用价值。Nuckowski 等 [65] 采用不同咪唑基离子液体和二乙烯基苯共聚合制备聚离子液体材料，并用作寡核苷酸的吸附剂（图 2-17）。低 pH 值条件下，带有正电性基团的聚离子液体材料可以通过静电作用直接与带有多个负电荷的寡核苷酸作用，将寡核苷酸吸附到聚离子液体材料表面。同时，咪唑环与共聚物的苯环和核碱基芳环之间的相互作用也促进了寡核苷酸的吸附。该课题组进一步将两性聚离子液体包覆的磁性纳米颗粒用于寡核苷酸的分散固相萃取 [66]。

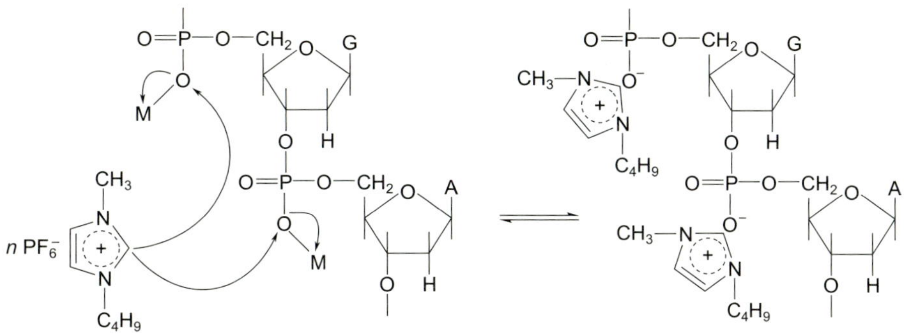

$$\text{DNA} + n\,[\text{Bmim}][\text{PF}_6] \rightleftharpoons [\text{Bmim}]_n\text{DNA} + n\,\text{PF}_6^-$$

图 2-16 咪唑基团 [Bmim]$^+$ 与 DNA 链上磷酸基团的相互作用示意图 [64]

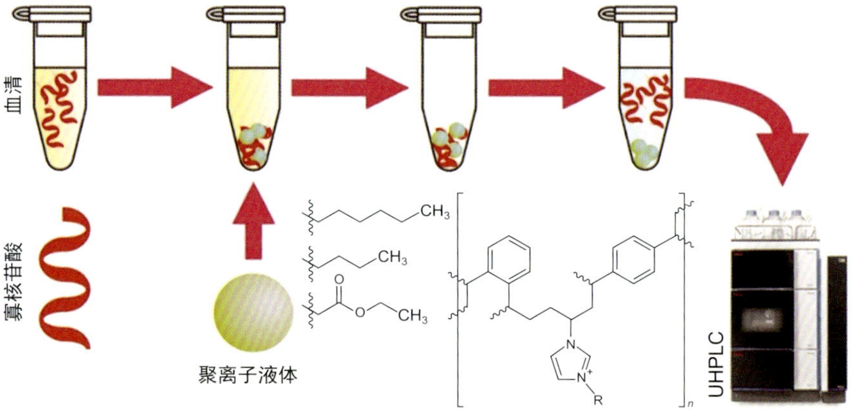


图 2-17 咪唑基离子液体和二乙烯基苯共聚合材料提取寡核苷酸示意图 [65]

Guo 等 [67] 通过“巯基 - 双键”点击反应合成聚离子液体，并通过化学键将其接枝到多孔的磁性二氧化硅表面，制备了一种基于聚离子液体的新型磁性超交联微孔聚合物材料。该磁性材料通过咪唑阳离子与负离子的静电吸附和分子间作用，对肿瘤诊断的生物核酸标志物 (5-hmdC、5-fodC 和 5-cadC) 具有特定的富集作用和良好的吸附特性，可用于乳腺癌患者和健康人尿液中痕量生物核酸标志物的定量测定，在乳腺癌的临床诊断和研究中有巨大的应用潜力。

聚离子液体在医药领域的应用仍处于起步阶段，由于研究时间相对较短，未来对聚离子液体的研究还需要进一步拓展和深入。比如，进一步系统地揭示聚离子液体与药物、蛋白质或者 DNA 间相互作用机理；利用在聚离子液体制备过程中可引入共聚单体官能团的优势，发掘共聚官能团与离子液体基团协同作用，增强选择分离效率和能力，探索聚离子液体的共聚物链序列结构和拓扑结构对分离效率和选择性的影响规律，指导可用于医用分析的聚离子液体的设计和定制。

## 参考文献

[1] Anvari S, Hajfarajollah H, Mokhtarani B, et al. Antibacterial and Anti-Adhesive Properties of Ionic Liquids with Various Cationic and Anionic Heads toward Pathogenic Bacteria. Journal of Molecular Liquids, 2016,221:685-690.

[2] Qian Y, Cui H, Shi R, et al. Antimicrobial Anionic Polymers: The Effect of Cations. European Polymer Journal, 2018,107:181-188.

[3] Guo J, Qin J, Ren Y, et al. Antibacterial Activity of Cationic Polymers: Side-Chain or Main-Chain Type?

Polymer Chemistry, 2018,9:4611-4616.
[4] Zheng Z, Xu Q, Guo J, et al. Structure-Antibacterial Activity Relationships of Imidazolium-Type Ionic Liquid Monomers, Poly(Ionic Liquids) and Poly(Ionic Liquid) Membranes: Effect of Alkyl Chain Length and Cations. ACS Applied Materials & Interfaces, 2016,8:12684-12692.
[5] Qin J, Guo J, Xu Q, et al. Synthesis of Pyrrolidinium-Type Poly(Ionic Liquid) Membranes for Antibacterial Applications. ACS Applied Materials & Interfaces, 2017,9:10504-10511.
[6] Wang H, Shi X, Yu D, et al. Antibacterial Activity of Geminized Amphiphilic Cationic Homopolymers. Langmuir, 2015,31:13469-13477.
[7] Uppu D, Samaddar S, Hoque J, et al. Side Chain Degradable Cationic-Amphiphilic Polymers with Tunable Hydrophobicity Show in Vivo Activity. Biomacromolecules, 2016,17:3094-3102.
[8] Uppu D, Bhowmik M, Samaddar S, et al. Cyclization and Unsaturation Rather Than Isomerisation of Side Chains Govern the Selective Antibacterial Activity of Cationic-Amphiphilic Polymers. Chemical Communications, 2016,52:4644-4647.
[9] Hajfarajollah H, Mokhtarani B, Noghabi K, et al. Antibacterial and Antiadhesive Properties of Butyl-Methylimidazolium Ionic Liquids toward Pathogenic Bacteria. RSC Advances, 2014,4:42751-42757.
[10] Guo J, Xu Q, Zheng Z, et al. Intrinsically Antibacterial Poly(Ionic Liquid) Membranes: The Synergistic Effect of Anions. ACS Macro Letters, 2015,4:1094-1098.
[11] Zheng Z, Guo J, Mao H, et al. Metal-Containing Poly(Ionic Liquid) Membranes for Antibacterial Applications. ACS Biomaterials Science & Engineering, 2017, 3:922-928.
[12] Barman S, Konai M M, Samaddar S, et al. Amino Acid Conjugated Polymers: Antibacterial Agents Effective against Drug-Resistant Acinetobacter Baumannii with No Detectable Resistance. ACS Applied Materials & Interfaces, 2019,11:33559-33572.
[13] Liu F, He D, Yu Y, et al. Quaternary Ammonium Salt-Based Cross-Linked Micelles to Combat Biofilm. Bioconjugate Chemistry, 2019,30:541-546.
[14] Takahashi H, Nadres E T, Kuroda K. Cationic Amphiphilic Polymers with Antimicrobial Activity for Oral Care Applications: Eradication of S-Mutans Biofilm. Biomacromolecules, 2017,18:257-265.
[15] Shi J, Wang M, Sun Z, et al. Aggregation-Induced Emission-Based Ionic Liquids for Bacterial Killing, Imaging, Cell Labeling, and Bacterial Detection in Blood Cells. Acta Biomaterialia, 2019,97:247-259.
[16] Zheng L, Li J, Yu M, et al. Molecular Sizes and Antibacterial Performance Relationships of Flexible Ionic Liquid Derivatives. Journal of the American Chemical Society, 2020,142:20257-20269.
[17] Wang M, Shi J, Mao H, et al. Fluorescent Imidazolium-Type Poly(Ionic Liquid)s for Bacterial Imaging and Biofilm Inhibition. Biomacromolecules, 2019, 20:3161-3170.
[18] Luo Z, Cui H, Guo J, et al. Poly(Ionic Liquid)/Ce-Based Antimicrobial Nanofibrous Membrane for Blocking Drug-Resistance Dissemination from MRSA-Infected Wounds. Advanced Functional Materials, 2021,31:2100336.
[19] 刘宇，吴浩天，陈立江，等 . 一种聚离子液体修饰还原氧化石墨烯载药阿霉素及其制备方法和应用：CN107049989B. 2017-08-18.
[20] 李凤 . 基于聚离子液体氧化还原响应性新型纳米粒子的制备及其在药物控释中的应用 . 兰州：西北师范大学 , 2015.
[21] 朱丽丹 . 基于离子液体的米糠多糖硫酸酯化及其抗肿瘤、免疫活性研究 . 无锡：江南大学，2014.
[22] Elshaarawy R, Refaee A, El-Sawi E. Pharmacological Performance of Novel Poly-(Ionic Liquid)-Grafted Chitosan-*N*-Salicylidene Schiff Bases and Their Complexes. Carbohydrate Polymers, 2016,146:376-387.
[23] Lu B, Li Y, Wang Z, et al. A Dual Responsive Hyaluronic Acid Graft Poly(Ionic Liquid) Block Copolymer Micelle for an Efficient CD44-Targeted Antitumor Drug Delivery. New Journal of Chemistry, 2019,43:12275-12282.
[24] Lu B, Zhou G, Xiao F, et al. Stimuli-Responsive Poly(Ionic Liquid) Nanoparticles for Controlled Drug Delivery. Journal of Materials Chemistry B, 2020,8:7994-8001.
[25] Liu C, Deng Q, Fang G, et al. Capillary Electrochromatography Immunoassay for Alpha-Fetoprotein Based on Poly(Guanidinium Ionic Liquid) Monolithic Material. Analytical Biochemistry, 2017,530:50-56.
[26] Zhong H, Zhang J, Guo Y, et al. Multi-Color Light-Emitting Amphiphilic Cellulose/Conjugated Polymers Nanomicelles for Tumor Cell Imaging. Cellulose, 2017,24:889-902.
[27] 李春崖，虞相杨，王炎英 . 基于水溶性四元 Zn-Cd-Hg-Se 量子点 / 聚离子液体敏感膜的光电免疫传感器：

CN104198708A.2016-01-27.
[28] 陈雪敏 . 离子液体及其功能化碳纳米材料构建的酚类电化学传感器 . 武汉：中南民族大学，2014.
[29] 吴莹莹 , 符克霞 , 叶晓雪 , 等 . 聚离子液体 / 根状纳米金增敏鳞状细胞癌抗原免疫电化学传感 . 中部四省化学化工学会 2016 年学术年会摘要集 , 2016.
[30] Vega-Vasquez P, Mosier N, Irudayaraj J. Nanoscale Drug Delivery Systems: From Medicine to Agriculture. Frontiers in Bioengineering and Biotechnology, 2020,8:79.
[31] Chen K, Liao S, Guo S, et al. Multistimuli-Responsive Pegylated Polymeric Bioconjugate-Based Nano-Aggregate for Cancer Therapy. Chemical Engineering Journal, 2020,391:123543.
[32] Tang H, Zhao W, Yu J, et al. Recent Development of pH-Responsive Polymers for Cancer Nanomedicine. Molecules, 2019,24:4.
[33] Qing G, Li M, Deng L, et al. Smart Drug Release Systems Based on Stimuli-Responsive Polymers. Mini-Reviews in Medicinal Chemistry, 2013, 13:1369-1380.
[34] Abdollahi A, Roghani-Mamaqani H, Razavi B, et al. The Light-Controlling of Temperature-Responsivity in Stimuli-Responsive Polymers. Polymer Chemistry, 2019, 10:5686-5720.
[35] Islam R, Chowdhury R, Wakabayashi R, et al. Choline and Amino Acid Based Biocompatible Ionic Liquid Mediated Transdermal Delivery of the Sparingly Soluble Drug Acyclovir. International Journal of Pharmaceutics, 2020,582:119335.
[36] Islam M, Chowdhury M, Wakabayashi R, et al. Ionic Liquid-in-Oil Microemulsions Prepared with Biocompatible Choline Carboxylic Acids for Improving the Transdermal Delivery of a Sparingly Soluble Drug. Pharmaceutics, 2020, 12:392.
[37] Lewis A, Tang Y, Brocchini S, et al. Poly(2-Methacryloyloxyethyl Phosphorylcholine) for Protein Conjugation. Bioconjugate Chemistry, 2008, 19:2144-2155.
[38] Bielas R, Lukowiec D, Neugebauer D. Drug Delivery via Anion Exchange of Salicylate Decorating Poly(meth) acrylates Based on a Pharmaceutical Ionic Liquid. New Journal of Chemistry, 2017, 41:12801-12807.
[39] Bielas R, Mielanczyk A, Skonieczna M, et al. Choline Supported Poly(Ionic Liquid) Graft Copolymers as Novel Delivery Systems of Anionic Pharmaceuticals for Anti-Inflammatory and Anti-Coagulant Therapy. Scientific Reports, 2019,9:1-12.
[40] Niesyto K, Neugebauer D. Linear Copolymers Based on Choline Ionic Liquid Carrying Anti-Tuberculosis Drugs: Influence of Anion Type on Physicochemical Properties and Drug Release. International Journal of Molecular Sciences, 2021,22:284.
[41] Zhang T, Sun B, Guo J, et al. Active Pharmaceutical Ingredient Poly(Ionic Liquid)-Based Microneedles for the Treatment of Skin Acne Infection. Acta Biomaterialia, 2020,115:136-147.
[42] Niesyto K, Neugebauer D. Synthesis and Characterization of Ionic Graft Copolymers: Introduction and in Vitro Release of Antibacterial Drug by Anion Exchange. Polymers, 2020,12:2159.
[43] Guo J, Qiu L, Deng Z, et al. Plastic Reusable pH Indicator Strips: Preparation via Anion-Exchange of Poly(Ionic Liquids) with Anionic Dyes. Polymer Chemistry, 2013, 4:1309-1312.
[44] Fan S, Hao Y, Zhang W, et al. Poly(Ionic Liquid)-Gated $CuCo_2S_4$ for pH-/Thermo-Triggered Drug Release and Photoacoustic Imaging. ACS Applied Materials & Interfaces, 2020,12:9000-9007.
[45] Wang C, Chen P, Qiao Y, et al. pH responsive superporogen combined with PDT based on poly Ce6 ionic liquid grafted on $SiO_2$ for combating MRSA biofilm infection. Theranostics, 2020,10:4795-808.
[46] Marcilla R, Sanchez-Paniagua M, Lopez-Ruiz B, et al. Synthesis and Characterization of New Polymeric Ionic Liquid Microgels. Journal of Polymer Science Part A: Polymer Chemistry, 2006,44:3958-3965.
[47] Xi H, He W, Liu Q, et al. Protein Discrimination Using a Colorimetric Sensor Array Based on Gold Nanoparticle Aggregation Induced by Cationic Polymer. ACS Sustainable Chemistry & Engineering, 2018,6:10751-10757.
[48] Zhang L, Hou J, Zhou H, et al. Identification of Milk Adulteration by a Sensor Array Based on Cationic Polymer Induced Aggregation of a Perylene Probe. Food Chemistry, 2021, 343:128492.
[49] Qin W, Li S. An Ionic Liquid Coating for Determination of Sildenafil and UK-103,320 in Human Serum by Capillary Zone Electrophoresis-Ion Trap Mass Spectrometry. Electrophoresis, 2002,23:4110-4116.
[50] Fernandez-Navarro J, Torres-Lapasio J, Ruiz-Angel M, et al. 1-Hexyl-3-Methyl Imidazolium Tetrafluoroborate: An Efficient Column Enhancer for the Separation of Basic Drugs by Reversed-Phase Liquid Chromatography. Journal of Chromatography A, 2012, 1258:168-174.
[51] Fernandez-Navarro J, Garcia-Alvarez-Coque M, Ruiz-Angel M. The Role of the Dual Nature of Ionic Liquids

in the Reversed-Phase Liquid Chromatographic Separation of Basic Drugs. Journal of Chromatography A, 2011, 1218:398-407.

[52] Seitkalieva M, Kachala V, Egorova K, et al. Molecular Extraction of Peptides in Ionic Liquid Systems. ACS Sustainable Chemistry & Engineering, 2015,3:357-364.

[53] Breadmore M. Ionic Liquid-Based Liquid Phase Microextraction with Direct Injection for Capillary Electrophoresis. Journal of Chromatography A, 2011, 1218 (10): 1347-1352.

[54] Yang Q, Xing H, Cao Y, et al. Selective Separation of Tocopherol Homologues by Liquid-Liquid Extraction Using Ionic Liquids. Industrial & Engineering Chemistry Research, 2009,48:6417-6422.

[55] Lu Y, Yu G, Wang W, et al. Design and Synthesis of Thermoresponsive Ionic Liquid Polymer in Acetonitrile as a Reusable Extractant for Separation of Tocopherol Homologues. Macromolecules, 2015,48:915-924.

[56] 程媛媛，杜春慧，吴春金，等．聚离子液体刷接枝改性PVDF膜及其对药物硫酸氢氯吡咯雷分离性能研究．环境科学学报，2018,38:4266-4272.

[57] Wei Y, Li Y, Tian A, et al. Ionic Liquid Modified Magnetic Microspheres for Isolation of Heme Protein with High Binding Capacity. Journal of Materials Chemistry B, 2013,1:2066-2071.

[58] Shu Y, Chen X, Wang J. Ionic Liquid-Polyvinyl Chloride Ionomer for Highly Selective Isolation of Basic Proteins. Talanta, 2010,81:637-642.

[59] Yuan S, Deng Q, Fang G, et al. A Novel Ionic Liquid Polymer Material with High Binding Capacity for Proteins. Journal of Materials Chemistry, 2012,22:3965-3972.

[60] Liu Y, Ma R, Deng Q, et al. Preparation of Ionic Liquid Polymer Materials and Their Recognition Properties for Proteins. RSC Advances, 2014,4:52147-52154.

[61] Wang X, Zhang Y, Shu Y, et al. Ionic Liquid Poly(3-N-Dodecyl-1-Vinylimidazolium) Bromide as an Adsorbent for the Sorption of Hemoglobin. RSC Advances, 2015,5:31496-31501.

[62] Mecerreyes D. Polymeric Ionic Liquids: Broadening the Properties and Applications of Polyelectrolytes. Progress in Polymer Science, 2011,36:1629-1648.

[63] Dang M, Deng Q, Fang G, et al. Preparation of Novel Anionic Polymeric Ionic Liquid Materials and Their Potential Application to Protein Adsorption. Journal of Materials Chemistry B, 2017,5:6339-6347.

[64] Wang J, Cheng D, Chen X, et al. Direct Extraction of Double-Stranded DNA into Ionic Liquid 1-Butyl-3-Methylimidazolium Hexafluorophosphate and Its Quantification. Analytical Chemistry, 2007,79:620-625.

[65] Nuckowski L, Zalesinska E, Dzieszkowski K, et al. Poly(Ionic Liquid)s as New Adsorbents in Dispersive Micro-Solid-Phase Extraction of Unmodified and Modified Oligonucleotides. Talanta, 2021,221:121662.

[66] Nuckowski L, Dzieszkowski K, Rafinski Z, et al. Application of Magnetic Nanoparticles Coated with Crosslinked Zwitterionic Poly(Ionic Liquid)s for the Extraction of Oligonucleotides. Materials, 2021,14:3146.

[67] Guo M, Zhang L, Du Y, et al. Enrichment and Quantitative Determination of 5-(Hydroxymethyl)-2′-Deoxycytidine, 5-(Formyl)-2′-Deoxycytidine, and 5-(Carboxyl)-2′-Deoxycytidine in Human Urine of Breast Cancer Patients by Magnetic Hyper-Cross-Linked Microporous Polymers Based on Polyionic Liquid. Analytical Chemistry, 2018,90:3906-3913.

SERIE BOOKS ON **IONIC LIQUIDS**

IONIC LIQUIDS

# 3

# 多孔离子聚合物合成与应用

# 3.1 多孔离子聚合物概述

多孔材料的设计与合成是当今材料科学与化学的重要研究方向之一，丰富的孔道结构赋予多孔材料众多独特的性质。目前多孔材料被广泛应用于非均相催化、气体分离与储存、电极材料等众多领域。依据国际纯粹与应用化学联合会 (International Union of Pure and Applied Chemistry, IUPAC) 的分类标准，多孔材料按照孔径大小可以分为微孔材料（孔径小于 2nm）、中孔 / 介孔材料（孔径 2 ～ 50nm）和大孔材料（孔径大于 50nm）。孔道的大小能影响分子穿过多孔材料的速率，从而达到分离不同尺寸分子的目的。此外，在多孔材料合成过程中加入分子尺寸小于孔道直径的催化剂，可将催化剂限制在多孔材料内部，提高催化负载和催化效率。除孔径分布外，孔道分子组成也会极大影响其性能。例如在多孔材料表面修饰多氟链段可增大孔道的疏水性，促进其在水体中选择性吸附油性污染物，从而提高其去污性能。

在众多多孔材料中，多孔有机聚合物 (porous organic polymers，POPs) 是一类具有丰富孔道结构、高比表面积、低骨架密度和易于设计与功能化的有机聚合物材料，主要包括共轭微孔聚合物 (CMPs) 材料、超交联聚合物 (HCPs) 材料、共价三嗪骨架 (CTFs) 材料、多孔芳香骨架 (PAFs) 材料、共轭有机框架 (COFs) 材料、金属有机框架 (MOFs) 材料等。这些多孔材料在制备方法、材料性能方面均具有较大的差异，可根据不同应用场景选择需要的结构。通过前体设计、合成方法控制，能够精确控制多孔有机材料孔径分布、孔隙率、孔道性质、宏观形貌等。表 3-1 总结并比较了几种主要有机多孔材料的基本特性 [1]。

离子液体是由阴阳离子两部分键合而成的一类有机化合物。与普通金属盐相比，离子液体的阳离子部分通常不对称且分子尺寸较大，阴离子则为尺寸较小的无机或有机阴离子。离子液体因其出色的物理化学性质而被广泛应用于气体吸附、均相催化、电化学等领域。多孔离子聚合物结合离子液体特性，将离子基团引入多孔材料骨架，拓展了多孔有机材料的种类，深化了有机多孔材料的应用。离子液体本身作为催化剂在使用时存在黏度大、回收困难、活性位点暴露少等问题。将离子液体固载于多孔材料中，多孔材料孔道结构能够在分子尺度分散离子液体，可有效解决其黏度大的问题，并最大化暴露离子液体活性位点，利于离子液体催化反应、气体分离、离子交换等。多孔材料不溶于常规溶剂的特性，为离子液体重复利用提供了可能。多孔离子聚合物是通过离子键连接的多孔材料或者含有离子基团的一类有机多孔材料，兼具多孔材料的多孔结构特点和离子液体的独特性能。离子基团可以是多孔材料骨架的直接组成，也可以通过化学键合方式将离子基团接枝于多孔材料孔道内。同时，多孔离子材料的比表面积、孔径以及孔体积能够通过离子交换来进行调控。

表3-1 多孔有机框架材料分类及其基本性质概述[1]

| 项目 | 有机金属框架 | 共轭有机框架 | 无定形多孔有机聚合物 | 纳米孔道离子有机框架 |
|---|---|---|---|---|
| 图例 | 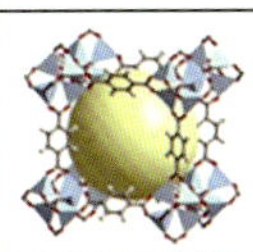 | 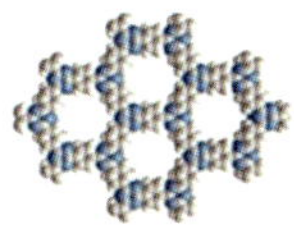 |  | 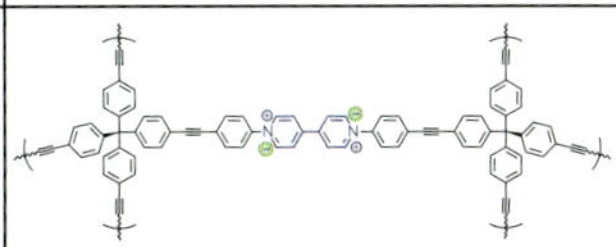 |
| 孔径分布 | 微孔 / 介孔 | 微孔 / 介孔 | 大多数微孔，孔径分布较宽 | 大多数介孔，孔径分布较宽 |
| 设计性 | 极佳 | 好 | 好 | 好 |
| 特点 | 交织网状结构 | 交织网状结构 | 可控组成；合成多孔结构具有挑战性 | 可控组成；合成多孔结构更具挑战性 |
| 结晶度 | 高 | 中等到高 | 无定形 | 无定形 |
| 稳定性 | 差到好 | 好 | 好到极佳 | 好 |
| 合成策略 | 依靠动态配位键自组装 | 依靠动态共价键自组装 | Sonogashira 偶联；席夫碱聚合等 | 模板法合成；自由基聚合 |

多孔离子聚合物具有高比表面积、孔径尺寸可控等特点，被广泛应用于气体吸附领域。由于离子的引入，多孔离子聚合物具有高电荷密度、高极化率以及强静电相互作用，在吸附偶极矩较大的气体分子如二氧化碳 ($CO_2$)、二氧化硫 ($SO_2$) 等时，较非离子型多孔聚合物具有更强的吸附能力。多孔离子聚合物通过离子交换，能够将具有催化活性的金属离子引入多孔

骨架中作为非均相催化剂使用。丰富的孔道结构有利于提高活性位点密度，增加反应物与产物的物质传递，同时通过简单的过滤、洗涤、再生步骤，可将得到的离子多孔非均相催化剂反复多次使用。有机多孔聚合物一般导电性较差，通过部分碳化，能够制备具有导电性的多孔纳米碳材料。利用离子交换法，将金属催化剂引入多孔离子材料中，制备出的含有金属催化位点的多孔碳催化剂用于水裂解、氧还原等电催化反应。此外，多孔离子聚合物还能应用于传感材料、光电材料、抗菌材料等领域。

本章将从不同类型的多孔离子聚合物出发，介绍其不同制备方法以及多种应用场景。

# 3.2 非晶态多孔离子聚合物的合成与应用

## 3.2.1 多孔聚离子液体的合成

多孔聚离子液体 (porous PILs)，即含有多孔结构的聚离子液体材料，或离子液体作为组成结构的有机共价多孔材料[2]。由于多孔聚离子液体兼具了多孔材料高比表面积和聚离子液体的高离子电导率及易离子交换等特性，近年来已经在能源器件、智能响应性材料、选择性气体吸附、高效催化等领域得到了广泛的应用[3]，并引起了国内外研究者的广泛关注。目前，多孔聚离子液体的合成方法可以分为模板法和无模板法两大类。

### 3.2.1.1 模板法

模板法制备多孔聚离子液体，是在离子液体单体均聚或与其他单体共聚时，将有机或无机模板剂引入其中，聚合反应结束后再利用刻蚀或溶出等方法去除模板剂，或是在多孔模板材料表面直接接枝聚合，从而制备多孔聚离子液体的方法。根据模板剂的不同，模板法又可以分为硬模板法 (hard templates) 和软模板法 (soft templates)。

（1）硬模板法

硬模板法是将无机材料模板 ( 如 $SiO_2$、金属氧化物、金属纳米线等 ) 加入由有机单体、交联剂、引发剂等组成的聚合体系中，聚合固化后再将无机模板刻蚀去除，得到具有规整结构的多孔聚离子液体 [4]。例如，Li 等 [5] 利用 $SiO_2$ 胶体晶体模板，制备了高度规整的多孔离子液体聚合物。利用该方法制备的多孔聚离子液体可通过阴离子交换进一步调控孔径大小，如将 $Br^-$ 交换为 $[TFSI]^-$，聚离子液体的孔径明显减小。同时，随着孔径的减小，所制得的多孔聚离子液体膜光吸收蓝移，呈现不同的颜色变化。利用硬模板法制备多孔聚离子液体方法简便、孔分布规整，但在聚合固化时需对聚合物进行高度交联，防止在模板刻蚀过程中聚合物多孔结构坍塌。

（2）软模板法

软模板法多使用含有亲、疏水结构单元的嵌段共聚物为模板，先将共聚物模板与离子液体单体混合均匀并聚合固化，然后在模板聚合物的良溶剂中将模板聚合物洗脱除去制备多孔聚离子液体 [6]。软模板法制备多孔聚离子液体的关键在于调节单体与模板聚合物之间的相互作用力，即单体与模板聚合物之间需存在一定的相互作用力，以确保孔结构能够形成，同时作用力又不可过强，否则聚合固化后模板剂难以除去。例如，Wang 等 [7] 利用嵌段聚合物 $EO_{20}PO_{70}EO_{20}$ (Pluronic P123) 为软模板制备了介孔 / 大孔的多尺度孔结构的聚离子液体。先以 1- 烯丙基 -3- 乙烯基咪唑氯盐 ([Avim]Cl) 为单体，二乙烯基苯 (DVB) 为交联剂，以嵌段聚合物 P123 为软模板，在水溶液中剧烈搅拌得到均一的乳液，聚合固化后用乙醇洗去模板剂 P123，即可得到多尺度孔结构聚离子液体。该多孔结构制备的关键在于调节离子液体单体与聚合物模板之间的作用力，使其达到平衡，即以 $S^0H^+X^-I^+$ 为模型，通过电荷互配原则，来调节离子液体单体与软膜板之间的相互作用力 ($S^0$: P123 非离子表面活性剂，$H^+$ ：电离的氢离子，$X^-$ ：离子液体的阴离子，$I^+$ ：离子液体的阳离子 )。通过软模板法可以快速制备多尺寸孔结构，但该方法中使用的软模板的设计合成以及如何去除仍是软模板法亟待解决的问题。

#### 3.2.1.2 无模板法

尽管模板法可以制备孔结构规整的多孔聚离子液体，但其制备过程中需要加入刻蚀剂来去除模板，而刻蚀剂通常会破坏其多孔结构，造成孔结构的收缩、变形甚至坍塌。此外，由于受模板剂限制，通过模板法制备的多孔聚离子液体往往比表面积较小（$<220m^2 \cdot g^{-1}$）。利用无模板法(template-free)制备多孔聚离子液体不仅可以克服以上问题，而且前期无须制备模板，后期也不需要刻蚀，操作更加简易高效。

无模板法制备多孔聚离子液体多是基于相分离的原理。利用亲水的离子液体与疏水的单体DVB(交联剂)共聚，得到相分离体系，可直接制备多孔聚离子液体。通过调节亲疏水组分的比例，以及咪唑离子液体单体烷基链的长度(即调节离子液体的亲疏水性)，实现对多孔聚离子液体比表面积的调节(比表面积：$52 \sim 649m^2 \cdot g^{-1}$)。如进一步对所得多孔聚离子液体进行阴离子交换，可应用于$CO_2$的吸附催化。虽然通过改变亲疏水组分比例以及烷基链长度可调节多孔聚离子液体的孔径大小和比表面积，但阴离子交换的方法更为简易灵活。如图3-1所示，利用活性较高的卤代烃对聚(二乙烯苯-乙烯基咪唑)进行共价接枝后，通过阴离子交换制备阴离子亲疏水性不同的多孔聚离子液体，所制备的聚离子液体的比表面积随阴离子的改变而改变($181 \sim 670m^2 \cdot g^{-1}$)[8]。

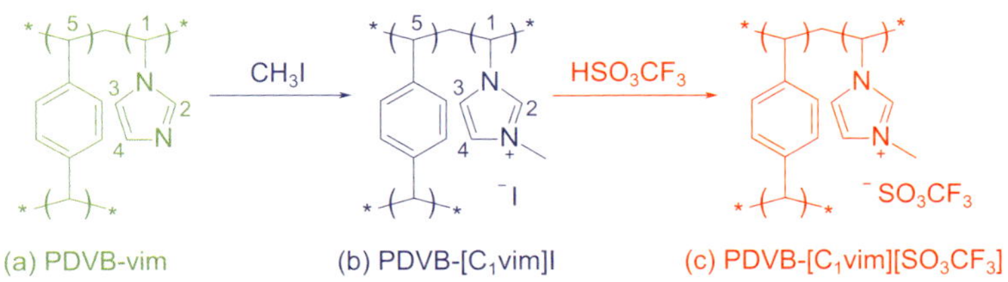


图3-1 阴离子交换法制备多孔聚离子液体[8]

### 3.2.2 多孔聚离子液体的应用

多孔聚离子液体因其独特的性质，在过去的10年里引起了研究人员的关注，它既有足够高的表面积供催化剂负载，又有足够大的孔道供物质输运。此外，多孔聚合物由于其低密度和单体结构的多样性，在某些领域的应用优于无机多孔材料。多孔聚离子液体兼具多孔材料和离子液体的特性，在超级电容器、智能响应性材料、气体选择性吸附、高效催化等领域有着广泛的潜在应用。

#### 3.2.2.1 智能响应性多孔聚离子液体

智能响应性材料，即能随外界环境（如温度、光照、pH 值、电场、磁场等外力作用）的改变产生相应形态、透光率、电阻、电容等物理变化的功能性材料。该材料常用于外部环境的监测，如在气体泄漏、智能感应、电子皮肤等领域有着广泛的应用前景。基于多孔聚离子液体的响应性材料，其孔道结构有利于响应性因子的扩散，从而对外部刺激表现出高灵敏性。

（1）气体响应性多孔聚离子液体

Zhao 和 Yuan 等 [9] 以疏水性的聚离子液体与亲水性的含羧基的化合物制备了一系列具有溶剂响应性的多孔聚离子液体。将阴离子为 $[TFSI]^-$ 的聚离子液体，与带有多个羧基的化合物 ( 如聚丙烯酸、对苯二甲酸、均苯四甲酸、羧酸化柱芳烃等 ) 在 DMF 中共混，并涂布在玻璃板上，烘干，随后将玻璃板浸泡于稀氨水溶液中，制备出具有梯度多孔结构的聚离子液体。值得指出的是，采用有机溶剂溶解聚离子液体的同时，可以抑制羧基的电离，使阴阳离子聚电解质在溶液中共存而不配位，有利于进行溶液加工。该多孔聚离子液体膜材料具有梯度孔结构，膜表面和近表层部分的孔结构大，膜底层和下层孔尺寸小 [10, 11]。这种微观上孔隙密集且呈梯度分布的多孔结构，使得该多孔聚离子液体膜在智能传感领域具有巨大的潜在应用价值。

（2）电化学响应性多孔聚离子液体

离子液体具有卓越的电化学性能，因而在电响应材料方面有巨大的优势。Vancso 等 [12] 将含二茂铁基团的离子液体 ([PFS-vim][TFSI]) 与聚丙烯酸 (PAA) 共混，通过离子键交联作用制备出“可呼吸”的多孔聚离子液体膜材料。当二茂铁基团处于氧化态 ($Fc^+$) 时，该多孔膜材料呈现出明显的孔结构；当 $Fc^+$ 电化学还原成 $Fc^0$ 后，聚合物膜的孔隙明显减小，水通量也相应减小。多孔聚离子液体膜材料的电化学氧化还原响应性使其在智能响应性开关等领域具有潜在的应用价值。

（3）多重响应性多孔聚离子液体

随着所需监测的外界环境因素的增多，单重响应性的材料已不能满足人们的需求，多重响应性材料逐渐引起了国内外科学家的关注。Yan 等 [13] 以 *N*-

异丙基丙烯酰胺 (NIPAM)、丙烯酸和离子液体 (IL-TFSI) 为单体，制备了具有温度、pH 双重响应的多孔聚离子液体材料。低温时，NIPAM 单元的亲水氨基结构朝向分子链外侧，表现出亲水性，与疏水的 IL-TFSI 相分离并形成多孔结构，透光率仅为 10%；当温度升高时，NIPAM 单元中疏水的异丙基结构朝向分子链外侧，与 IL-TFSI 均表现出疏水性，无相分离，致使多孔结构消失，透光率提升至 80%。该多孔聚离子液体材料同时具有 pH 响应性：在酸性蒸气中，丙烯酸与 IL-TFSI 均表现出亲油性；当暴露于碱性蒸气中时，丙烯酸形成亲水性丙烯酸盐，此时宏观上表现出收缩卷曲的响应性形变。上述 pH 响应性形变具有循环性，使得该材料有望应用于复杂环境中的多重监测。

### 3.2.2.2　多孔聚离子液体高效催化材料

聚离子液体在催化领域具有广泛的应用。Yuan 等 [14] 通过二乙烯基苯和咪唑盐离子液体的溶剂热共聚，成功合成了比表面积高达 $935m^2 \cdot g^{-1}$ 的离子液体功能化的多孔聚合物网络。所得到的聚合物具有高孔隙体积、丰富的介孔孔隙度和离子液体含量可调的整体结构。Wu 等 [15, 16] 在多羟基的 FDU-15(P123 为模板剂，苯酚和甲醛为前驱体 ) 多孔聚合物上修饰了一系列的咪唑盐离子液体，所制备的多孔聚离子液体不仅比表面积大，而且催化效率高，即使在无外加催化剂助剂及溶剂的情况下，仍能高效地非均相催化 $CO_2$ 的环化反应。为进一步降低反应壁垒，提升催化效率，Wang 等 [17] 将环氧官能团修饰的离子液体与 DVB 经共聚、水解，制备了含有邻位双羟基结构的多孔聚离子液体小球。该多孔聚离子液体对 $CO_2$ 有很强的氢键作用及协同催化能力，使得该多孔聚离子液体催化剂在常温下也具有极高的 $CO_2$ 催化效率。Xiao 等 [18] 报道了经聚合后修饰的超疏水介孔聚合物的制备方法。在该方法中，二乙烯基苯和 *N*- 乙烯基咪唑首先在溶剂热条件下共聚，形成比表面积 ($S_{BET}$) 高达 $670m^2 \cdot g^{-1}$ 的介孔网络。随后通过表面咪唑基与烷基卤化物季铵化反应将离子液体物种引入孔表面，然后进行阴离子交换。用此方法获得的离子多孔聚合物可以有效地催化酯交换反应来生产生物柴油，并发现其在贝克曼反应、酯化反应和水化反应中均表现出更高的活性。这一特性对于今后设计和制备具有高活性和良好可回收性的多相催化剂具有重要意义。

### 3.2.2.3 多孔聚离子液体金属吸附材料

阴离子型聚合物含有带负电荷的官能团，如磺酸、磷酸、羧酸等[19-23]，可与金属阳离子通过静电作用形成离子键，因而常被用作金属离子的静电吸附剂[24-26]。Yan 等[27]研究了高效可循环的多孔聚离子液体膜材料在重金属离子吸附方面的应用。首先 1- 烯丙基 -2,3- 二甲基咪唑阳离子 ($[Admim]^+$) 分别与含有不同亲疏水性的阴离子合成了单体 (IL-Br、IL-$PF_6$)，而后单体与乙烯基咪唑 / 聚乙二醇二甲基丙烯酸酯通过光引发聚合成膜。多孔聚离子液体膜对常见重金属离子 ( 如 $Hg^{2+}$、$Pb^{2+}$、$Cu^{2+}$、$Zn^{2+}$ 等 ) 都有着较好的吸附效果，多次使用后吸附量无明显下降，具有较好的循环使用能力。Zhang 等[28]合成了由聚丙烯酸 (PAA) 接枝修饰的多孔聚缩水甘油酯，该阴离子型聚离子液体中大量存在的羧基可通过静电作用与金属离子结合，表现出较好的金属离子吸附效果，其中对 $Cu^{2+}$ 的去除率超过 95%。研究表明，具有不同阴离子结构的阴离子型聚离子液体对金属离子的吸附及选择能力也不同。磺酸基团具有较强的解离能力，对金属离子表现出较好的静电吸附效果，但选择性较差。因此含磺酸基团的阴离子型聚离子液体多孔材料的抗干扰能力以及脱附能力均较差。与之相反，羧基的解离能力较差，只对重金属离子具有吸附能力，且对氢离子极为敏感（$pH < 4$ 时，羧酸根以分子形态存在），因此基于羧基的阴离子型聚离子液体的吸附选择性及脱附再生能力均较好。

### 3.2.2.4 多孔聚离子液体油水分离材料

由于河道油污污染及海上大规模原油泄漏事件频发，快速高效的油水分离技术愈发引起人们的重视[29-32]，而离子液体的阴离子交换特性使其可迅速改变亲疏水性，因而逐渐被用于制备可调控的油水分离材料。Yan 等[33]通过表面接枝方法制备了聚离子液体 (PIL) 修饰的聚丙烯 (PP) 纤维，用于水污染的综合处理。首先对纤维基底进行电晕处理，通过静电吸引作用在多孔聚丙烯纤维表面接枝修饰了聚离子液体，制备出了核壳形态的 PP@PIL-Br 纤维，进一步利用离子交换改变聚离子液体的亲疏水性，实现可控的油水分离；利用静电作用，选择性吸附污水中的阴离子染料；利用阳离子和烷基链的协同作用，实现快速杀菌，从而达到多种污染物一步处理的目的。Han 等通过亲水的离子液体与疏水的 DVB 在卷纸上进行共聚，制备了润湿性可控的多孔聚离子液体油水分离膜 [34]。该多孔分离膜在干燥时亲油疏水，但经过乙醇润湿后即表现出亲水疏油的性质。离子液体在不同溶剂的界面处，伸入溶剂的官能团不同。如溶剂为水时，亲水性阳离子官能团进入溶剂相；溶剂为油相时，疏水性的烷基链进入溶剂相，这种官能团与溶剂间的取向性最终导致了聚离子液体材料的亲疏水性质的转变。该多孔聚离子液体材料制备简单，操作方便，在可逆转变的油水分离领域有着巨大的潜在应用。Jin 等 [35] 在多孔聚偏氟乙烯表面接枝修饰了两性离子液体，修饰后的聚离子液体多孔膜材料不仅保持着较小的孔径 ( ＜100nm)，而且具有显著的亲水疏油的润湿特性（水接触角为 0°，油接触角为 156°）。该多孔聚离子液体膜材料即使在较大的膜通量 ($2600L \cdot m^{-2} \cdot h^{-1} \cdot bar^{-1}$) 条件下，对微乳液油滴仍然具有较好的分离效果 ( 总碳含量为 $1.2mg \cdot L^{-1}$)。

#### 3.2.2.5 多孔聚离子液体在其他领域的应用

近年来，多孔聚离子液体在碳材料、生物医用材料、染料吸附等领域的应用研究也取得了显著成效。聚离子液体被认为是极佳的氮掺杂碳材料前驱体。例如，通过聚离子液体与聚丙烯酸共混制备的聚离子液体膜，碳化后得到了多尺寸孔结构的碳材料，并表现出优异的电化学性能 [36]。聚离子液体基生物医用材料的研究日新月异，三维聚离子液体多孔支架及膜材料已经用于组织支架、伤口修复、药物释放等领域。例如，壳聚糖修饰的多孔聚离子液体因其生物相容性好，有助于细胞生长，被用于细胞培养、基因组织工程等 [37-39]。

### 3.2.3 离子型多孔超交联聚合物的合成与应用

超交联聚合物 (hyper-crosslinked polymers, HCPs) 是多孔有机聚合物的一种，合成成本低，结构和功能可设计性强，比表面积大，孔结构丰富，目前已经引起了广泛的关注。

超交联多孔离子聚合物 (hyper-crosslinked porous ionic polymers, HCPiPs) 是在 HCPs 的基础上发展起来的多孔离子聚合物，主要通过外交联法、单体一步超交联或后 HCPs 修饰，获得一种具有多孔结构、高电荷密度和离子交换性能的新型功能材料。也有研究者将其视为以 HCPs 为载体，通过化学键合成的固体离子液体。

与传统沸石、活性炭等多孔材料相比，HCPiPs 不仅具有良好的稳定性，还可以根据需要调节其官能团 / 离子和表面疏水 / 亲水程度，从而实现高吸附选择性；与 MOFs 材料相比，HCPiPs 可以在水、高温、酸碱等极端环境下保持结构稳定，并可以通过改变有机骨架侧链基团和阴离子来调节聚合物孔径和表面积，还可以进行方便灵活的功能化修饰。HCPiPs 具有特定的功能化特征，表现出优异的设计性、功能性和合成方法的多样性。因此，HCPiPs 在多孔材料、气体储存与分离、多相催化、储能与转化、水污染治理等方面，已成为一种具有巨大发展潜力的材料，HCPiPs 的应用和发展进一步扩大了多孔聚合物的应用范围。

### 3.2.3.1 HCPiPs的合成方法

Friedel-Crafts 反应、Yamamoto 偶联、Sonogashira-Hagihara 偶联反应、Suzuki 交叉偶联反应和醛胺缩合反应以及 $S_N2$ 型亲核取代反应均已被用于构建 HCPiPs。HCPiPs 的合成方法可分为 3 类：①含离子单体的一步交联法；②交联 - 离子化同步合成法；③对 HCPs 进行离子官能化的后修饰法。

（1）含离子单体的一步交联法

以含季铵阳离子、季鏻阳离子、含氟阴离子以及其他有机离子的单体与交联剂，或以苯、联苯以及联吡啶等单体与含有离子的交联剂，通过一步交联反应均可制备得到 HCPiPs。

Fischer 等 [40] 通过金属催化 C-C 成键反应制备了主链上具有弱配位阳离子的微孔有机聚合物网络。通过合成一种功能化的四苯基鏻离子，应用于镍催化的 Yamamoto 偶联反应与四溴苯基甲烷的共聚合，以及钯催化的 Sonogashira-Hagihara 反应与三乙烯基苯的共聚合（图 3-2）。微孔材料的比表面积为 $1455m^2 \cdot g^{-1}$ 和 $540m^2 \cdot g^{-1}$。Yamamoto 偶联的 $CO_2$ 吸收量为 $2.49mmol \cdot g^{-1}$(273K，1bar❶)，与氯离子交换后，$CO_2$ 吸收量增加到 $2.85mmol \cdot g^{-1}$。

❶ $1bar=10^5Pa$。

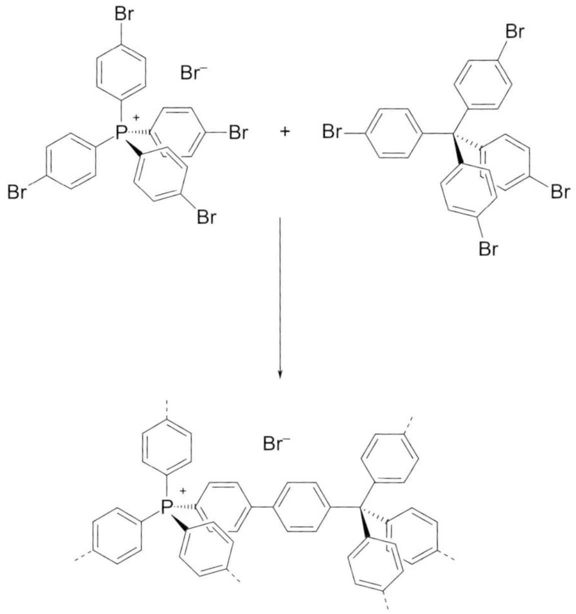

图 3-2 CPN-1-Br(四苯基鏻阳离子－四溴苯基甲烷网络)合成方法 [40]

Zhang 等 [41] 以含鏻阳离子为单体，以二甲氧基甲烷 (FDA) 为交联剂，通过 Friedel-Crafts 反应制备了各种新型超交联多孔聚合物（图 3-3）。这些多孔材料具有较高的 BET 表面积 (高达 $1168m^2 \cdot g^{-1}$)，总孔体积为 $0.63 \sim 1.00cm^3 \cdot g^{-1}$，微孔体积为 $0.12 \sim 0.19cm^3 \cdot g^{-1}$，用于选择性捕获 $CO_2$，并有效地将 $CO_2$ 转化为环状碳酸盐。

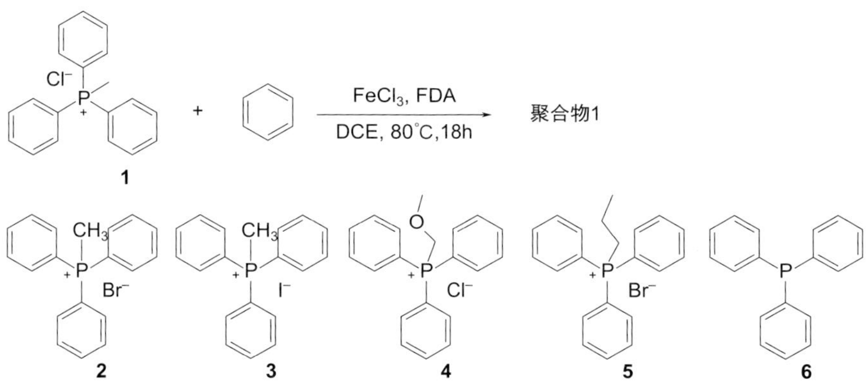

图 3-3 超交联鏻聚合物的合成 [41]

Son 等 [42] 采用 Sonogashira-Hagihara 偶联四 (4- 乙炔基苯基 ) 甲烷和二碘咪唑盐，制备了具有咪唑盐的管状微孔有机网络 (T-IM)，该网络在 $CO_2$ 的非均相转化为环状碳酸盐过程中表现出良好的催化活性，$S_{BET}$ 为 $620m^2 \cdot g^{-1}$，总孔体积为 $0.36cm^3 \cdot g^{-1}$（图 3-4）。

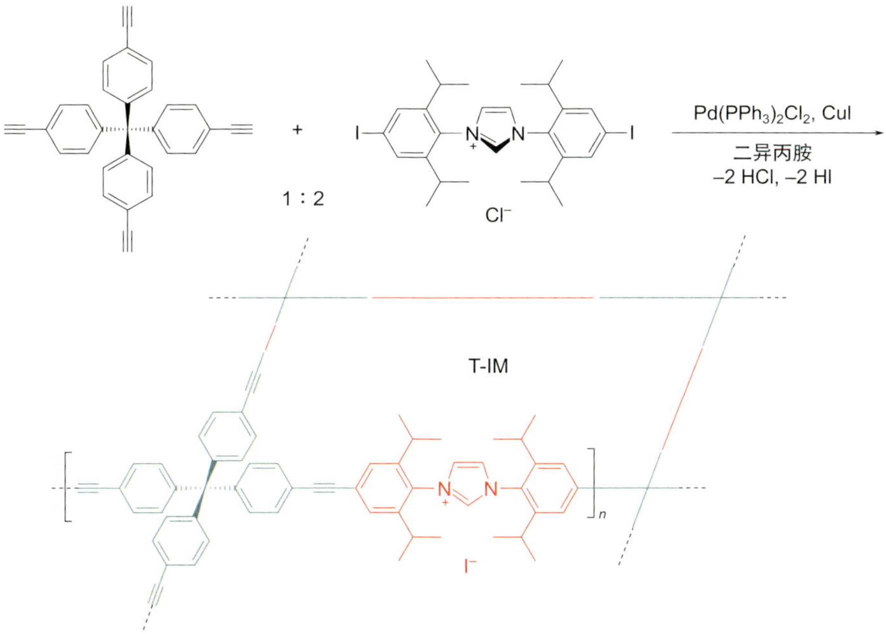


图 3-4 含咪唑盐多孔有机网络的制备 [42]

Zhu 等 [43] 以 4- 吡啶基硼酸和三聚氯氰为原料，通过 Suzuki 偶联反应得到了超交联离子聚合物 Cl-PAF-50，经阴离子交换制备出含不同阴离子的聚合物 F-PAF-50、Cl-PAF-50、Br-PAF-50 和 I-PAF-50（图 3-5）。由于阴离子大小不同，该材料孔径可在 3.4 ～ 7Å 范围内调控，可用于捕获或筛分不同直径的气体分子。结合它们特定的分离特性，该 PAF 材料可以完全分离含五组分（$H_2$、$N_2$、$O_2$、$CO_2$ 和 $CH_4$）的气体混合物。由此可见，多孔芳香族骨架作为聚合物筛具有良好的实用和商业应用前景。

Banerjee 等 [44] 以三羟基苯三醛与有机铵盐为原料，通过 Millard 缩合制备了一系列超交联离子聚合物，合成了三种自脱落的卤化胍基离子共价有机纳米片 (iCON)，分别为 TpTGCl($S_{BET}$ = $267m^2 \cdot g^{-1}$)、TpTGBr($S_{BET}$ =

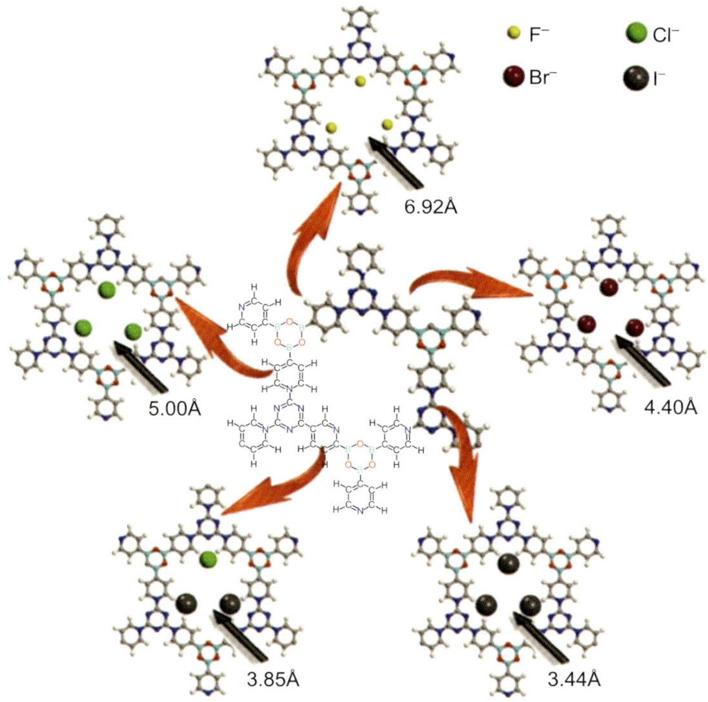


图 3-5　X-PAF-50 的合成方法 [43]

305m$^2$ • g$^{-1}$)、TpTGI($S_{BET}$ = 298m$^2$ • g$^{-1}$)（图 3-6)。该多孔纳米片的固有离子胍单元对自我剥离起着关键作用，并且赋予该材料抗革兰氏阳性菌和革兰氏阴性菌的功能。

Wan 等 [45] 在无溶剂条件下，采用固体研磨法制备了含有碱性阴离子的阳离子型 CPP( 共轭多孔聚合物，conjugated porous polymer) 和锂离子阴离子型 CPP（图 3-7)。与溶液合成法相比，机械化学研磨法可以将反应时间从几十小时缩短到一小时，形成高分子量、低分散的聚合物。在 CPP 的构建过程中，引入了一种基于 C-O 交叉偶联反应的固体缩聚反应，得到的 CPP-ImPF$_6$ 的 $S_{BET}$ 为 87m$^2$ • g$^{-1}$。CPP-ImPF$_6$ 骨架中酚羟基与脯氨酸离子液体赋予 CPP-ImPF$_6$ 优异的 $SO_2$ 捕获能力。此外，通过与硼负离子前体研磨 60min 得到阴离子型 CPP-Li，其中锂离子能够通过离子交换反应转变为其他金属离子。

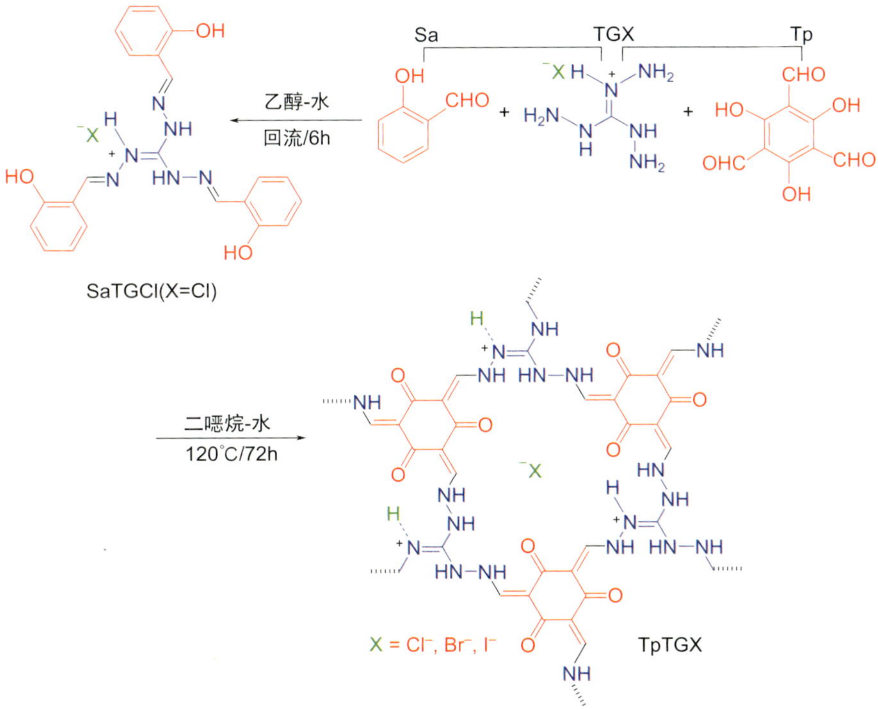


图 3-6　TpTGCl 单体 (SaTGCl) 和 iCONs (TpTGX) 的合成[44]

离子单体一步交联法是获得 HCPiPs 最简单、最直接有效的方法，而且离子单体和交联剂结构多样、可选择范围广，但由于离子基团的存在限制了溶剂和反应方式的选择，同时电荷相互作用容易引起分子间堆积，导致 HCPiPs 的比表面积和总孔隙体积总体偏低。

（2）交联 - 离子化同步合成法

交联 - 离子化同步合成法是一种独特的 HCPiPs 合成方法，含有特定功能基团的单体与交联剂通过一步缩聚，同步发生超交联和离子化，生成离子型聚合物。通常该多孔材料基于含氮有机单体与苄卤等交联剂通过 $S_N2$ 亲核取代反应来制备。

Dai 等[46]以刚性 4, 4′- 联吡啶为单体，1, 3, 5- 三 ( 溴甲基 ) 苯为交联剂，通过苄基 $S_N2$ 亲核取代反应合成了具有高离子密度 ( 每单位有 3 对阳离子 - 阴离子 ) 的纳米多孔离子有机网络 (PiONs)，$S_{BET}$ 只有 107 ～ 132$m^2 \cdot g^{-1}$

（图 3-8）。由于静电和空间效应，这些具有多孔通道的离子网络可以稳定和支持 1 ～ 2nm 的金 (Au) 纳米粒子 (NPs)。Au@PiON 杂化材料作为多相催化剂，在饱和醇的好氧氧化中具有较高的活性、选择性和稳定性。

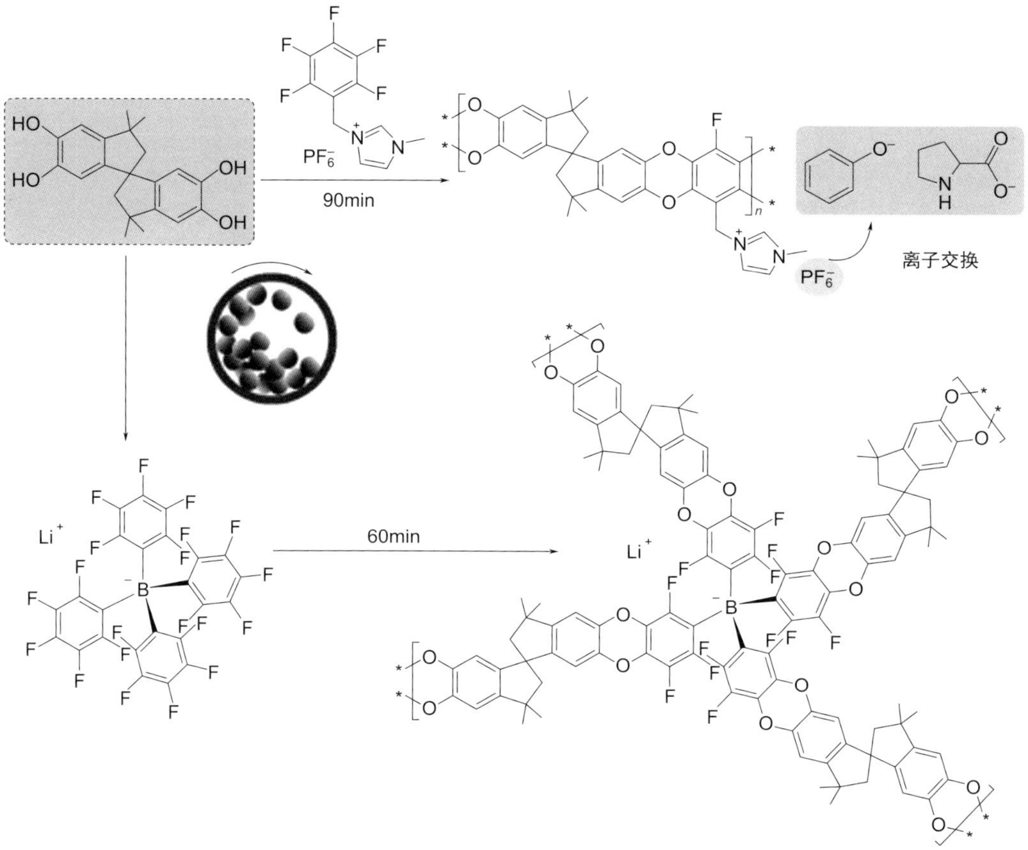


图 3-7　球磨合成 CPP 路线 [45]

如图 3-9 所示，Wang 等 [47] 以苯基咪唑啉为单体、二卤苄为交联剂，通过 $S_N2$ 亲核取代与 Friedel-Crafts 同步反应制备了含咪唑基的超交联多孔离子聚合物 HCiP-X1，通过改变单体 Phim 与交联剂的配比，得到 $S_{BET}$ 范围为 534 ～ 1182$m^2 \cdot g^{-1}$ 的系列 HCPiPs，总孔体积在 0.40 ～ 1.24$cm^3 \cdot g^{-1}$。

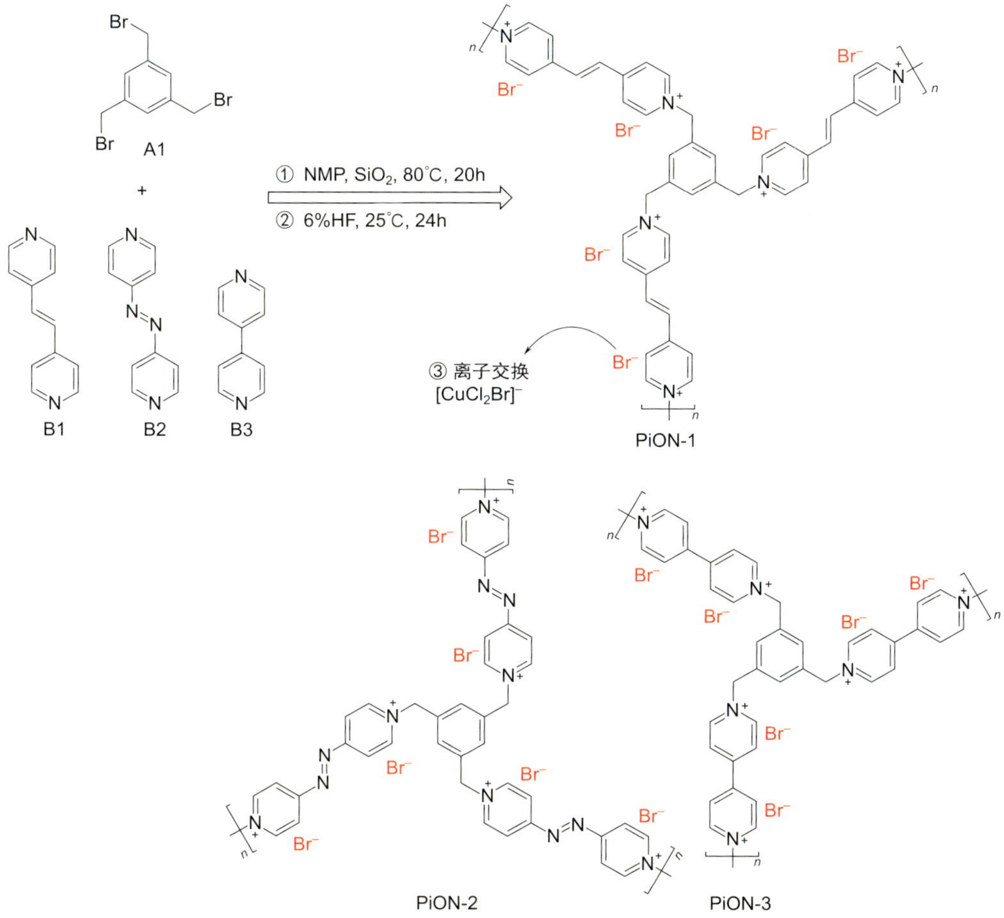


图 3-8 纳米多孔离子有机网络 (PiONs) 的合成路线 [46]

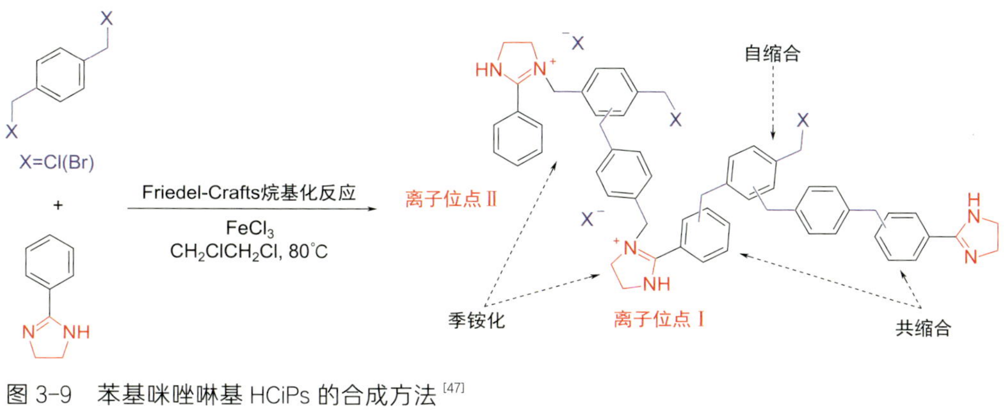


图 3-9 苯基咪唑啉基 HCiPs 的合成方法 [47]

交联 - 离子化同步合成法是制备 HCPiPs 的独特方法，便捷且易于操作。不足的是单体和交联剂的选择受限都较大，制备的 HCPiPs 比表面积较小，而且对单体结构要求严格，需要精细地设计和选择功能分子。

（3）HCPs 后修饰法

通过化学接枝、离子配位、中和反应、离子交换和物理吸附等方法对 HCPs 进行后修饰，可将金属离子或含离子活性基团引入中性超交联聚合物，能够调节和优化 HCPs 的性能，是一种常用且有效的 HCPiPs 的制备方法。通过 HCPs 聚合物网络骨架的季铵化，实现 HCPs 向离子态 HCPiPs 的转变，同时可将特定功能性离子固载到聚合物材料中。

Yu 等 [48] 以对二氯二甲苯 (*p*-DCX) 和 *N*- 甲基咪唑 (*N*-Mim) 为基块，通过 $FeCl_3$ 催化的 Friedel-Crafts 烷基化反应，成功制备了一系列具有高比表面积的咪唑离子液体功能化多孔有机聚合物 (POP)，$S_{BET}$ 为 99 ～ 926$m^2 \cdot g^{-1}$，孔隙大小分布在 1.4nm 附近，同时具有中孔结构（图 3-10）。咪唑离子液体功能化的 POP 对 $CO_2$ 吸收高达 73.6$cm^3 \cdot g^{-1}$(273K, 1bar)。通过调节 *N*-Mim 与 *p*-DCX 的摩尔比，可使其吸附热从 7.84$kJ \cdot mol^{-1}$ 提高到 17.35$kJ \cdot mol^{-1}$。这些材料也可作为可重复使用的酸催化剂，用于芳香醛和邻苯二胺合成苯并咪唑衍生物（87% ～ 91%）。

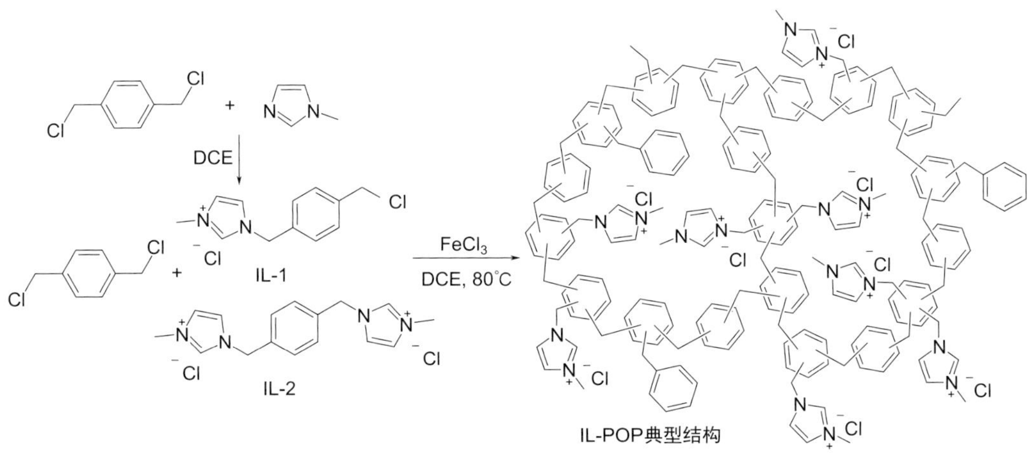


图 3-10　功能化 POP 的合成 [48]

Feng 等 [49] 通过典型的过渡金属催化偶联反应制备了一系列具有分层

多孔结构的含硼共轭微孔超交联聚合物 B-Ph-ae-3，而后选择性捕获氟离子后形成稳定的阴离子多孔聚合物，再经离子交换，将具有催化活性的 $Co^{2+}$、$Fe^{2+}$、$Ni^{2+}$ 固载到多孔聚合物的网络中，由于离子含量增加，$S_{BET}$ 从 $935m^2 \cdot g^{-1}$ 降至 $490m^2 \cdot g^{-1}$。

酸碱中和反应也是一种常用的后修饰方法。例如，Zhou 等 [50] 以磺酸及其锂盐构筑的多孔聚合物网络 (PPN-6-$SO_3H$，PPN-6-$SO_3Li$) 相较于超交联聚合物 PPN-6 表现出 $CO_2$ 吸附等量热和吸收容量显著增加。使用单组分等温数据和在 295K 和 1bar 下 15/85$CO_2/N_2$ 比的 IAST 计算表明，磺化接枝的 PPN-6 网络对 $CO_2/N_2$ 的选择性极高，分别为 155(PPN-6-$SO_3H$) 和 414(PPN-6-$SO_3Li$)。利用 HCPs 聚合物网络的孔隙或网络中杂原子对金属离子的配位作用，可将金属离子充分固定在聚合物结构内，实现对 HCPs 的离子功能化修饰。

Deng 等 [51] 在酚醛树脂中构造微孔和中孔，并应用到多相催化领域。所合成的多孔超交联酚醛树脂 (PFN-P) 的 $S_{BET}$ 为 $775m^2 \cdot g^{-1}$，同时网络中包含丰富的羟基和三苯基膦结构。配位钯后，Pd@PFN-P 具有分层的多孔结构，孔径为 1.3 ～ 42.6nm，如图 3-11 所示。Pd@PFN-P 良好的亲水性和较大的孔径有利于反应物在水介质中对 Suzuki-Miyaura 反应的催化位点的接触。因此，在无氧和有氧条件下，多种卤代芳基化合物和苯基硼酸之间的反应都能实现高转化率。此外，在使用 Pd@PFN-P 催化剂循环五次后，反应转化率基本保持不变，显示出在多相催化中的应用前景。

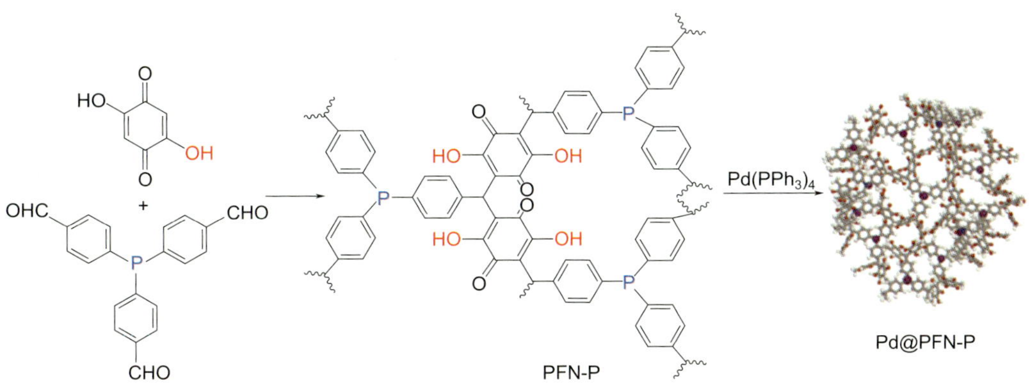


图 3-11 多孔酚醛树脂 PFN-P 和 Pd 载体 Pd@PFN-P 的合成 [51]

HCPs 后修饰法是一种制备 HCPiPs 的通用方法，可以根据实际需求调控 HCPs 功能。不足的是制备过程较为烦琐，而且往往难以在 HCPs 骨架上均匀地接枝上离子活性基团；受制备过程的影响，可能会导致母体材料的物理骨架结构变形甚至破坏。此外，由于后修饰的离子基团占据了一定的孔隙，会使比表面积、孔体积和孔径均明显降低。

#### 3.2.3.2 HCPiPs的应用

HCPiPs 作为一种新兴的多功能材料，具有高比表面积、高电荷密度、多活性位点以及功能基团和功能离子易于设计调节的特点，在气体捕集与分离、储氢材料、非均相催化、能源储存与转化、水污染治理等领域展现出独特的应用优势。

（1）气体捕集和储存

① $CO_2$ 的捕集与分离。随着 $CO_2$ 排放量的逐年增加，用于高效碳捕集和利用的新型功能材料的研究显得尤其重要。HCPiPs 已被证明是高效和经济有效的 $CO_2$ 捕集功能材料。因此，具有高比表面积和多活性位点的 HCPiPs 具有重要的发展潜力。

Zhu 等 [52] 通过后金属修饰法合成了一系列离子型多孔芳香骨架 PAF-26-COOM(M=$Li^+$，$Na^+$，$K^+$，0.5$Mg^{2+}$)。采用后金属化 (post-metalation) 方法对 PAF-26 材料进行了改性。得到的 PAF-26-COOM 产物在原子水平上具有中等的比表面积 (430 ～ 717$m^2 \cdot g^{-1}$) 和可控的孔径 (0.48 ～ 0.57nm)。在温和的温度 (273K 和 298K) 下，对制备的 PAF-26-COOM 材料进行了 $CO_2$、$CH_4$ 和 $N_2$ 的气体吸附实验，发现 PAF-26-COOM 材料对 $CO_2$ 和 $CH_4$ 具有较高的吸附能力，对 $N_2$ 的吸附能力较低。合成的 PAF-26-COOM 化合物对 $CO_2$ 和 $CH_4$ 具有较高的等量吸附热，表明其对 $CO_2$ 和 $CH_4$ 气体具有较高的亲和力，PAF-26-COOM$g_{0.5}$ 表现出在 $CO_2/N_2$ 和 $CH_4/N_2$ 二元混合气体中对 $CO_2$ 高选择性吸附。

从目前的研究结果可以看出，HCPiPs 对 $CO_2$ 的吸附是其多孔结构和高比表面积以及含有的离子和特殊的官能团与 $CO_2$ 共同作用的结果：HCPiPs 对 $CO_2$ 的吸附大多可归因于其多孔结构上的高比表面积所引起的物理吸附；HCPiPs 上的离子特别是一些金属离子会诱导 $CO_2$ 发生极化，使 $CO_2$ 与 HCPiPs 上的离子之间作用力增大，从而提高吸附量和选择性；当 HCPiPs

接上含有孤对电子的氮杂环或离子等 Lewis 碱性基团时，由于 $CO_2$ 分子中的碳原子与两个氧原子所形成的共轭双键能够接受孤对电子发生重排而发生化学吸附，因此可达到较高的吸附量和选择性。

② 氢气的储存。氢气是一种具有高能量密度和环境友好的清洁能源，而安全高效的储氢材料是亟待解决的技术难题。具有高比表面积、多功能活性位点结构的 HCPiPs 表现出优异的储氢性能。Zhu 等 [53] 通过离子交换制备了一系列吡啶型多孔芳香超交联聚合物 PAF-50，研究发现，不同阴离子骨架对 $H_2$、$CO_2$、$O_2$、$N_2$ 和 $CH_4$ 等具有不同的吸附等温线和选择性。由于孔表面对气体的作用力不同以及孔尺寸的选择性效应，PAF-50 可用作高效分离氢气及其他气体的分子筛。

杨宵等 [54] 采用密度泛函理论研究了 COFs 的 7 种主要团簇对 $H_2$ 的吸附机理，计算中选用 GGA/PBE 泛函后发现，对 COFs 进行碱金属 (Li、Na、K) 掺杂和官能团 (—$CH_3$、—SH、—$NH_2$) 替代改性，$H_2$ 吸附能得到显著提高。$H_2$ 与吸附剂的作用力一般较弱，吸附热较小 (1.55 ～ 3.79kJ • $mol^{-1}$)，属于物理吸附，因此吸附量通常都较小，只能靠增加比表面积来提高吸附量。HCPiPs 对 $H_2$ 的吸附虽然也属于物理吸附，但其离子对 $H_2$ 会产生诱导极化作用，增强了 HCPiPs 与 $H_2$ 之间的相互作用力，从而提高了吸附量，其中碱金属离子特别是锂离子的极化作用最大，因此含有锂离子的 HCPiPs 是一种优异的储氢材料。

（2）非均相催化

HCPiPs 具有稳定的大比表面网络结构、高度分散的功能离子活性位点以及与产物易分离等优势，在催化领域具有广阔的应用前景。

Zhang 等 [55] 制备了一系列咪唑阳离子改性多孔超高交联聚合物 POM*n*-Im(*n*=1,2,3) 作为酯交换反应催化剂，其中 POM3-Im 对 $CO_2$ 转化率＞ 70%，环状碳酸酯产率＞ 68%，且具有高稳定性和可重复使用性。均相催化剂由于其催化活性位点高度分散，通常比多相催化剂表现出更高的催化活性。超疏水介孔聚合物上功能化的离子液体多相催化剂比离子液体均相催化剂具有更高的酯交换生成生物柴油的活性。这一现象与超疏水介孔聚合物对反应物的高富集和良好的互溶性有关。这些特性研究可以帮助设计和开发更多种类的高效多孔离子型有机催化剂。

Sun 等 [56] 通过乙烯基功能化季鳞盐的自由基聚合，合成了一类具有纳米孔结构、大比表面积、对 $CO_2$ 具有强亲和力、催化活性位点(卤化物离子)密度非常高的有机离子聚合物。所制备的多孔离子聚合物 (PiPs) 在环氧化合物与大气 $CO_2$ 的环加成反应中表现出优异的活性，其性能优于相应的可溶膦盐类似物，并在已知的无金属催化体系中名列前茅。PiPs 的高 $CO_2$ 吸收能力有利于催化中心周围 $CO_2$ 分子的富集，从而有利于其转化。超交联聚合物 PiP-Me-I、PiP-Et-Br、PiP-Bn-Cl，在 298K、1bar 下具有优异的 $CO_2$ 亲和能力，吸附量质量分数分别为 6.1%、6.5%、6.7%，其中 PiP-Bn-Cl 催化 $CO_2$ 转化为环状碳酸酯的活性较高，室温下产率达 91.4%。证明在无金属条件下，利用非均相催化系统可以在室温下将大气中的 $CO_2$ 直接转化为环状碳酸盐。此外，该催化剂被证明是稳定的和完全可回收的，显示了在化学固定 $CO_2$ 方面实际应用的潜力。

（3）能量储存与转化

HCPiPs 具有多级孔和高比表面积、高电荷密度、良好的电导率、宽的电化学稳定窗口、优异的力学性能、良好的化学和热稳定性，在能量存储与转化方面也已得到了越来越多的研究和应用。

HCPiPs 可用作超级电容器的电极材料，其大孔充当储层，中孔为电解质离子的传输提供通道，微孔能更有效地暴露活性位点并提高双电层电容，碳骨架中的杂原子掺杂可改善电化学反应性、电子电导率、表面润湿性以及电极与电解质之间的界面相容性，从而提高超级电容器的能量密度和循环稳定性。Zhang 等 [57] 以 4- 氰基吡啶为单体、1,3,5- 三 ( 溴甲基 )-2,4,6- 三甲基苯为交联剂，通过电化学原位聚合开发了一种稳定的离子多孔聚合物薄膜 IPP-V。制备的多孔薄膜以三明治结构夹在铟锡氧化物 (ITO) 和 Au 片之间制备成器件，开关电流比能达到 2。

（4）水污染治理

HCPiPs 具有较高的比表面积、可设计的表面亲水亲油性和离子功能化性质以及良好的热稳定性和化学稳定性，是去除水体中油、有机染料以及各种重金属离子的良好吸附剂。例如，硫醇基团接枝的 PAF-1 表现出优异的 $Hg^{2+}$ 吸附能力，可将水体中的 $Hg^{2+}$ 浓度从 10μg • $g^{-1}$ 降低到饮用水标准，具有快速动力学和良好的可恢复性。

HCPiPs 的离子界面特性为功能化设计去除目标污染物提供了一种新方法。由于 HCPiPs 具有良好的可设计性，因此可用于吸附水体中各种不同污染物，其吸附机理也各不相同。HCPiPs 对水体中油的吸附主要借助其高的比表面积和亲油憎水性；HCPiPs 对重金属离子的吸附大多符合二级动力学模型，表明其与被吸附物之间除了离子交换和物理吸附外，还有可能存在表面配位、强配位或螯合等化学作用，而且 HCPiPs 上较高的离子电荷密度可增强其与重金属离子的作用力，提高吸附容量；HCPiPs 键接特殊的功能基团或离子，则能与特定的金属离子形成化学作用，提高其吸附量和选择性，并起到识别和传感作用。由于有机染料种类繁多、性质各异，因此 HCPiPs 对不同有机染料的吸附机理也不尽相同，但都可以借助 HCPiPs 的高比表面积并设计调节其基团或离子以实现较高的吸附量和选择性。

（5）抗菌材料及其他应用

HCPiPs 还可以用于制备抗菌材料，其抗菌效果显著。通过对含 $Cl^-$ 的离子共价有机纳米片 (iCON) 的抗菌性能研究发现，iCONs 对金黄色葡萄球菌和大肠杆菌表现出高抗菌活性，主要是由于带正电荷的胍核心以及磷脂与 iCON 中羰基基团中的氧存在氢键作用。

Zhang 等 [58] 以 3- 羟基苯甲酸为原料成功制备了富含羟基和羧基的电化学湿度传感器，为了增强多孔聚合物的亲水性能，用 LiCl 对传感器进行改性。与纯聚合物相比，负载 LiCl 的复合材料的湿度传感性能有所提高，其中 4%LiCl 负载量的 LiCl/ 聚合物传感器的湿度传感性能最好。最佳传感器的阻抗在整个湿度范围内变化近 4 个数量级，具有良好的线性度、较小的滞后、良好的稳定性和较短的响应和恢复时间。

#### 3.2.3.3 结语

HCPiPs 作为一种新兴的多功能材料，具有高比表面积、高电荷密度、多活性位点以及功能基团和功能离子易于设计调节的特点，在气体捕集、非均相催化、能量储存和转化、水污染治理等研究领域取得了快速发展。目前 HCPiPs 的研究尚处于发展阶段，在以下 3 个方面有待深入研究。

① HCPiPs 的孔结构和活性位点的设计及调控。HCPiPs 通常通过超交

联反应、偶联聚合等方式得到，导致大多数HCPiPs仍是无序的非定形结构，多孔网络中的活性位点呈随机分布。因此，应通过反应机理并结合理论计算在分子尺度上对孔结构和活性位点进行调节设计和精细调控。

② 解决 HCPiPs 的功能离子的含量与比表面积相互矛盾的问题。目前 HCPiPs 的功能离子的含量还普遍不高，而且随着功能离子含量的增加，比表面积大幅降低。因此，如何制备兼具高功能离子含量和高比表面积的 HCPiPs 是一个值得深入研究的问题。

③ 制备新型功能性 HCPiPs，拓展其应用领域。可进一步利用 HCPiPs 具有易于接上功能基团和功能离子的特点，制备各种新型功能性 HCPiPs，拓展其在气体捕集与分离、储氢材料、能源存储与转化、环境治理等领域特别是非均相催化、锂离子电池、太阳能电池、燃料电池和超级电容器等领域的应用。随着新的绿色环保合成技术的发展，低成本和高效的功能性 HCPiPs 不断被研究开发出来，HCPiPs 必将得到越来越广泛的应用。

## 3.2.4 离子型共轭多孔聚合物的合成与应用

近年来，研究人员尝试开发离子型共轭多孔有机聚合物 (conjugated porous polymers, CPPs)，并通过控制聚合物的骨架结构以及改变平衡离子的类型，实现对其结构和性能的调控。这些研究进一步丰富了多孔有机聚合物材料的结构与性能，拓展了其应用领域，使其在质子传导、多相催化、抗菌、污水处理等诸多领域具有较为广泛的应用前景。

### 3.2.4.1 离子型共轭多孔有机聚合物的设计与合成

目前，离子型多孔有机聚合物的合成方法有很多种，每一种合成策略在反应条件、结构调控、应用等方面各有优势。相关的化学反应，如偶联反应、席夫碱反应、Suzuki 偶联反应、Sonogashira 偶联反应、硼酸脱水缩合反应以及其他类型反应等都在离子型多孔有机聚合物的合成中有着重要应用。有机单体的聚合可用于形成离子型聚合物骨架结构，而通过原位合成或后修饰的方法可以引入电荷平衡离子，如季铵阳离子、硼酸根阴离子、季鏻阳离子、卤族离子等，从而构建离子型多孔有机聚合物。

（1）离子构建单元的直接聚合

Han 等 [59] 以三氮杂三角烯盐为原料，通过氧化聚合法制备了多孔有机聚合物 (TAPOPs)（图 3-12）。观察到 $FeCl_3$ 引起三氮杂三角烯中苯环发生氯化反应，这对聚合物的光物理性质和孔隙率有显著影响。优化反应条件后，TAPOPs 的 $S_{BET}$ 达 $940m^2 \cdot g^{-1}$，对 $CO_2$ 的吸附量（质量分数）高达 15.4% (273K, 1bar)。此外，通过气体吸附实验和荧光显微镜测量不同气体气氛下 TAPOPs 的 $CO_2$ 气体排放变化，证明了 TAPOPs 对 $CO_2$ 的可逆和优先吸附，主要是由于带电骨架与 $CO_2$ 四极矩之间存在 Lewis 酸碱对相互作用。

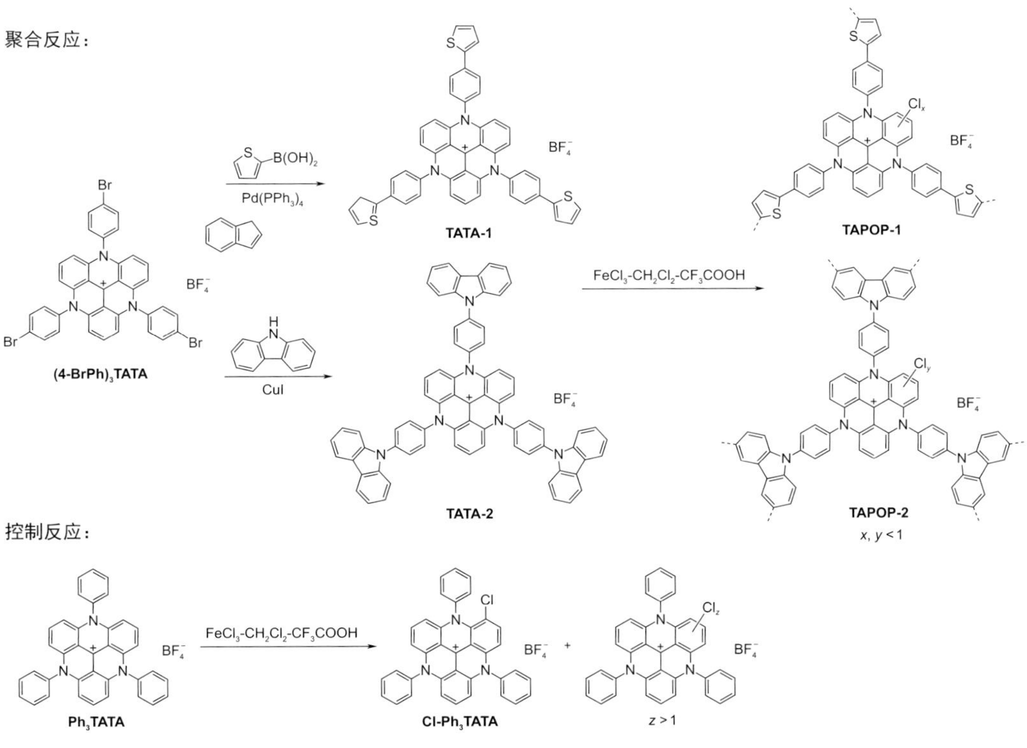


图 3-12 乙烯基功能化季鏻盐的分子结构及相应的结构参数 [59]

如图 3-13 所示，Coskun 等 [60] 利用 Sonogashira 交叉偶联反应合成了一系列多孔阳离子聚合物 PCP-Cl、PCP-$BF_4$、PCP-$PF_6$，其中 PCP-Cl 的比表面积高达 $755m^2 \cdot g^{-1}$。与 $Cl^-$ 相比，$BF_4^-$ 和 $PF_6^-$ 较大的离子半径在聚合物中

占据了一定孔道。因此 PCP-$BF_4^-$ 和 PCP-$PF_6^-$ 的比表面积有所下降。

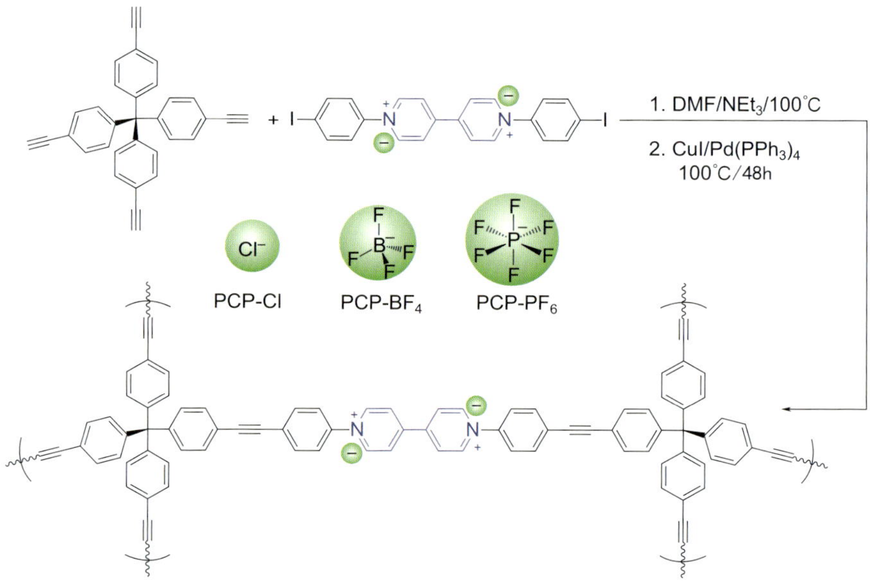


图 3-13 不同阴离子的多孔阳离子聚合物的合成策略[60]

Dai 等[61]制备了一种双氰基咪唑阳离子 ($[BCNim]^+$) 盐，利用氰基缩合生成三嗪骨架，制备了一系列多孔离子三嗪聚合物（图 3-14）。该反应无需使用 Lewis 酸催化剂，在 400℃条件下使用 [BCNim][beti] 聚合，最高能够得到比表面积高达 $814m^2 \cdot g^{-1}$ 的离子型三嗪骨架。该方法主要依靠离子液体高沸点以及氰基取代基高温缩合反应。

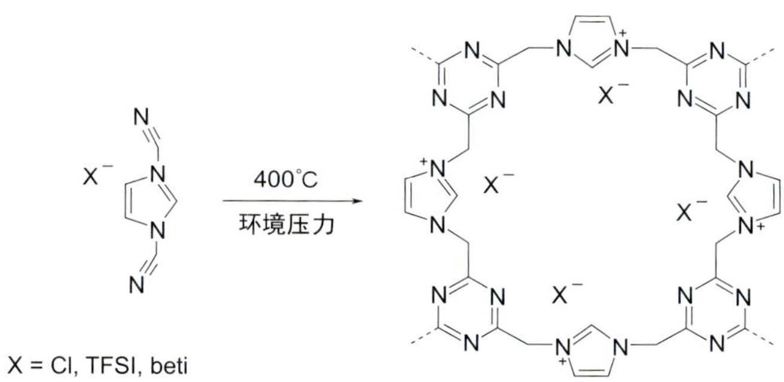


图 3-14 咪唑盐离子多孔三嗪骨架[61]

Yan 等 [62] 利用氰基双取代紫精阳离子 ($[ICTF]^+$) 通过 $ZnCl_2$ 离子热方法制备了一种硫氰根、氯离子混合的离子型紫精三嗪骨架（图 3-15）。通过控制孔道内硫氰根离子与氯离子的比例，大大提高了三嗪骨架对污染性气体二氧化硫的吸附能力。

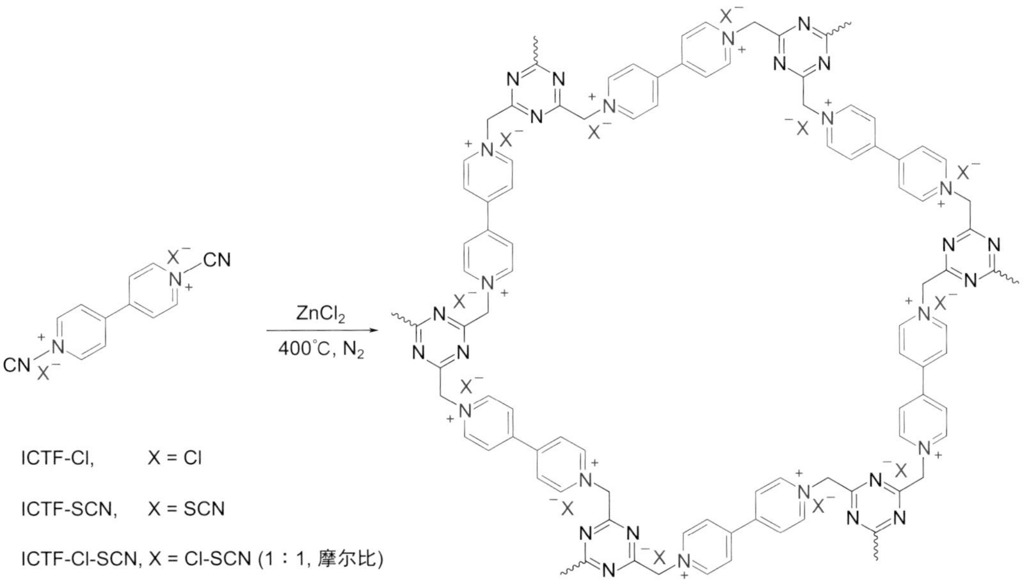


图 3-15 紫精多孔三嗪骨架用于二氧化硫吸附 [62]

（2）离子构建单元与中性单体的共聚

Zhang 等 [63] 通过镍催化的 Yamamoto 型交联反应制备了季鏻和叔膦功能化微孔聚合物 (PP-Br)。季鏻原子与叔膦原子的信号积分比接近 3∶2。聚合物网络 ($S_{BET}$ 从 $650m^2 \cdot g^{-1}$ 到 $980m^2 \cdot g^{-1}$，孔径约为 0.7nm 和 1.4nm) 对水、碱和酸都是稳定的，通过改变反离子 ($Br^-$ 到 $F^-$)，可以调节其 BET 比表面积 ( 从 $650m^2 \cdot g^{-1}$ 到 $980m^2 \cdot g^{-1}$)。但是，将两个带电单体直接偶联是很困难的。以四 (4- 氯苯基 ) 鏻溴盐为离子单体，在 Yamamoto 聚合过程中，P—C 键倾向于裂解。因此，离子构建单元与中性单体的共聚以降低聚合物的电荷密度，是一种可行的方法。

Coskun 等 [64] 引入了含紫精单元的高度稳定的多孔阳离子聚合物。研究结果表明，通过改变多孔网络结构中的反离子 ($Cl^-$、$BF_4^-$ 和 $PF_6^-$)，可以调控多孔聚合物的气体吸附性能和催化活性。其中 PCP-Cl、PCP-$BF_4$、PCP-$PF_6$ 的 $S_{BET}$ 分别为 755$m^2 \cdot g^{-1}$、586$m^2 \cdot g^{-1}$、433$m^2 \cdot g^{-1}$。

Arab 等 [65] 以 2,6- 吡啶二甲醛和 1,3,5- 三 (4- 氨基苯基) 苯为原料，通过简单的缩合反应合成了一种新型双亚胺吡啶连接的多孔聚合物 BIPLP-1（图 3-16），其比表面积为 1580$m^2 \cdot g^{-1}$。通过铜离子与聚合物的双亚胺吡啶络合，将铜离子与 $Cu(BF_4)_2$ 进行复合功能化，其中 $BF_4^-$ 作为反离子平衡铜离子的电荷。研究了功能化对 $CO_2$ 吸附能力和选择性的影响。功能化使 $CO_2$ 结合亲和力提高了 19%，$CO_2$ 吸附能力提高了 200% (0.15bar)。功能化后，$CO_2/N_2$ 和 $CO_2/CH_4$ 选择性值增加了 6 倍，分别为 101 和 20。

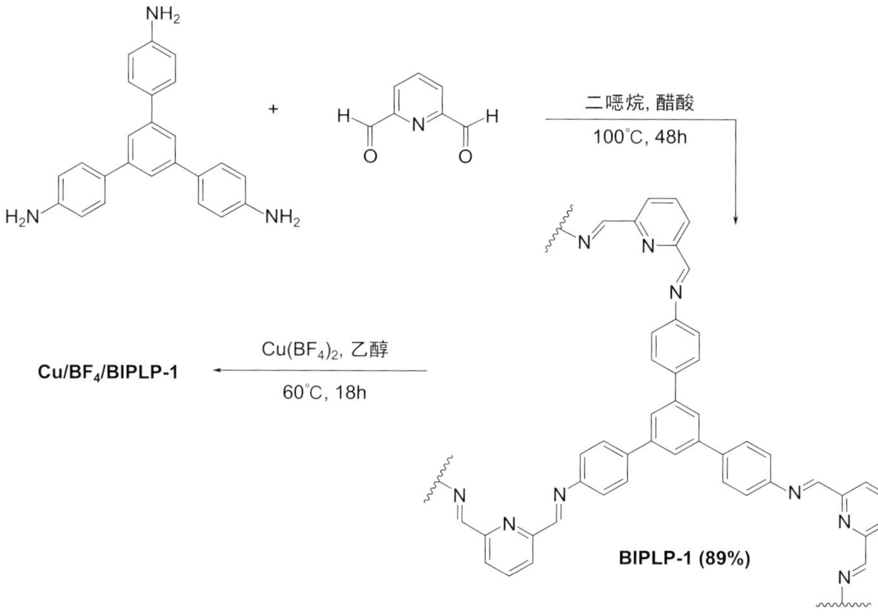


图 3-16　BIPLP-1 的合成及其后 $Cu(BF_4)_2$ 修饰 [65]

### 3.2.4.2　离子型共轭多孔有机聚合物的应用

（1）多相催化应用

PiPs 本身可以作为催化剂，并且可以通过离子交换对其孔隙度和活性位点的化学成分进行调控。此外，由于其多孔结构和高电荷密度，PiPs 可以作为活性位点(即金属颗粒和酸)的稳定载体。因此，PiPs是催化材料的理想选择。

杨雪[66]利用Debus-Radziszewski反应一锅法合成了Por-POP-X，研究了Por-POP-X对光诱导电子转移-可逆加成断裂链转移自由基(PET-RAFT)聚合反应的催化作用。结果显示，这种新型有机多孔聚合物具有卟啉和咪唑交替连接的共轭结构，能够通过π-π堆积形成二维片层结构。Por-POP-Ac催化的PET-RAFT聚合中，光作为开关可精确控制聚合反应的发生或终止。此外，作为无金属催化剂，Por-POP-Ac的使用可避免金属污染。研究者进一步将Por-POP-Br与$MgBr_2$反应合成了Por-POP-Mg-Br，研究其在$CO_2$与环氧化物的环加成反应中的催化效果。结果表明，Por-POP-Mg-Br显示出高活性的双功能催化功效；卟啉镁可与离子液体中的阴离子协同催化环氧化合物的开环反应；离子液体中的咪唑阳离子具有吸附和活化$CO_2$的作用。

（2）气体捕集与分离

由于离子单元的整合和可调的孔径，孔隙内部形成了有利于气体吸附的特殊局部化学环境。例如，由于高电荷密度、高极化率和强静电相互作用，PiPs表现出较高的$CO_2$吸附能力。

通常，多孔材料的$CO_2$吸附能力与其比表面积呈正相关。但是，二者之间不存在严格的线性关系。在某些低比表面积的材料中引入一些强极性的官能团，如氨基、硝基、羟基、卤素、有机或无机离子等，可有效提高$CO_2$的吸附能力。

### 3.2.4.3 结语

离子型多孔聚合物在气体吸附与分离领域具有广阔的应用前景。它们具有良好的稳定性以及可调节的孔径与比表面积，并可通过引入极性官能团和相关电荷平衡离子，提高其对特定气体的吸附与分离能力。然而，当前离子型多孔聚合物的合成工艺相对比较复杂，单体制备成本较高，且大部分反应需要使用镍、钯等金属催化剂，这些因素在一定程度上限制了该类材料在工业上的实际应用。因此，开发出简单有效的合成路线，优化合成工艺，通过官能化或后修饰等方法进一步提高其相关性能，拓展其研究与应用范围，将是该材料在下一阶段的研究主题。

## 3.3 晶态多孔离子型 COF 的合成与应用

共价有机框架 (covalent organic frameworks，COFs) 是一类由共价键连接的结晶性有机多孔材料，具有高稳定性和明确的孔道结构。通过构筑单元的功能化设计，利用动态共价化学的原理精准连接形成长程有序的结晶性有机多孔框架材料。自 2005 年 Yaghi 等 [67] 合成出了第一组共价有机框架材料 (COF-1 和 COF-5) 以来，COFs 材料便受到国内外学者的极大关注，科研人员对 COFs 的连接方式、拓扑结构、合成方法等进行了深入研究。经过十几年的发展，这类多孔材料仍然具有很高的研究价值。由于 COFs 材料由轻元素 (C、H、O、N、B) 通过共价键连接组成，因此具有较低的密度和高的热 / 化学稳定性。COFs 材料不仅框架可设计，还能根据特定要求对其孔径大小、孔道环境、基团功能化进行设计，极大丰富了这类多孔材料在应用方面的潜力。然而，目前大多数关于 COFs 材料的报道主要围绕硼酸酐及硼酸酯系列、席夫碱系列、亚胺系列、碳碳双键系列等非离子型共价有机框架材料，这也限制了其应用范围。离子型共价有机框架 (ionic covalent organic framework，iCOF) 是框架或侧链上带有电荷的共价有机框架材料。与非离子型 COF 相比，iCOF 不仅保持了原有规则的开放孔道和周期性的结构特点，而且在材料中引入了大量电荷，赋予了 iCOF 新的性能，拓宽了其应用领域。本小节将主要介绍近年来离子型共价有机框架的合成及应用。

### 3.3.1 合成方法

根据合成方法的不同，iCOF 的制备可分为两种：一种是从带电小分子设计的自下而上的直接合成法；另一种是通过在框架上连接特定电荷基团的后修饰法。

（1）直接法合成 iCOF

自下而上直接合成 iCOF 的方法始于离子型小分子设计，将小分子离子化或引入带有电荷的侧基，如三氨基胍阳离子 ($[TAG]^+$)、1,1′- 双 (4- 氨基苯基 )-4,4′- 联吡啶二氯盐 (Viologen-Ph-$NH_2$)、溴化乙锭 (EB)、2,5- 二氨基苯磺酸盐 (Pa-$SO_3$R) 等（图 3-17）。但直接合成不利于形成高结晶性的 iCOF 材料，因为在 COF 形成的层层堆叠过程中由于电荷之间存在吸引或排斥相互作用，影响了结晶过程，往往很难形成高结晶度规则堆叠材料。

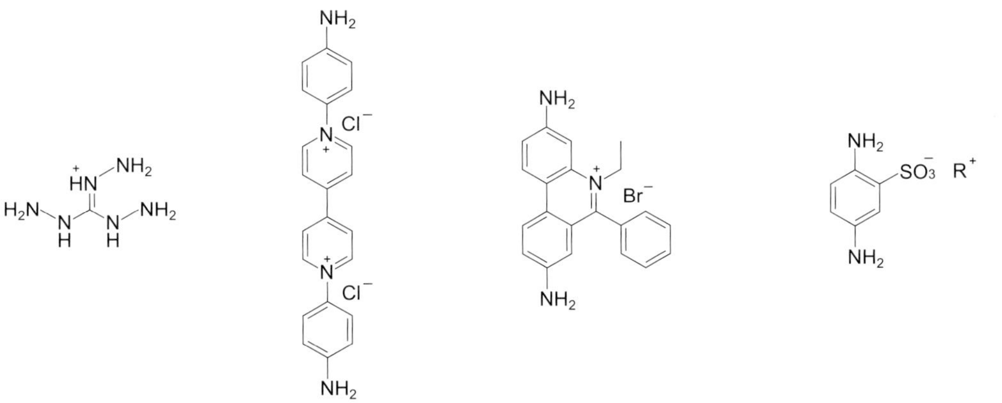


$[TAG]^+$　　Viologen-Ph-$NH_2$　　EB　　Pa-$SO_3$R, R = Li、Na、K

图 3-17　常见离子型小分子构筑单元 [68]

2016 年，Banerjee 等 [68] 开创性地利用三氨基胍阳离子 ($[TAG]^+$) 盐与三醛基间苯三酚 (Tp) 通过水热法合成 $\beta$- 酮烯胺连接的 iCOF。由于层与层之间存在电荷斥力，这种阳离子型 COF 具有明显的自剥离效应，易形成具有 *hcb* 拓扑结构的 2D 离子型共价有机纳米片 (iCON)。2021 年，Liang 等 [69] 同样利用三氨基胍盐酸盐与 Tp 结合，通过研磨法制备出具有结晶性的 iCOF 膜 (ssc-COFMs)，该膜同时具备高的柔韧性与导电性，进一步拓宽了这种离子型小分子在 COF 材料方面的应用。

4,4′- 联吡啶小分子由于吡啶 N 易被离子化，是制备 iCOF 的理想原料。2019 年，Wang 等 [70] 利用紫精类的氨基配体 Viologen-Ph-$NH_2$ 与 Tp 通过水热法合成了带有大量离子中心的有机框架材料 SCU-COF-1。该材料不仅具有 22.98$m^2 \cdot g^{-1}$ 的比表面积，而且大量电荷的存在为离子吸附提供了更多吸附位点。由于离子中心的存在，SCU-COF-1 的实验与模拟结果揭示了其独特的 ABC 堆积模型。

（2）后修饰法合成 iCOF

后修饰法是在合成已有的非离子型 COF 材料的基础上，通过构筑单元或反应位点进行离子功能化形成 iCOF。与直接合成法相比，后修饰法保持了非离子型 COF 原有的结晶度和稳定性，维持原有的结构特点及反应动力学，同时可根据需求灵活调控离子化位点和特定功能。但后修饰法难以将全部的位点离子化，所以如何同时获得高结晶度和高离子化率的 iCOF 结构仍需深入研究。2018 年，Jiang 等[71]合成了具有氨基和磺酸基的两性离子功能化共价有机骨架 (Z-COF)。通过先形成非离子型的 COF 再以仲胺 N 作为离子化位点制备出含有磺酸根阴离子的 iCOF 框架（图 3-18）。

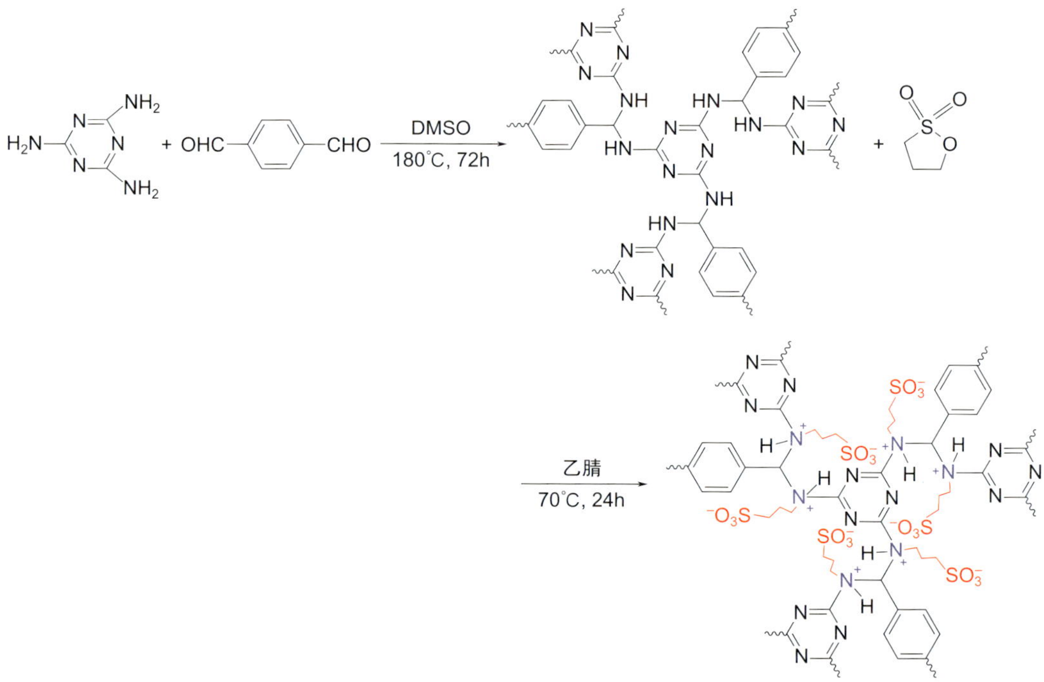


图 3-18　Z-COF 的合成路线图[71]

2021 年，Dong 等[72]通过引入多组分 Povarov 反应和合成后修饰，制备了喹啉连接的离子液体修饰的共价有机骨架 COF-IM-$SO_3H$。将咪唑基团作为离子化位点引入 COF-IM 的框架中，后与磺酸内酯反应引入烷基磺酸末端的离子化步骤，通过离子交换得到硫酸氢根阴离子的离子液体接枝的iCOF。

## 3.3.2 应用

将离子引入COF材料中可以带来新的性质。孔道环境、孔形状、层堆积模式、骨架尺度和反离子在iCOFs中是可调的。这些优点增强了它们在能源、环境、催化和生物医药等多个领域的应用，展现出广阔的应用前景。

（1）离子传导

iCOF材料得益于本身的带电主链和反离子，可用作导电介质，既可以用于传导锂离子、锌离子等正离子，又可以用于传导氢氧根等负离子。在许多领域，特别是电池领域，具有广阔的应用前景。通过预合成策略，可以在特定的框架内实现高效的离子传导。

Lee等[73]利用锂磺化共价有机骨架(TpPa-$SO_3$Li)，实现了新型无溶剂的固态单锂离子导电行为。TpPa-$SO_3$Li拥有定向的离子传输通道、高密度的锂离子和磺酸根阴离子基团，在不加锂盐和有机溶剂的情况下其室温离子电导率达到$2.7\times10^{-5}$S • $cm^{-1}$，锂离子转移数为0.9，活化能为0.18eV。该课题组[74]又报道了锌磺化离子型共价有机框架材料TpPa-$SO_3Zn_{0.5}$，并将其用于水系可充电锌离子电池电解质，实现锌离子定向传导（图3-19）。以此为电解质组装的Zn-$MnO_2$电池具有长期循环性能（在平均工作电压为1.4V时，电流密度为0.6A • $g^{-1}$时超过800次循环）。

iCOF不仅可以传递$Li^+$、$Na^+$等金属阳离子，也可以传递以$OH^-$为代表的阴离子，此类iCOF的制备过程与离子聚合物类似：先制备COF，再经过诸如溴化、季铵化等过程得到iCOF。Tang等[75]通过真空辅助的原位聚合方式，得到季铵盐(QA)化的QA@COF-LZU1，再与季铵化的聚2,6-二甲基-1,4-苯醚(QAPPO)共混合得到高离子电导率、优异化学和尺寸稳定性的新型杂化阴离子交换膜。将具有季铵基团的COF-LZU1引入QAPPO中，COF-LZU1结构高度有序，其致密的离子导电基团均匀分布在COF-LZU1中，形成高度有序的一维离子通道，可以大大提高阴离子交换膜的电导率。COF-LZU1 的添加量（质量分数）为 5% 时，80℃时杂化膜的电导率高达 168mS·cm$^{-1}$，并且杂化膜具有良好的碱稳定性和优异的力学性能（图 3-20）。

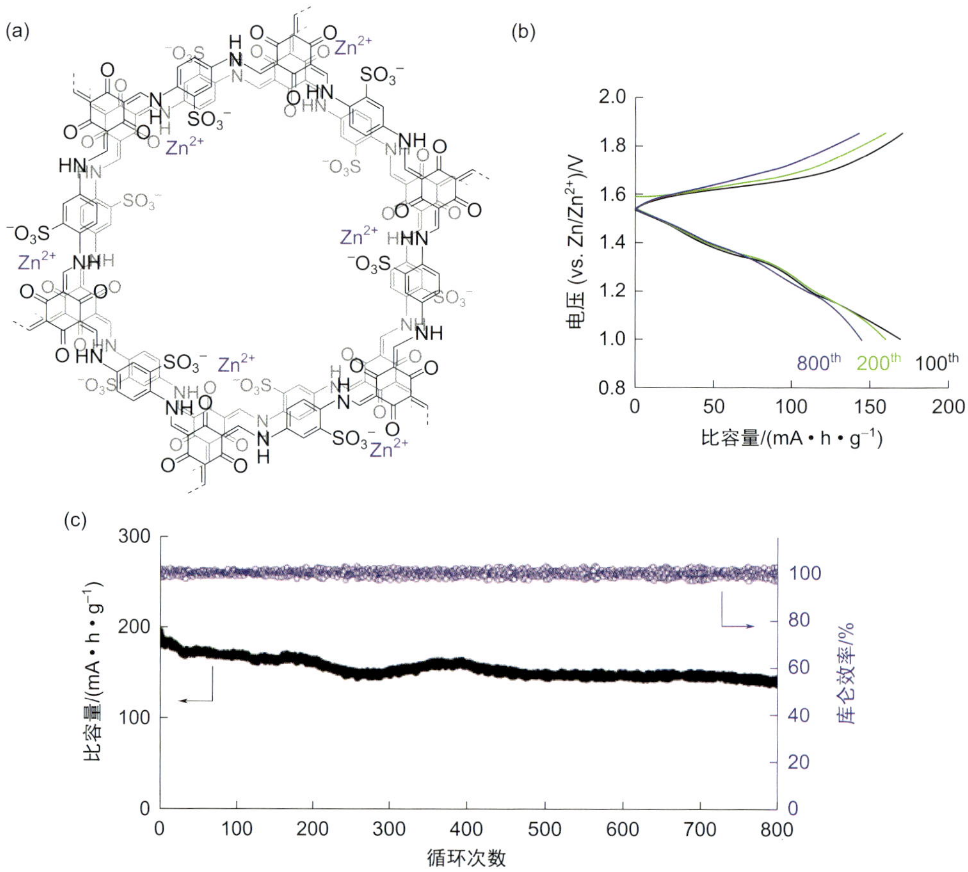

图 3-19　TpPa-$SO_3Zn_{0.5}$ 的化学结构（a）、充放电曲线（b）以及 Zn-$MnO_2$ 电池的循环稳定性（c）[74]

（2）催化

非均相催化剂是现代化学工业中使用最多的催化剂，它具有低成本和易操作的优点。与均相催化剂相比，非均相催化剂反应后更容易从溶液中分离和回收。对于 COF 类材料，催化基团可直接连接于框架上，也可以通过物理吸附或化学键进入有序孔道进行后修饰。

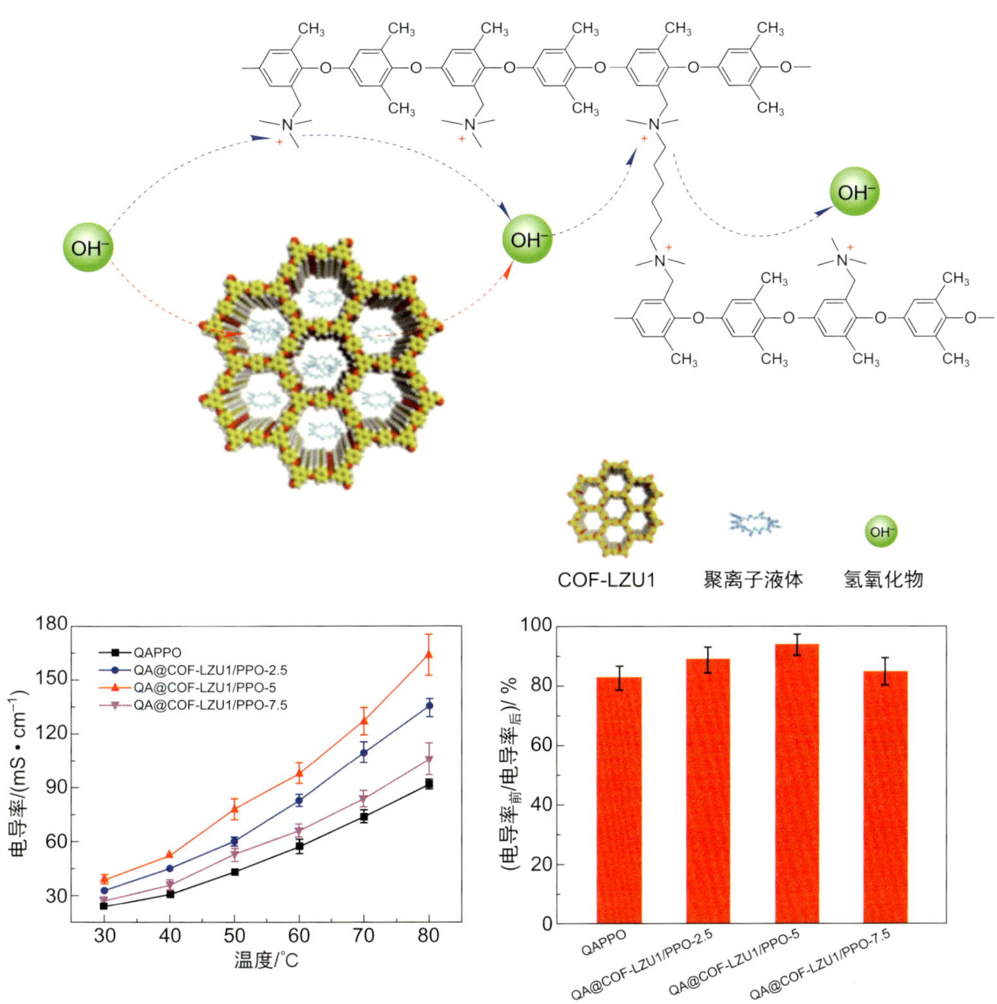


图 3-20 QA@COF-LZU1 膜的合成路线示意图和氢氧化物导电性[75]

Luo 等[76] 设计了—$SO_3H$ 锚定的共价有机骨架 (COF-$SO_3H$)，以此为载体通过湿化学浸没分散法装载超低含量的 Pd(0.38%，质量分数 ) 制备了非均相催化剂 $Pd^{0.38}$/COF-$SO_3H$（图 3-21）。在温和反应条件下 $Pd^{0.38}$/COF-$SO_3H$ 对苯乙炔的选择性加氢反应转化率达 97.06%，对苯乙烯的选择性为 93.15%。该团队又将 Co/V 金属离子通过简单、高效的阳离子交换策略交换到 COF-$SO_3H$ 框架上，制备出灵活、稳定的 Co/V 双金属 COF 电催化剂，

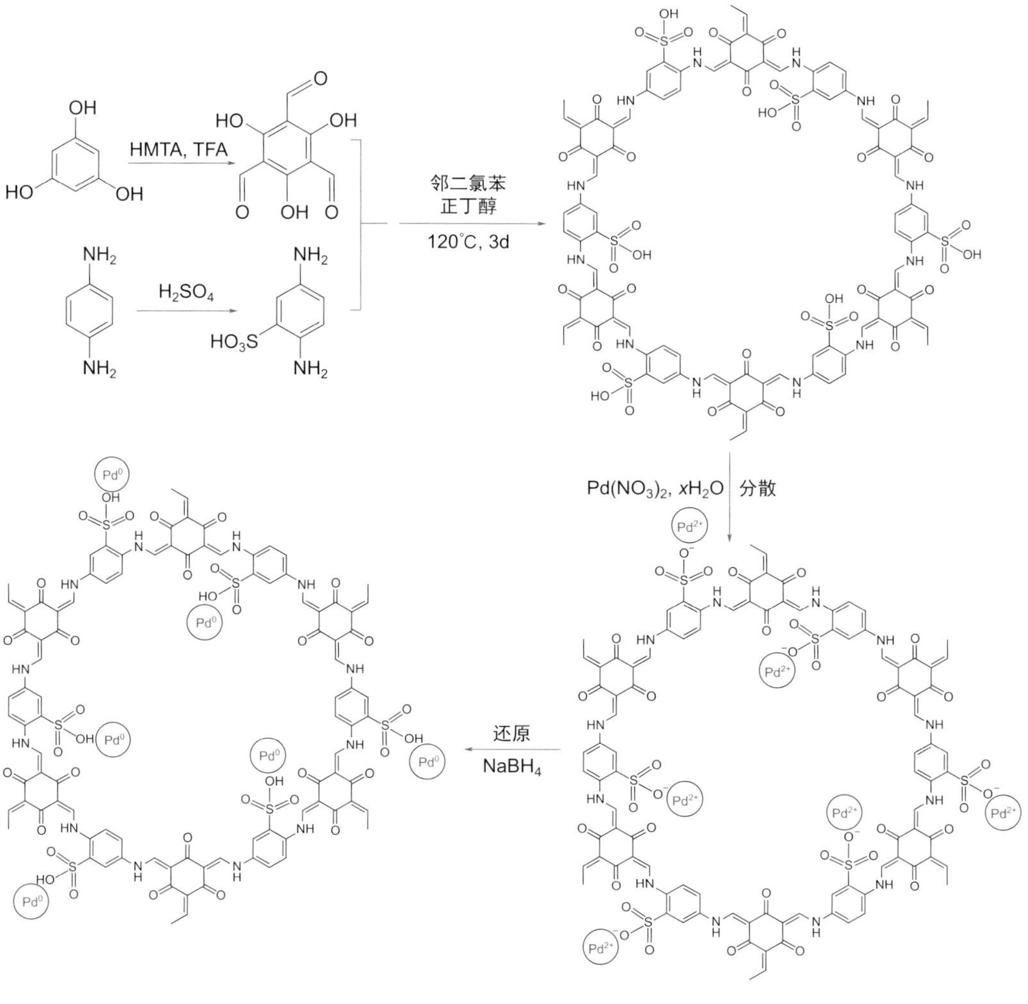


图 3-21 $Pd^{0.38}/COF-SO_3H$ 的合成路线图 [76]

并将其用于析氧反应 (OER)[77]。在 1mol • $L^{-1}$KOH 电解液中，优化的双金属 $Co_{0.5}V_{0.5}$@COF-$SO_3H$ 在 300mV 的过电位下显示出高的转换频率 (TOF)(0.098$s^{-1}$)，其性能优于大多数钴基 OER 电催化剂，显示出高的原子利用效率。Guo 等 [78] 通过季铵化反应，将一种紫精衍生的电子转移介体 (ETM) 环状双季铵盐整合到基于 2,2′- 联吡啶的共价有机骨架中，由此产生的材料将光敏单元和 ETM 集成到同一系统中，显示出更快的析氢速率 (34600μmol • $g^{-1}$ • $h^{-1}$)，与单模块 COF 和 COF/ETM 混合物相比，持续时间更长。Zang 等 [79] 将阴

离子 $[Mo_3S_{13}]^{2-}$ 封装到阳离子 EB-COF 中形成团簇以获得新型复合光催化材料 $Mo_3S_{13}$@EB-COF，该材料具有优异的稳定性和可回收性，其光催化析氢速率达到 13215μmol·$g^{-1}$·$h^{-1}$，在可见光照射下可持续 18h。

（3）吸附与分离

吸附与分离是化学工业中重要的过程之一。作为多孔材料，COF 明确的晶体结构、优异的化学稳定性、高孔隙率、可调节的孔径和孔功能性赋予其本身固有的吸附与分离优势。iCOF 的孔径和主客体相互作用可以通过电离和反离子交换来调节，这为分离赋予了独特的优势。

Wang 等 [70] 利用阳离子紫精衍生物小分子通过直接合成法制备了 iCOF，且这种 iCOF 材料可以将 $TcO_4^-$ 选择性地从含 $TcO_4^-$、$NO_3^-$ 和 $SO_4^{2-}$ 的核废料废水中分离，并展现出极快的吸附动力学（吸附平衡可在 1min 内完成）、超高的吸附能力 (702.4mg·$g^{-1}$)。Qiu 等 [80] 通过调整阳离子单体设计了带有正电荷的 3D 多孔 iCOF，这种互穿金刚石网结构的 COF 显示出超高的比表面积和 $CO_2$ 吸附能力。3D iCOF 具有可逆去除核废料模型离子的能力，并且对阴离子污染物具有强选择性。室温下，20mg 的 3D iCOF 材料可以在 20min 内除去水中几乎 100% 的高锰酸盐的模型物质 $MnO_4^-$(10mg)。

（4）生物医药

iCOF 在生物医药领域中具有巨大应用潜力，如可以用作抗菌材料和药物载体。近年来，iCOF 特别是 iCOF 纳米片具有大的可及面积和好的分散性能，在医药应用中引起越来越多的关注。

2016 年，Banerjee 等 [68] 设计制备了基于胍的 iCOF。该材料表现出优异的化学稳定性和对革兰氏阳性菌 ( 金黄色葡萄球菌 ) 和革兰氏阴性菌 ( 大肠杆菌 ) 的良好抗菌活性。Guo 等 [81] 将 2, 2′- 联吡啶结构引入 COF 骨架中，具有顺式构型的部分通过原位季铵化反应生成联吡啶双季铵阳离子 ($[CDDB]^+$) 盐。双季铵阳离子在 COF 骨架上经过硫代硫酸钠还原转化为一端为阳离子、另一端为自由基的结构，这些阳离子通过层间 π 电子耦合而离域并形成单轴堆叠结构（图 3-22）。由于 π 耦合层间的电荷转移，COF 对近红外 (NIR) 区域的吸收非常高。为解决 COF 粉体材料溶解性差的难题，通过在 COF 骨架上修饰 PEG 链段可增加 COF 材料在水中的分散性。PEG 修饰后的 COF 水溶液在 808nm 和 1064nm 的激光 (1W·$cm^{-2}$) 照射下温度分别升高 50℃和

40℃，光热转换效率分别为 63.8% 和 55.2%，可以用于近红外光照下的体内光声成像和光热疗法。

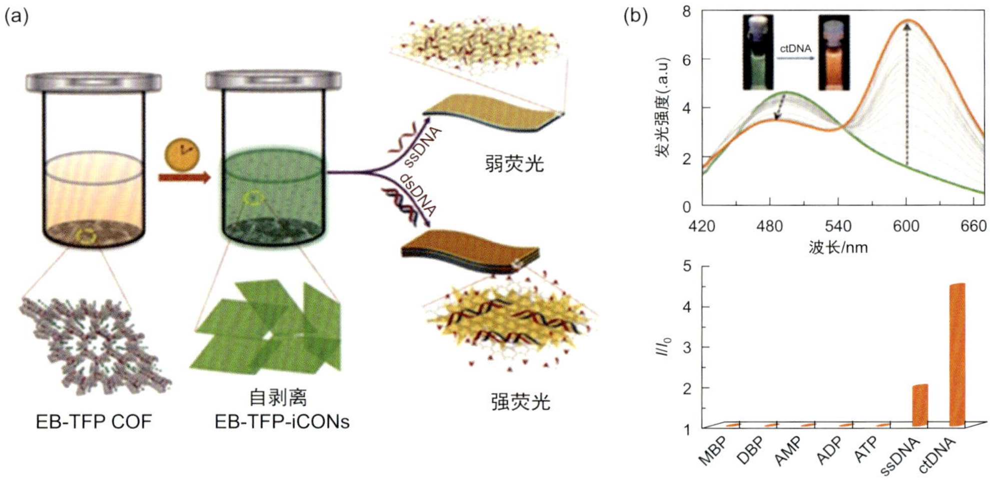


图 3-22　EB-TFP-iCON 制备和选择性检测单链 DNA 的机理（a）以及加入双链 DNA 后 EB-TFP-iCON 表现出最强的荧光增强现象（b）[81]

综上所述，iCOFs 是一种新兴的材料，由于其固有的导电特性和晶体多孔材料的特性，具有巨大的应用前景。本节简述了功能单体直接法合成和后修饰法合成的 iCOF。此外，还介绍了 iCOFs 在离子传导、催化、吸附与分离、生物医药等领域的研究进展。随着研究的深入，更多结构的 iCOFs 将会被合成并应用于更广的领域。

## 参考文献

[1] Liang J, Huang Y, Cao R. Metal-Organic Frameworks and Porous Organic Polymers for Sustainable Fixation of Carbon Dioxide into Cyclic Carbonates. Coordination Chemistry Reviews, 2019, 378:32-65.

[2] Qin Z, Fang Y, Wang Y, et al. Ionic Liquid Assisted Synthesis of Flexible and Super-Hydrophobic Porous Gels. Microporous and Mesoporous Materials, 2015,207:78-83.

[3] Hou J, Cao C, Idrees F, et al. Hierarchical Porous Nitrogen-Doped Carbon Nanosheets Derived from Silk for Ultrahigh-Capacity Battery Anodes and Supercapacitors. ACS Nano, 2015,9:2556-2564.

[4] Wilson B, He S, Buffington K, et al. Utilizing Ionic Liquids for Controlled N-Doping in Hard-Templated, Mesoporous Carbon Electrodes for High-Performance Electrochemical Double-Layer Capacitors. Journal of Power Sources, 2015,298:193-202.

[5] Huang J, Tao C, An Q, et al. 3D-Ordered Macroporous Poly(Ionic Liquid) Films as Multifunctional Materials. Chemical Communications, 2010,46:967-969.

[6] Hankari S, Bouhaouss A, Hesemann P. Anionic Surfactants as Versatile Soft-Templates to Access Nanostructured

Ionosilicas from Functional Amine and Ammonium Precursors. Microporous & Mesoporous Materials, 2013,180:196-208.

[7] Gao C, Chen G, Wang X, et al. A Hierarchical Meso-Macroporous Poly(Ionic Liquid) Monolith Derived from a Single Soft Template. Chemical Communications, 2015,51:4969-4972.

[8] He X, Wang Z, Zhou W, et al. Imidazolium-Functionalized Norbornene Ionic Liquid Block Copolymer and Silica Composite Electrolyte Membranes for Lithium-Ion Batteries. Journal of Applied Polymer Science, 2017,134:8.

[9] Zhao Q, Yin M, Zhang A P, et al. Hierarchically Structured Nanoporous Poly(Ionic Liquid) Membranes: Facile Preparation and Application in Fiber-Optic pH Sensing. Journal of the American Chemical Society, 2016;135(15):5549-5552.

[10] Rozik N, Antonietti M, Yuan J, et al. Polymerized Ionic Liquid as Stabilizer in Aqueous Emulsion Polymerization Enables a Hydrophilic-Hydrophobic Transition During Film Formation. Macromolecular Rapid Communications, 2013,34:665-671.

[11] Wu Y, Regan M, Zhang W, et al. Reprocessable Porous Poly(ionic liquid) Membranes derived from Main-chain Polyimidazolium. European Polymer Journal, 2018,103:214-219.

[12] Zhang K, Feng X, Sui X, et al. Breathing Pores on Command: Redox-Responsive Spongy Membranes from Poly(Ferrocenylsilane)s. Angewandte Chemie International Edition, 2014,53(50):13789-13793.

[13] Chen F, Guo J, Xu D, et al. Thermo- and pH-responsive Poly(Ionic Liquid) Membranes. Polymer Chemistry, 2016,7(6):1330-1336.

[14] Kuzmicz D, Coupillaud P, Men Y, et al. Functional Mesoporous Poly(Ionic Liquid)-Based Copolymer Monoliths: From Synthesis to Catalysis and Microporous Carbon Production. Polymer, 2014,55:3423-3430.

[15] Zhang W, Wang Q, Wu H, et al. A Highly Ordered Mesoporous Polymer Supported Imidazolium-based Ionic Liquid: An Efficient Catalyst for Cycloaddition of $CO_2$ with Epoxides to Produce Cyclic Carbonates. Green Chemistry, 2014,16:4767-4774.

[16] Hu Y, Xing R. Highly Efficient and Convenient Supported Ionic Liquid $TiCl_5$-DMIL@$SiO_2$@$Fe_3O_4$-Catalyzed Cycloaddition of $CO_2$ and Epoxides to Cyclic Carbonates. Catalysis Letters, 2017,147:1453-1463.

[17] Guo Z, Jiang Q, Shi Y, et al. Tethering Dual Hydroxyls into Mesoporous Poly(Ionic Liquid)s for Chemical Fixation of $CO_2$ at Ambient Conditions: A Combined Experimental and Theoretical Study. ACS Catalysis, 2017, 7(10):6770-6780.

[18] Chen R, Xu X, Peng S, et al. A Flexible and Safe Aqueous Zinc-Air Battery with a Wide Operating Temperature Range from−20 to 70℃ . ACS Sustainable Chemistry & Engineering, 2020,8:11501-11511.

[19] Sun J, Wang J, Cheng W, et al. Chitosan Functionalized Ionic Liquid as a Recyclable Biopolymer-Supported Catalyst for Cycloaddition of $CO_2$. Geen Chemistry, 2012,14:654-660.

[20] Macfarlane D, Tachikawa N, Forsyth M, et al. Energy Application of Ionic Liquids. Energy & Environmental Science, 2014,7:232-250.

[21] Wang S, Yao W, Lin J, et al. Cobalt Imidazolate Metal-Organic Frameworks Photosplit $CO_2$ under Mild Reaction Conditions. Angewandte Chemie International Edition, 2014,53:1034-1038.

[22] Xin B, Hao J. Imidazolium-Based Ionic Liquids Grafted on Solid Surfaces. Chemical Society Reviews, 2014,43:7171-7187.

[23] Amarasekara A. Acidic Ionic Liquids. Chemical Reviews, 2016, 116:6133-6183.

[24] Desai K, Murthy Z. Removal of Ag( Ⅰ ) and Cr( Ⅵ ) by Complexation-Ultrafiltration and Characterization of the Membrane by CFSK Model. Separation Science and Technology, 2014, 49: 2620-2629.

[25] Qin J, Bao S, Li P, et al. A Stable Porous Anionic Metal-Organic Framework for Luminescence Sensing of $Ln^{3+}$ Ions and Detection of Nitrobenzene. Chemistry-An Asian Journal, 2014,9:749-753.

[26] Weideman I, Pfukwa R, Klumperman B. Phosphazene Base Promoted Anionic Polymerization of *n*-Butyraldehyde. European Polymer Journal, 2017,93:97-102.

[27] Ren Y, Guo J, Sun Z, et al. Synthesis and Application of Porous Poly(Ionic Liquid)s. Polymer Bulletin, 2018,06:21-31.

[28] Han J, Du Z, Zou W, et al. Fabrication of Interfacial Functionalized Porous Polymer Monolith and Its Adsorption Properties of Copper Ions. Journal of Hazardous Materials, 2014,276(9):225-231.

[29] Wang H, Wang E, Liu Z, et al. A Novel Carbon Nanotubes Reinforced Superhydrophobic and Superoleophilic Polyurethane Sponge for Selective Oil-Water Separation through a Chemical Fabrication. Journal of Materials

Chemistry A, 2015,3:266-273.
[30] Min C, Luo X, Ren H, et al. Hot Water-Repellent and Mechanically Durable Superhydrophobic Mesh for Oil/Water Separation. Journal of Colloid and Interface Science, 2018,512:567.
[31] Deng W, Long M, Zhou Q, et al. One-Step Preparation of Superhydrophobic Acrylonitrile-Butadiene-Styrene Copolymer Coating for Ultrafast Separation of Water-in-Oil Emulsions. Journal of Colloid and Interface Science, 2018,511:21-26.
[32] Durdevic P, Raju C S, Bram M V, et al. Dynamic Oil-in-Water Concentration Acquisition on a Pilot-Scaled Offshore Water-Oil Separation Facility. Sensors, 2017,17:124.
[33] Ren Y, Zhang J, Guo J, et al. Porous Poly(Ionic Liquid) Membranes as Efficient and Recyclable Absorbents for Heavy Metal Ions. Macromolecular Rapid Communications, 2017, 38(14): 1700151.
[34] Cao C, Yuan J, Cheng J, et al. Synthesis of Porous Polymer/tissue Paper Hybrid Membranes for Switchable Oil/Water Separation. Scientific Reports, 2017,7(1):3101.
[35] Zhu Y, Xie W, Zhang F, et al. Superhydrophilic In-Situ-Cross-Linked Zwitterionic Polyelectrolyte/PVDF-Blend Membrane for Highly Efficient Oil/Water Emulsion Separation. ACS Applied Materials & Interfaces, 2017,9(11):9603-9613.
[36] Barber L. Emulsion Polymerization of Vinylidene Fluoride Polymers in the Presence of Trichlorofluoromethane as Chain Transfer Agent: US 4569978. 1986-2-11.
[37] Li H, Ren X, Lai X, et al. Synthesis and Characterization of Hydrogenated Rosin/Polyacrylate Composite Emulsions by Two-Step Mini-Emulsion Polymerization Method. Journal of Macromolecular Science Part A, 2014,51:712-717.
[38] Kolobkov A. Two-Step Emulsion Polymerization-Polycondensation Method for Synthesizing Polycaproamide at Low Temperature. Fibre Chemistry, 2015,46:337-340.
[39] Alshehri I, Pahovnik D, Agar E, et al. Stepwise Gradient Copolymers of *n*-Butyl Acrylate and Isobornyl Acrylate by Emulsion Raft Copolymerizations. Macromolecules, 2022,55:391-400.
[40] Fischer S, Schimanowitz A, Dawson R, et al. Cationic Microporous Polymer Networks by Polymerisation of Weakly Coordinating Cations with $CO_2$-Storage Ability. Journal of Materials Chemistry A, 2014,2:11825-11829.
[41] Wang J, Yang W, Yi G, et al. Phosphonium Salt Incorporated Hypercrosslinked Porous Polymers for $CO_2$ Capture and Conversion. Chemical Communications, 2015,51:15708-15711.
[42] Cho H, Lee H, Chun J, et al. Tubular Microporous Organic Networks Bearing Imidazolium Salts and Their Catalytic $CO_2$ Conversion to Cyclic Carbonates. Chemical Communications, 2011,47:917-919.
[43] Yuan Y, Sun F, Li L, et al. Porous Aromatic Frameworks with Anion-Templated Pore Apertures Serving as Polymeric Sieves. Nature Communications, 2014,5:4260.
[44] Mitra S, Kandambeth S, Biswal B, et al. Self-Exfoliated Guanidinium-Based Ionic Covalent Organic Nanosheets (iCONs). Journal of the American Chemical Society, 2016,138:2823-2828.
[45] Zhang P, Jiang X, Wan S, et al. Charged Porous Polymers Using a Solid C-O Cross-Coupling Reaction. Chemistry-A European Journal, 2015,21:12866-12870.
[46] Zhang P, Qiao Z, Jiang X, et al. Nanoporous Ionic Organic Networks: Stabilizing and Supporting Gold Nanoparticles for Catalysis. Nano Letters, 2015,15:823-828.
[47] Li J, Jia D, Guo Z, et al. Imidazolinium Based Porous Hypercrosslinked Ionic Polymers for Efficient $CO_2$ Capture and Fixation with Epoxides. Green Chemistry, 2017,19:2675-2686.
[48] Hao S, Liu Y, Shang C, et al. $CO_2$ Adsorption and Catalytic Application of Imidazole Ionic Liquid Functionalized Porous Organic Polymers. Polymer Chemistry, 2017,8:1833-1839.
[49] Zhao W, Zhang F, Yang L, et al. Anionic Porous Polymers with Tunable Structures and Catalytic Properties. Journal of Materials Chemistry A, 2016,4:15162-15168.
[50] Lu W, Yuan D, Sculley J, et al. Sulfonate-Grafted Porous Polymer Networks for Preferential $CO_2$ Adsorption at Low Pressure. Journal of the American Chemical Society, 2011,133:18126-18129.
[51] Deng G, Wang Z. Hierarchical Porous Phenolic Resin and Its Supported Pd-Catalyst for Suzuki-Miyaura Reactions in Water Medium. Macromolecular Rapid Communications, 2018,39:1700618.
[52] Ma H, Ren H, Zou X, et al. Post-Metalation of Porous Aromatic Frameworks for Highly Efficient Carbon Capture from $CO_2 + N_2$ and $CH_4 + N_2$ Mixtures. Polymer Chemistry, 2014,5:144-152.
[53] Yuan Y, Sun F, Li L, et al. Porous Aromatic Frameworks with Anion-Templated Pore Apertures Serving as Polymeric Sieves. Nature Communications, 2014,5:1-8.

[54] 杨宵，刘晶，胡建波．氢气在共价有机骨架材料中的吸附机理．化工学报，2015,66:7.
[55] Wang J, Sng W, Yi G, et al. Imidazolium Salt-modified Porous Hypercrosslinked Polymers for Synergistic $CO_2$ Capture and Conversion. Chemical Communications, 2015,51(60):12076-12079.
[56] Sun Q, Jin Y, Aguila B, et al. Porous Ionic Polymers as a Robust and Efficient Platform for Capture and Chemical Fixation of Atmospheric $CO_2$. ChemSusChem, 2017,10:1160-1165.
[57] Wang L, Ding J, Sun S, et al. Viologen-Hypercrosslinked Ionic Porous Polymer Films as Active Layers for Electronic and Energy Storage Devices. Advanced Materials Interfaces, 2018,5:1701679.
[58] Jiang K, Fei T, Zhang T. Humidity Sensing Properties of Licl-Loaded Porous Polymers with Good Stability and Rapid Response and Recovery. Sensors and Actuators B: Chemical, 2014,199:1-6.
[59] Hu X, Chen Q, Sui Z, et al. Triazatriangulenium-Based Porous Organic Polymers for Carbon Dioxide Capture. RSC Advances, 2015,5:90135-90143.
[60] Buyukcakir O, Je S, Choi D, et al. Porous Cationic Polymers: The Impact of Counteranions and Charges on $CO_2$ Capture and Conversion. Chemical Communications, 2016,52:934-937.
[61] Lee J, Luo H, Baker G, et al. Cation Cross-Linked Ionic Liquids as Anion-Exchange Materials. Chemistry of Materials, 2009,21:4756-4758.
[62] Zhu H, Lin W, Li Q, et al. Bipyridinium-Based Ionic Covalent Triazine Frameworks for $CO_2$, $SO_2$, and NO Capture. ACS Applied Materials & Interfaces, 2020,12:8614-8621.
[63] Zhang Q, Zhang S, Li S. Novel Functional Organic Network Containing Quaternary Phosphonium and Tertiary Phosphorus. Macromolecules, 2012,45:2981-2988.
[64] Kim K, Buyukcakir O, Coskun A. Diazapyrenium-Based Porous Cationic Polymers for Colorimetric Amine Sensing and Capture from $CO_2$ Scrubbing Conditions. RSC Advances, 2016,6:77406-77409.
[65] Arab P, Verlander A, El-Kaderi H. Synthesis of a Highly Porous Bis(Imino)Pyridine-Linked Polymer and Its Postsynthetic Modification with Inorganic Fluorinated Ions for Selective $CO_2$ Capture. The Journal of Physical Chemistry C, 2015,119:8174-8182.
[66] 杨雪．多功能卟啉 / 离子液体多孔有机聚合物的合成及催化应用．武汉：华中科技大学，2019.
[67] CôtéA, Benin A, Ockwig N, et al. Porous, Crystalline, Covalent Organic Frameworks. Science, 2005,310:1166-1170.
[68] Mitra S, Kandambeth S, Biswal B, et al. Self-Exfoliated Guanidinium-Based Ionic Covalent Organic Nanosheets (iCONs). Journal of the American Chemical Society, 2016,138:2823-2828.
[69] Jie P, Wang X, Zhang F, et al. Self-Standing Combined Covalent-Organic-Framework Membranes for Subzero Conductivity Assisted by Ionic Liquids. Journal of Colloid and Interface Science, 2021,599:595-602.
[70] He L, Liu S, Chen L, et al. Mechanism Unravelling for Ultrafast and Selective $^{99}TcO_4^-$ Uptake by a Radiation-Resistant Cationic Covalent Organic Framework: A Combined Radiological Experiment and Molecular Dynamics Simulation Study. Chemical Science, 2019,10:4293-4305.
[71] Li Y, Wu H, Yin Y, et al. Fabrication of Nafion/Zwitterion-Functionalized Covalent Organic Framework Composite Membranes with Improved Proton Conductivity. Journal of Membrane Science, 2018,568:1-9.
[72] Yao B, Wu W, Ding L, et al. Sulfonic Acid and Ionic Liquid Functionalized Covalent Organic Framework for Efficient Catalysis of the Biginelli Reaction. The Journal of Organic Chemistry, 2021,86:3024-3032.
[73] Jeong K, Park S, Jung G, et al. Solvent-Free, Single Lithium-Ion Conducting Covalent Organic Frameworks. Journal of the American Chemical Society, 2019,141:5880-5885.
[74] Park S, Kristanto I, Jung G, et al. A Single-Ion Conducting Covalent Organic Framework for Aqueous Rechargeable Zn-Ion Batteries. Chemical Science, 2020,11:11692-11698.
[75] Chen J, Guan M, Li K, et al. Novel Quaternary Ammonium-Functionalized Covalent Organic Frameworks/ Poly(2,6-Dimethyl-1,4-Phenylene Oxide) Hybrid Anion Exchange Membranes with Enhanced Ion Conductivity and Stability. ACS Applied Materials & Interfaces, 2020,12:15138-15144.
[76] Li J, Yu Z, Gao Z, et al. Ultralow-Content Palladium Dispersed in Covalent Organic Framework for Highly Efficient and Selective Semihydrogenation of Alkynes. Inorganic Chemistry, 2019,58:10829-10836.
[77] Gao Z, Yu Z, Huang Y, et al. Flexible and Robust Bimetallic Covalent Organic Frameworks for the Reversible Switching of Electrocatalytic Oxygen Evolution Activity. Journal of Materials Chemistry A, 2020,8:5907-5912.
[78] Mi Z, Zhou T, Weng W, et al. Covalent Organic Frameworks Enabling Site Isolation of Viologen-Derived Electron-Transfer Mediators for Stable Photocatalytic Hydrogen Evolution. Angewandte Chemie International Edition, 2021,60:9642-9649.

[79] Cheng Y, Wang R, Wang S, et al. Encapsulating $[Mo_3S_{13}]^{2-}$ Clusters in Cationic Covalent Organic Frameworks: Enhancing Stability and Recyclability by Converting a Homogeneous Photocatalyst to a Heterogeneous Photocatalyst. Chemical Communications, 2018,54:13563-13566.

[80] Li Z, Li H, Guan X, et al. Three-Dimensional Ionic Covalent Organic Frameworks for Rapid, Reversible, and Selective Ion Exchange. Journal of the American Chemical Society, 2017,139:17771-17774.

[81] Mi Z, Yang P, Wang R, et al. Stable Radical Cation-Containing Covalent Organic Frameworks Exhibiting Remarkable Structure-Enhanced Photothermal Conversion. Journal of the American Chemical Society, 2019,141:14433-14442.

SERIE BOOKS ON **IONIC LIQUIDS**

IONIC LIQUIDS

# 4

# 聚离子液体能源器件

聚离子液体具备离子液体的高热稳定性和高离子电导率等特性，可作为聚电解质、离子交换隔膜、离子聚合物黏结剂、碳基催化剂等广泛应用于能源器件领域。由于聚离子液体在实际应用中发挥的作用不同，对其分子结构的设计和物化性质的调控也提出了差异性的要求。本章将针对聚离子液体在二次电池、超级电容器、燃料电池、染料敏化太阳能电池、液流电池等能源器件中的应用及其相关结构性能调控策略展开介绍。

## 4.1 聚离子液体在二次电池中的应用研究

电池作为信息化时代的“心脏”，自问世以来便在人们的生产生活中占据了重要的位置。近 40 年以来，电池技术得到了飞速的发展，从碱性锌锰一次电池、锂离子、钠离子二次电池再到锌离子、镁离子等多价金属离子电池，电池产业逐渐向高能量、低成本、高安全等方向发展。电解质作为电池中的重要组成成分，对电池的性能起着至关重要的作用。聚离子液体具有独特的阴阳离子结构、高的离子电导率以及宽的电化学窗口，因此在二次电池电解质中有着十分广泛的应用。

### 4.1.1 二次电池聚离子液体固态电解质

较之于液态电解质，固态电解质 (SSE) 可以克服有机液体易泄漏、易挥发、热稳定性差等缺点，增加能源器件的安全性。基于聚离子液体固态电解质自身的自支撑性能和导电性，可以有效地提升电解质的力学性能，提高体系电导率。固态电解质根据有无小分子掺杂，可分为离子凝胶电解质、聚合物电解质和复合电解质。

#### 4.1.1.1 二次电池离子凝胶电解质

离子凝胶是一种基于离子液体的准固态复合材料，其固体基质内充满离子液体，材料状态介于固态和液态之间。离子凝胶电解质既有全固态聚合物电解质良好的安全性，又有与有机溶剂电解液相近的离子电导率，还具有与电极材料间的界面接触电阻低、不易泄漏等特点。采用离子凝胶电解质所制备的电池可制成各种形状，并具有耐压、耐冲击、生产成本低和易于加工使用等优势。

（1）离子凝胶聚合物电解质

Coskun 等[1]提出了一种离子凝胶聚合物电解质，该电解质含有全氟烷基链 (F-IL) 和咪唑离子液体端基，通过聚合物骨架中的路易斯酸性链段，从根本上改变盐在其中的溶解度，从而实现高离子电导率和锂离子转移数（图 4-1）。此外，F-IL 的存在降低了锂离子对乙二醇链的结合亲和力，使锂离子在凝胶网络内快速转移。这些结构特征使阴离子被固定在离子液体链段上以减轻空间电荷效应，同时促进路易斯酸性聚合物中更强的阴离子配位和较弱的阳离子配位。因此，实现了高锂离子电导率（$9.16\times10^{-3}$S • cm$^{-1}$）和高锂离子迁移数（$t_{Li^+}$=0.69），以及高达 4.55V 的良好电化学稳定性，同时有效抑制锂枝晶生长。此外，凝胶聚合物电解质在 9mA • h • cm$^{-2}$ 下，Li||Li 对称电池的稳定循环性能超过 1800h，并且在锂硫电池循环 250 次后仍保持原始容量的 86.7%。

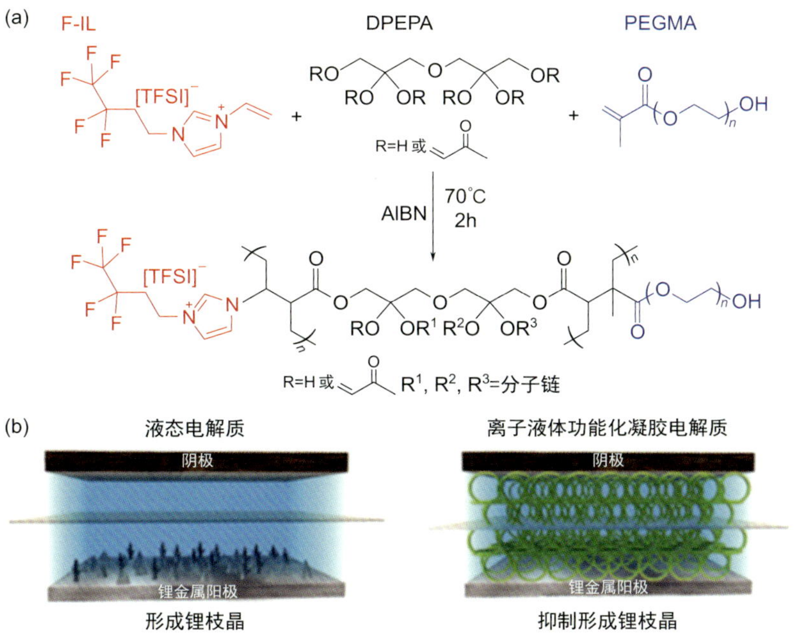


图 4-1 含有离子液体端基的凝胶聚合物电解质的合成和机理示意图[1]

Panzer 等 [2] 报道了一种物理交联的聚合物支撑凝胶电解质，由锂盐和离子液体溶液组成，该凝胶电解质具有两性离子共聚网络（图 4-2）。两性离子中心存在时，由于偶极 - 偶极交联，两性离子共聚电解质表现出较高的锂离子电导率（$4.2\times10^{-4}$S • $cm^{-1}$）和压缩弹性模量（14.3MPa）。

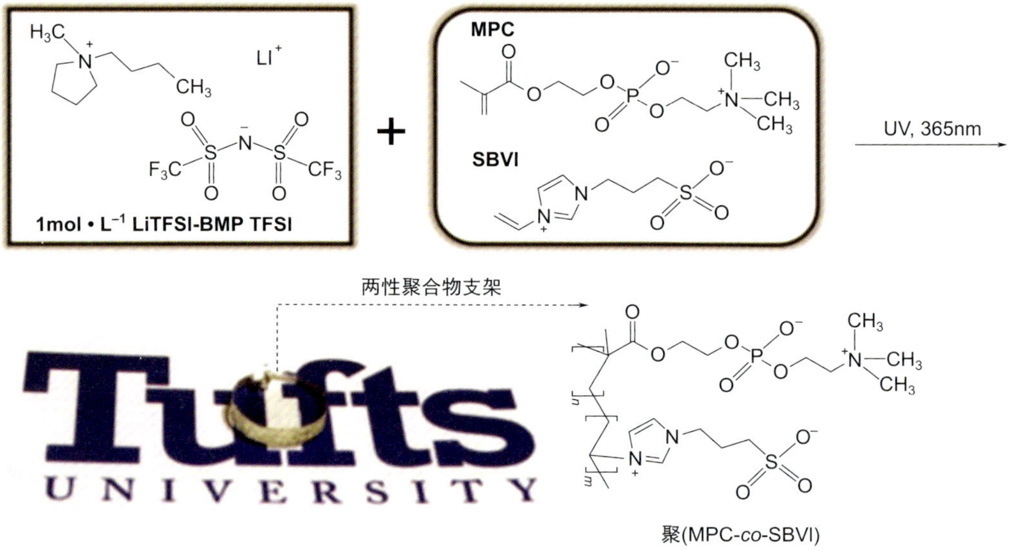


图 4-2　两性离子凝胶合成示意图 [2]

Sun 等 [3] 报道了一种具有自修复性能和高离子电导率的柔性固态凝胶电解质（图 4-3），该凝胶电解质由含有 2- 脲基 -4[H] 嘧啶酮 (UPy) 基团的聚离子液体、咪唑离子液体和锂盐［双 ( 三氟甲磺酰基 ) 亚胺锂 (Li[TFSI])］制备而成。该凝胶电解质的离子导电率高达 $1.41\times10^{-3}$S • $cm^{-1}$，同时表现出良好的柔性、弹性和优异的阻燃性能。基于该凝胶电解质组装的锂电池表现出良好的充放电循环性能。该凝胶电解质具有自修复功能，电解质的损伤可在 55℃的条件下在电池中实现原位自发修复。

（2）纳米复合基离子凝胶电解质

将聚合物离子凝胶与纳米材料进行复合形成的凝胶电解质，具有优异的力学性能和电化学性能。Hersam 等 [4] 介绍了一种基于咪唑基离子液体 / 六方氮化硼 (HBN) 纳米盘的凝胶基质，拓宽了锂离子电池的电化学窗口，提高了电池的工作电压（> 5V,vs. $Li/Li^+$），同时保持较高的离子电导率（> $1mS\cdot cm^{-1}$，室温下）。Sun 等[5]将结晶多孔材料作为离子液体填料，添加到聚合物离子液体中，形成离子凝胶电解质。该结晶多孔材料提供了快速离子通道（$0.28mS\cdot cm^{-1}$, 30℃），电导率是不含结晶多孔材料凝胶电解质的 2.2 倍。充放电测试结果表明，结晶多孔材料掺杂的离子凝胶电解质具有更好的速率性能和更长的周期（在 1*C* 下高达 800 圈）。

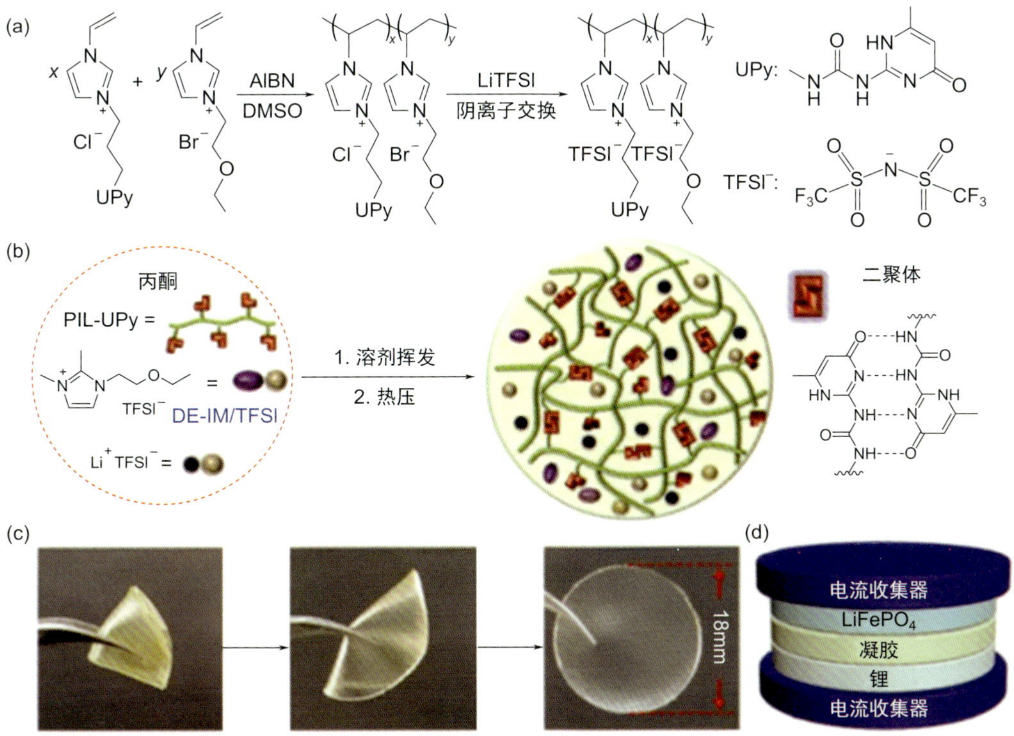


图 4-3　PIL-UPy 共聚物的合成示意图[3]

### 4.1.1.2　二次电池聚合物电解质

聚合物电解质的研究最早可以追溯到 1973 年，研究人员发现通过将 PEO 与钠盐配位可以形成具有离子导电性的电解质；1979 年，Armand 等提出将聚合物电解质用于锂离子电池固态电解质，并引发了国内外的广泛研究，主要包括离子传输机理的探索以及新型聚合物电解质体系的开发。经过几十年的发展，多种类型的聚合物固态电解质纷纷被开发，并应用于各种电池体系中。与 PEO、PVDF、PAN 等非离子型聚合物相比，聚离子液体独特的离子导电性，使其成为聚合物固态电解质的研究热点。

由于阴离子基团能够有效地传导金属阳离子（$Li^+$、$Na^+$、$Mg^{2+}$ 等），因此阴离子型的聚合物在金属离子二次电池中被广泛地研究。在 2013 年，Bouchet 等 [6] 提出将阴离子型离子聚合物作为聚合物固态电解质，形成单锂离子传导电解质。由于阴离子被固定在聚合物中，电解质中仅有锂离子可传输，可大幅度提升锂离子在电解质中的传输效率，缓解由于阴阳离子传输速率差异造成的浓度分布不均一的问题。Forsyth 等 [7] 通过将聚合物中的 $Li^+$ 替换为 $Na^+$，成功地将该离子聚合物应用于钠离子电池中，拓宽了单离子导体在其他金属二次电池中的应用。此后，各种类型的单离子导体聚合物电解质被不断地报道。Cheng 等 [8] 通过酰胺键将 $N(SO_2)_2^-$ 阴离子固定在聚合物的主链上，与 P(VDF-HFP) 复合之后，通过静电纺丝的方法制备了单离子导体固态聚合物电解质（图 4-4）。该电解质具有较强的锂离子传导能力以及力学性能，能够实现锂离子的均匀剥离 / 沉积。

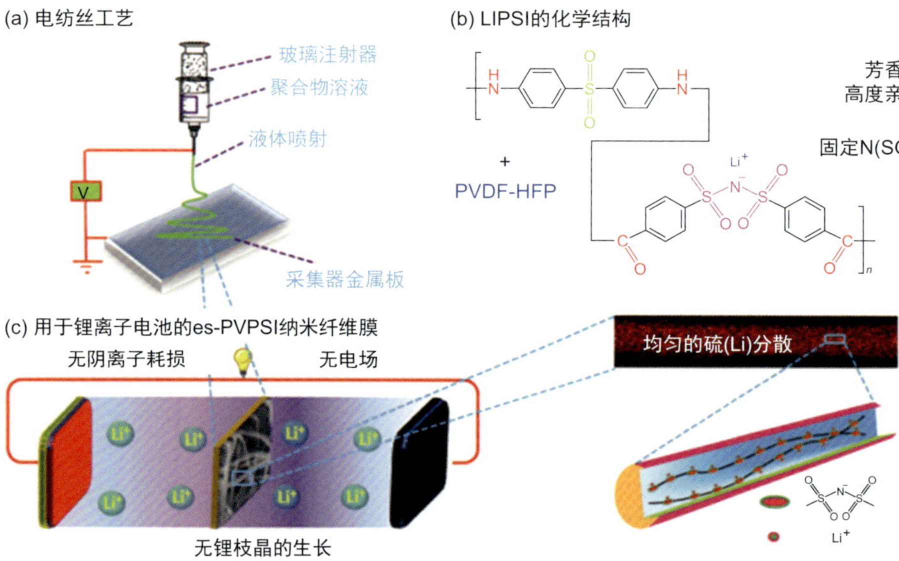


图 4-4　静电纺丝制备固态聚合物电解质 [8]

阳离子型的聚合物在二次电池中同样具备独特的优势。Forsyth 等[9]将阳离子聚合物作为聚合物固态电解质应用于锂金属电池中，发现在聚合物电解质中的阳离子基团能够结合多个阴离子，促进双(氟磺酰基)亚胺锂(Li[FSI])解离为$Li^+$和$[FSI]^-$，从而提升$Li^+$在电解质中的传输效率。除此之外，将聚合物电解质中的金属离子进行替换，可适用于其他金属二次电池体系。

#### 4.1.1.3 二次电池复合电解质

有机 / 无机复合电解质材料，通常是指将有机聚合物电解质与无机陶瓷电解质复合的一类电解质材料。复合电解质兼具聚合物电解质优异的柔韧性能、与电极良好的接触性能，同时又兼具无机陶瓷电解质的高离子电导率。与PEO、PVDF 等聚合物等电解质相比，聚离子液体具有高的离子电导率、与无机陶瓷材料以及电极良好的匹配性、宽的电化学窗口以及稳定性，已被广泛应用于二次电池的复合电解质。Zhang 等[10]将阳离子型聚合物、Li[TFSI] 以及$Li_{1.3}Al_{0.3}Ti_{1.7}(PO_4)_3$ (LATP) 陶瓷电解质进行复合后，制备了具有高离子电导率的新型固体“离子凝胶 - 陶瓷”电解质（图 4-5）。其中，LATP 陶瓷颗粒为电解质的骨架结构，以聚离子液体凝胶为离子桥实现陶瓷颗粒之间的离子传输。离子凝胶电解质能够改善固 - 固界面的化学相容性，含有共配位的复合电解质抑制了 LATP 与 Li 阳极之间的反应，提供了高效的$Li^+$传导途径，该复合电解质在 50℃时表现出优异的离子导电性，为 $0.17mS \cdot cm^{-1}$。此外，该复合电解质可实现锂对称电池超过 3500h 的长时间循环，以 $LiFePO_4$ 和 $LiCoO_2$ 为阴极的全固态锂金属电池的放电比容量达到 $160mA \cdot h \cdot g^{-1}$ 和 $125mA \cdot h \cdot g^{-1}$。

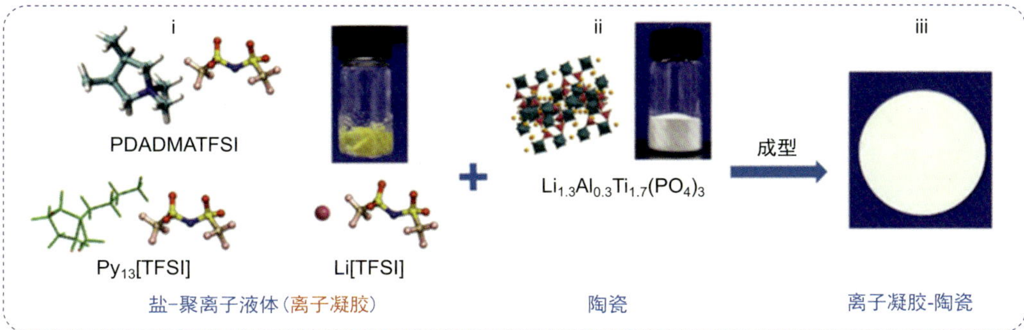


图 4-5 “离子凝胶 - 陶瓷”电解质合成过程及实物[10]

将聚离子液体通过化学键连接至无机材料中也是制备复合电解质的有效方法。例如，Wang 等[11]在介孔二氧化硅纳米片上修饰磺酸根阴离子，再与阳离子型聚合物结合，制备了新型的复合电解质材料。该阳离子聚合物和介孔结构结合形成连续且互连的离子转移路径，因此表现出高的离子电导率，且可有效地提高复合电解质与电极的电化学稳定性和界面稳定性。使用该复合电解质，电池在 40℃和 60℃时具有更高的平均比容量，在 100 圈循环之后，分别增加了 228% 和 152%。

另外，Mai 等[12]将聚离子液体与其他聚合物相结合，并通过化学键将其与石墨烯材料相连接，制备了新的复合电解质材料。聚离子液体的引入显著改善了锂盐解离、非晶含量和迁移率等离子转移条件，优化了复合聚合物电解质的内部结构，实现了离子电导率的提升。

#### 4.1.1.4 二次电池离子塑性晶体电解质

离子塑性晶体具有与离子液体类似的结构，通常由体积相对较大且较为对称的阳离子(如吡咯类、季铵类、季鏻类、咪唑类等)，以及结构对称或具有扩散电荷的阴离子(如 $[BF_4]^-$、$[FSI]^-$、$[TFSI]^-$、$[PF_6]^-$ 等)组成，具有熔点高、不可燃而且蒸气压极低等优异特性，是新兴的一类固态电解质。但研究表明，离子塑性晶体的离子电导率相对比较低，锂盐的掺杂可以显著提高其离子电导率。然而，离子塑性晶体的塑性特征使得其力学强度和韧性很差。为了改善其力学性能，一般将其与合适的聚合物材料复合以构建全固态电解质体系。离子液体聚合物作为一类重复单元中包含离子液体结构的新型聚合物材料，具有良好的成膜性能、高的热稳定性和电化学稳定性。此外，离子塑性晶体与离子液体具有良好的相容性。因此，离子塑性晶体、锂盐与离子液体聚合物可以构建具有高安全性、高性能的全固态电解质体系，这使得离子塑性晶体电解质在电池中的应用被广泛研究。

Angell 等[13]在 1986 年报道了离子塑性晶体作为固态电解质的开创性应用。制备的电解液在 −90℃下，表现出较小的熔融熵，在 75℃下，拥有较高的导电性。MacFarlane 等[14]制备了用于可充电锂离子电池的吡咯烷基离子塑性晶体电解质，显示出良好的电解液 / 锂电极界面接触，即使在 0.2*C*

下循环 50 圈后，仍具有很好的性能（约 110mA • h • $g^{-1}$）。Armand 等 [15] 制备了吡唑啉型离子塑性晶体电解质。在 20℃下，当向该电解质中添加 10%（摩尔分数）的 Li[TFSI]，电解液的离子电导率为 $1.7\times10^{-3}$S • $cm^{-1}$，并且拥有 5.5V 的宽电化学稳定窗口。虽然基于 *N,N*- 二甲基吡咯烷阳离子的离子塑性晶体作为电解质也被报道，但较狭窄的电化学窗口（−3.0 ～ 2V）阻碍了它们在锂离子电池中的应用。Jin 等 [16] 报道了一种新型离子塑性晶体电解质，由 4%（摩尔分数）Li[FSI] 掺杂三异丁基甲基磷双 ( 氟磺酰基 ) 亚胺盐 ($[P_{1,4,4,4}]$[FSI]) 组成，显示出高电化学窗口 ( 约 6V)。在 22℃下，电导率达到 0.26mS • $cm^{-1}$，且具有良好的放电容量 (160mA • h • $g^{-1}$)。

Pringle 等 [17] 报道了一种含 90%（摩尔分数）Li[FSI] 和 10%（摩尔分数）导电吡咯烷基的离子塑性晶体电解质。该电解质在 30℃时电导率为 0.24mS • $cm^{-1}$，且具有非常好的锂离子迁移数 ($t_{Li^+}$=0.68)。Yang 等 [18] 合成了一种离子塑性晶体：*N, N*- 二甲基吡咯烷双 ( 氟磺酰基 ) 亚胺盐 ([Dmpyr][FSI])，并将其与聚［二烯丙基二甲基铵］双 ( 氟磺酰基 ) 亚胺盐 (P[Dadma][FSI]) 和锂盐复合，制备了离子塑性晶体电解质。将此电解质应用于 Li-$LiFePO_4$ 电池中，在 50℃、0.2*C* 充放电倍率下，电池放电比容量在 60 圈循环后仍可达 151.1mA • h • $g^{-1}$，容量保持率为 96.8%，且在 0.5*C*、1.0*C* 倍率下放电比容量仍然高达 138.1mA • h • $g^{-1}$ 和 128.1mA • h • $g^{-1}$，展现出高的放电比容量以及好的循环性能和倍率性能。

## 4.1.2 聚离子液体电极黏结剂

黏结剂作为能源器件电极中不可缺少的组成部分，对其综合性能起着重要作用 [19]。在电化学过程中，黏结剂的功能是将活性材料、导电剂和集流体有效地黏合在一起，确保它们之间紧密接触，从而维持电极结构的稳定性。整个电极的形貌，如分散态、多孔结构等往往也受到黏结剂的影响 [20]。因此，黏结剂对能源器件的性能有着极其重要的影响。

### 4.1.2.1 聚离子液体锂硫电池黏结剂

随着大规模电网应用和电动汽车的发展，对高密度和低成本储能设备的需求越来越大。锂硫电池具有高比容量 (1675mA・h・$g^{-1}$) 和能量密度（2600W・h・$kg^{-1}$），是传统锂离子电池 ( 插层阴极电极材料 ) 的 5 倍以上。硫在自然界中含量丰富、价格低廉、重量轻、对环境友好 [21, 22]。较之于 Li-$O_2$/ 空气电池，Li-S 电池是一个封闭的系统，可以避免大气污染和潜在的安全隐患，但是 Li-S 电池一些固有缺陷仍阻碍其大规模使用。首先，硫和硫化物的低电导率不利于电极中的电子传输，导致活性物质利用率较低。其次，溶解的锂化物能够在电极之间产生穿梭，降低库仑效率，造成活性物质损失。电池循环过程中，Li 正极和负极的体积变化会加速可溶锂中间体和金属锂之间的副反应，导致电池容量的快速衰减，还可能引发相关的安全问题。对于 Li-S 电池来说，黏结能力强、网络结构稳定的黏结剂尤为重要。性能优良的黏结剂可以在保持整个电极完整性的同时，大大缓解 Li-S 电池的穿梭效应 [22]。

到目前为止，聚偏氟乙烯 (PVDF) 黏结剂已广泛应用于电极的制备。然而，PVDF 在 Li-S 电池中仍然存在许多缺点。PVDF 的黏附性能通常是基于链间范德华力，而分子链间范德华力较弱，在电池循环过程中，容易在有机电解质中溶胀，电极结构不稳定。此外，PVDF 易溶于有毒、易挥发、易燃的有机溶剂 *N*- 甲基 -2- 吡咯烷酮 (NMP) 中，对环境造成污染 [23]。为了进一步提高 Li-S 电池的能量密度和循环稳定性，设计具有高导电性、与多硫化物的高化学相互作用以及良好力学性能的新型聚离子液体黏结剂已成为一种替代方法 [24]。

聚离子液体因其阴离子能够吸引锂离子，不但可以作为固体电解质，还可以作为黏结剂改善电极形貌，同时利用其离子导电性促进电极中锂离子的快速迁移 [25]。在聚离子液体黏结剂中，锂离子通过与阴离子的弱相互作用，沿着聚合物骨架进行跳跃和移动，从而促进锂离子的迁移。聚离子液体主链阳离子与锂盐阴离子的松散结合，在正极中可形成锂离子的转移途径。此外，黏结剂中的官能团通过 C-S 键、N-Li 键或 O-Li 键来固定可溶锂多硫化物 [26]。Han 等 [27] 考虑到传统 PVDF 黏结剂在高负载、高厚度阴极上的局限性，将一种双功能黏合剂与线型聚乙烯链和马来酸封端结合在一起（图 4-6）。该聚合物使高负载阴极内的灵活性，而马来酸端基改善了碳硫结合的多硫捕获能力。由于亲核结合作用，该黏结剂具有较强的多硫固定化能力，其含硫量高达 80%（质量分数）。还有学者利用聚乙烯亚胺 (PEI) 揭示了锂 - 硫电池中多硫化物的有效静电约束。为了促进这种相互作用，还提出通过 PEI 衍生聚离子液体的更强静电力来增强与多硫化物的亲和力。PEI 聚离子液体通过与 $Li^+$ 和 $S_x^{2-}$ 的相互作用来限制多硫化锂，还通过密度泛函理论计算模拟验证了两者之间的相互作用。

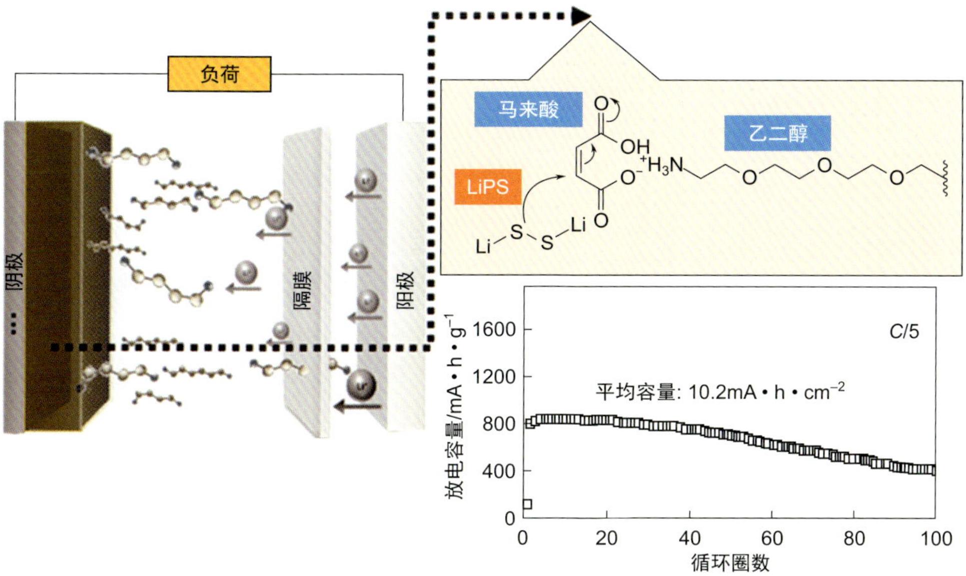


图 4-6 高负载、高厚度阴极锂硫电池示意图以及电池的循环特性图 [27]

### 4.1.2.2 聚离子液体硅负极黏结剂

硅是一种很有前途的高容量 ( 其理论比容量高达 4200mA • h • $g^{-1}$) 锂离子电池负极材料，被认为是最有前景的高容量负极材料之一 [28, 29]。然而，在锂化 / 硅化 ( 脱 / 嵌锂 ) 过程中，电极体积容易发生急剧变化，这会导致硅负极材料在充放电过程中粉化或从集流体上脱落下来，降低电池的电化学性能。尽管许多研究报告指出将硅负极材料进行纳米化或者复合化，一定程度上可以改善其电化学性能，但是这些新型电极材料的制备方法较为繁杂，规模化生产的成本也过高，严重限制了硅负极材料的实际应用。开发新型黏结剂是解决充放电过程中硅负极材料的体积膨胀导致电池负极结构破坏问题的有效方法。传统锂离子电池的常用 PVDF 黏结剂，因成本高、环境友好性差、与活性物质间的作用力弱，而不适用于硅负极材料。为了应对硅负极材料体积不稳定的挑战，新型硅负极黏结剂需要具备多重特性，包括良好的弹性和硬度、优异的电子和离子导电性，以及多重的网络结构和自修复能力。这些特性不仅能够维持硅负极材料在充放电过程中的完整性和良好的电接触，确保电池的电化学循环性能，还能有效地缓解硅负极材料体积变化带来的应变[30]。

具有自修复功能的聚离子液体化学结构中通常含有能形成氢键的官能团，因而具有优异的黏结性和可拉伸性，能够有效地修复硅材料因体积变化产生的结构损伤，改善电极的电化学性能。Cui 等[31]在研究硅负极粉化所导致的电池失效问题时，发现用具有自修复功能的聚离子液体作为黏结剂包覆硅纳米颗粒时，能够有效地抑制电池循环过程中硅负极体积膨胀所带来的负面效应。与传统的聚合物黏结剂相比，被自修复材料包覆的硅电极通过聚离子液体分子链之间的无规支化氢键能够自发地修复电池循环过程中产生的裂纹。研究还发现，在 0.4A • $g^{-1}$ 的电流密度下初始放电容量为 2627mA • h • $g^{-1}$，在经过 20 圈充放电循环后，容量保持率高达 95%，远高于以 PVDF 为黏结剂的硅负极 ( 容量保持率为 14%)，显示出优异的电化学性能。Tian 等[32]设计并合成了一种水溶性聚离子液体作为硅负极黏结剂（图 4-7），它由刚柔结合的分子链和功能基团构成，对锂离子电池的电解质具有良好的浸润性，聚离子液体的多重网络结构可以为电极结构提供很强的机械支撑，用以缓冲硅负极体积变化引起的应变，显著提高锂离子电池的循环稳定性。以聚离子液体为黏结剂的硅负极初始放电容量高达 2850mA • h • $g^{-1}$，经过 220 圈充放电循环后，可逆容量仍有 2394mA • h • $g^{-1}$。还有学者在聚离子液体中引入羧基 (—COOH)、氨基 (—$NH_2$)，与硅纳米颗粒表面的氧化层或含氧官能团形成强的氢键，这些氢键能够快速修复在充放电过程中断裂的离子传导通道，从而降低黏结剂的用量 (1.8%，质量分数 )[33]。

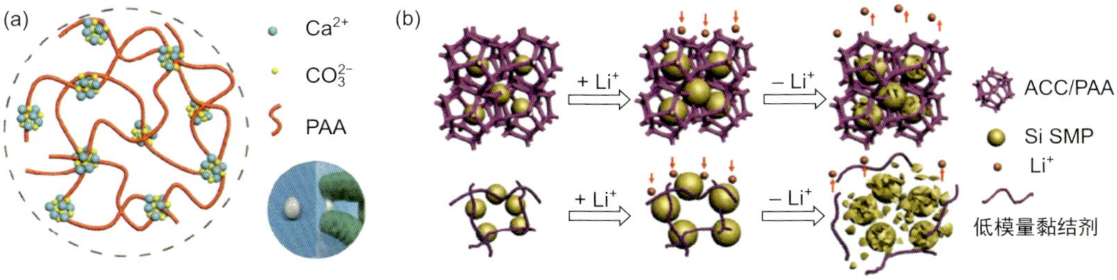


图 4-7 矿物水凝胶黏合剂结构示意图及照片（a）和使用该矿物黏结剂及常规低模量聚合物黏结剂在循环过程中的硅基电极示意图（b）[32]

## 4.1.3 聚离子液体隔膜

能源器件主要由正极、负极、电解质、隔膜等构成，依靠金属离子在正极和负极之间往返嵌入、脱出，完成充电、放电过程。其中隔膜位于正极和负极之间，主要功能是：在正、负极之间起电绝缘作用，防止两极接触而短路；为金属离子提供微孔通道，保证其在电池正、负极之间自由往返穿梭迁移[34]。隔膜的性能，尤其是其耐高温性能、防止枝晶渗透及耐穿刺性能，在很大程度上决定了能源器件的安全性能、储能容量和使用寿命，在能源器件的正极和负极之间构建多功能聚离子液体隔膜，被认为是一种解决电池高性能化问题简便有效的策略[35, 36]。

Lin 等[35]提出了通过碱处理的表面改性来制备一种新型的羧基功能化聚酰亚胺基聚离子液体，将其用作锂离子电池的隔膜。含有未共享电子对的—COOH 基团有助于锂离子的脱溶，提高了锂离子的输运速率。改性并不会破坏聚离子液体隔膜的微观结构，较常规的聚酰亚胺隔膜，羧基功能化聚离子液体隔膜将电池中锂离子迁移数提高了 4 倍（最高可达 0.87），羧基基团使锂离子输运率提高了 6 倍以上。对于 Li-S 电池，采用咪唑盐功能化聚离子液体隔膜，通过阳离子聚合物骨架与多硫阴离子之间的静电吸引，可以延缓多硫化物穿梭效应[37]。Wang 等[38]设计的聚（对三联苯 - 共 -*N*,*N*- 二甲基哌啶）阳离子（$[QAPPT]^+$）聚离子液体作为锌 - 镍离子电池隔膜，可促进 Zn 枝晶弯曲生长，有效抑制锌枝晶穿刺，有助于实现电池良好的循环稳定性。

# 4.2
# 聚离子液体在电化学超级电容器中的应用研究

超级电容器作为一种电化学储能器件，其能量密度约为传统电容器的10～100倍。此外，较之于传统蓄电池，超级电容器在充放电速度、充放电循环次数、放电效率及功率密度等方面也具有显著的优势。在超级电容器中，电极材料和电解质的结构、性质直接决定了超级电容器的比容量、稳定性和功率密度等。

聚离子液体兼具离子液体和聚合物的特性：①低挥发性和高的热稳定性，使得聚离子液体碳化后具有更高的残碳率；②通过分子结构的设计引入氮、磷、硫、硼等杂原子，可以制备杂原子掺杂的碳材料，丰富了超级电容器电极材料的选择[39, 40]。另外，较之于传统的水系和有机电解质，聚离子液体电解质优异的离子传导率、较高的电化学窗口和热/化学稳定性等优异的理化性质，有效地改善了超级电容器的性能和安全性[41]，被广泛应用于柔性超级电容器电解质。

## 4.2.1 基于聚离子液体超级电容器电极材料

Yuan等[42]将聚离子液体作为前驱体制备碳材料，通过引入$FeCl_2$调控聚离子液体在碳化过程中的化学组成和结构形态，最终得到高导电、介孔、石墨碳纳米结构。聚离子液体骨架，阳离子和阴离子结构的改变也会对最终得到的碳材料的结构性能产生影响。Elabd等[43]研究不同聚合物骨架及阳离子种类对最终碳材料结构性能的影响。较之于聚丙烯腈得到的碳粉，聚离子液体衍生的碳材料表现出较好的石墨化程度。不同的阳离子种类也会对聚离子液体衍生碳材料的残碳率、表面化学性质和比表面积有显著影响。Dai等[44]研究了不同阴离子对聚离子液体衍生碳材料的微孔结构及比表面积的影响。当聚离子液体前驱体阴离子为$Cl^-$时，得到的碳材料比表面积仅有$47m^2 \cdot g^{-1}$。以$[TFSI]^-$交换后的聚离子液体得到的碳材料比表面积则高达$595m^2 \cdot g^{-1}$，而$[N(CN)_2]^-$交换得到的碳材料降低到$30m^2 \cdot g^{-1}$。这是由于阴离子在聚离子液体碳化过程中起到模板剂的作用，不同尺寸的阴离子会对碳材料的孔结构产生影响。因此，通过对聚离子液体骨架、阳离子和阴离子结构进行设计，可以得到不同孔结构、化学组成的碳材料，从而改善超级电容器性能。

为了提高碳材料的电化学活性，杂原子掺杂的方式被用于碳材料的制备。Xiong 等[45]以聚离子液体作为氮、硫杂原子前驱体和羧甲基壳聚糖复合制备了氮硫掺杂的多孔碳。其中 1000℃热解得到的多孔碳比表面积高达 $1520m^2 \cdot g^{-1}$，相应的超级电容器在 $0.1A \cdot g^{-1}$ 的电流密度下具有 $633F \cdot g^{-1}$ 的比电容。在 10000 圈充放电循环后，仍然没有明显的比电容衰减，表现出良好的循环稳定性（图 4-8）。2012 年，Yan 等[46]将聚离子液体中 $Br^-$ 交换成 $PtCl_6^{2-}$，再通过一步碳化得到高负载、均匀分散的含 Pt 纳米颗粒的碳材料。通过对聚离子液体结构进行设计，可以引入多种多样的活性位点，从而提高超级电容器电化学性能，为制备高性能超级电容器电极材料提供了一种普适性的方法。

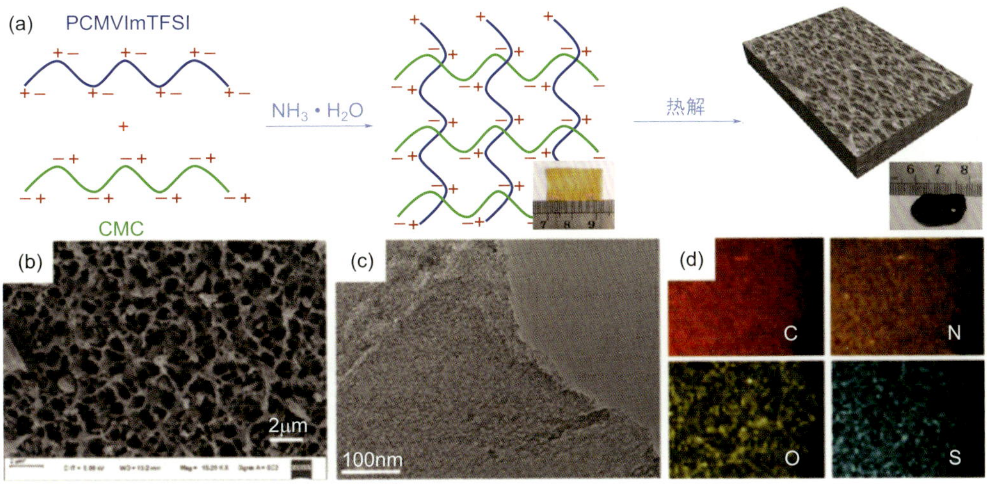


图 4-8　利用聚离子液体和羧甲基壳聚糖复合物制备多孔碳材料示意图（a）；1000℃热解得到的多孔碳的 SEM、TEM 及元素分布图（b）～（d）[45]

不同形貌的碳材料制备也得到广泛研究[47]。Yuan 等[48]利用电纺丝技术，碳化聚离子液体电纺丝膜得到高电导率的氮掺杂碳纤维 / 膜。Zhao 等[49]利用可控真空热解聚离子液体膜的方法，制备了高电导率、大比表面积和杂原子掺杂的碳膜（图 4-9）。三维连续纳米孔结构使得制备的超级电容的工作电压提高至 2V。在 6mol·$L^{-1}$KOH 电解质中，表现出优异的面积电容、倍率性能和能量密度。

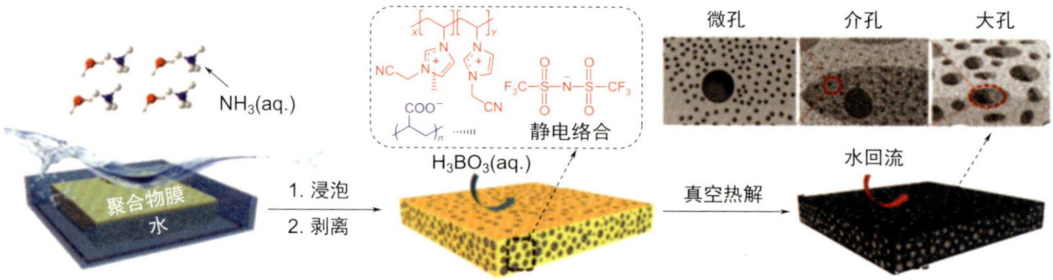


图 4-9　利用聚离子液体制备具有多级孔结构的硼、氮掺杂碳膜的示意图 [49]

## 4.2.2　基于聚离子液体超级电容器电解质

### 4.2.2.1　聚阳离子型电解质

阳离子型聚离子液体作为最常见的一类离子型聚合物，被报道用作超级电容器电解质 [50-60]。Marcilla 等 [50] 报道了一种以聚［二烯丙基二甲基铵］双 ( 三氟甲磺酰基 ) 亚胺盐 P([Dadma][TFSI]) 为聚合物骨架，以 *N*- 丁基 -*N*- 甲基吡咯烷胺为电解质，制备了一种聚离子液体电解质，并将其作为固态超级电容器的电解质。由于电极 / 电解质界面性能不佳，这些超级电容器的性能较低。当选用高离子导电的吡咯烷基聚离子液体作为电解质时，超级电容器的性能得到显著提高 [51]。Zhang 等 [55] 将甲基丙烯酸甲酯和 1- 乙烯基 -3- 乙基咪唑双 ( 三氟甲磺酰基 ) 亚胺盐 ([Evim][TFSI]) 共聚，并进一步与聚 ( 偏氟乙烯 - 共 - 六氟丙烯 ) 共混，得到聚离子液体基固态电解质。该聚离子液体电解质具有较好的离子电导率，相应的超级电容器具有优异的电化学性能和循环稳定性。

### 4.2.2.2　聚阴离子型聚电解质

Yan 等 [61] 报道了一种聚阴离子型聚电解质，并将其用于固态超级电容器，表现出较高的整流比和循环稳定性。Bozkurt 等 [62] 制备了一种聚膦酸基聚离子液体水凝胶电解质，组装后的超级电容器的比容量高达 $1270F \cdot g^{-1}$，并且 2300 圈循环后容量损失仅 15%（图 4-10）。值得一提的是，由于凝胶电解质优异的力学性能，相应的柔性超级电容器在弯折、扭曲的状态下仍能正常工作。

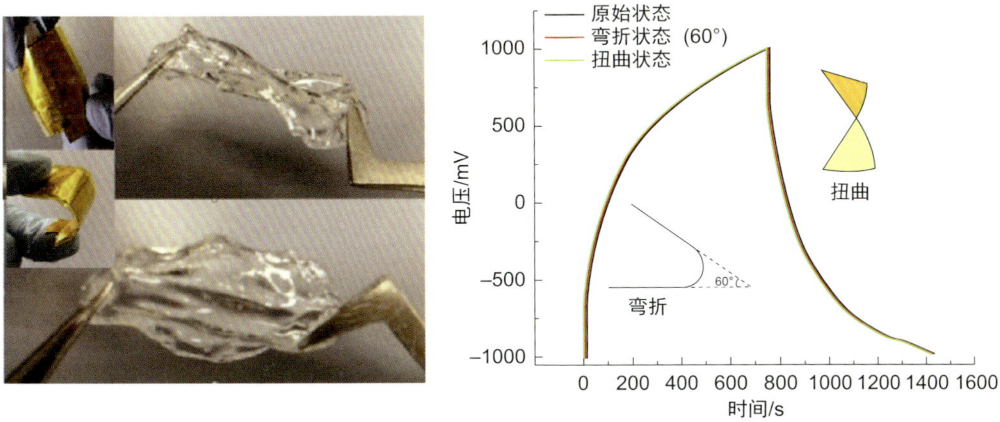


图 4-10 聚阴离子水凝胶电解质及柔性超级电容器在不同形变时的放电曲线 [62]

### 4.2.2.3 两性离子型聚电解质

相对于聚阳离子和聚阴离子型电解质，两性离子型聚电解质的离子解离能力强，相应的离子传导能力更强 [63-65]。同时两性离子能够降低水分子的活性，从而提高聚电解质的电化学窗口。Wen 等 [64] 利用两性离子聚合物和高浓度电解质，构筑了一种具有高离子传导能力和较宽电化学窗口的聚电解质。以该两性离子聚电解质组装的超级电容器的电化学窗口高达 2.4V，能量密度和功率密度分别为 $133.5W \cdot h \cdot kg^{-1}$ 和 $2313.5W \cdot h \cdot kg^{-1}$。

因此，聚离子液体不仅可以作为碳材料前驱体，也可以用作高性能聚电解质，在超级电容器等储能器件领域具有广阔的应用前景。

## 4.3 聚离子液体在燃料电池中的应用研究

燃料电池是一种电化学装置，它直接将燃料的化学能 ( 如氢或甲醇 ) 转化为电能[66]。由于其清洁、安静和高效的工作方式，燃料电池具有许多潜在的应用，包括汽车、便携式设备、备用电源系统和固定设备。离子交换膜又分为阳离子交换聚合物膜和阴离子交换聚合物膜。聚离子液体在燃料电池中可以应用于离子交换聚合物膜和黏结剂的制备。本小节将从离子交换聚合物膜和黏结剂两个领域介绍聚离子液体在燃料电池中的应用。

### 4.3.1 聚离子液体在质子交换膜燃料电池中的应用

质子交换膜 (PEM) 燃料电池由气体扩散层、PEM、催化剂层与双极板等部件组成。质子交换膜在燃料电池的运行中起着多种作用，如：①分离燃料和氧化气体；②将质子从阳极输送到阴极一侧；③防止两电极间的电子直接传导[67]。为了保证 PEM 在燃料电池中稳定、高效地运行，PEM 一般需要达到以下性能：①低氢气渗透率，提高燃料电池的安全性；②高质子传导率，有助于提高燃料的利用率；③高力学和化学稳定性，保证燃料电池的运行稳定性；④低成本且生产工艺简单，有利于实现商业化。

质子交换膜燃料电池在中、高温下使用，可以有效提高电极催化剂的催化效率，降低 CO 对电极催化剂的毒化，还有利于进行电池内部水和热的管理。目前应用最广的全氟磺酸质子交换聚合物膜以水作为质子传导的载体，在使用温度超过 80℃时会由于蒸发速度加快而脱水，导致膜电阻升高和质子传导能力急剧下降，严重阻碍了中、高温质子交换膜燃料电池的应用[68, 69]。

质子离子液体可以传导质子，同时兼具离子液体的低挥发性，是一种理想的高温质子传导介质。布朗斯特酸、碱之间的中和反应可以形成质子离子液体[70]。以质子离子液体替代水作为燃料电池质子传导介质，可以提升质子交换膜的使用温度。由于质子离子液体自身不能形成具有一定强度的膜，因此需要与高分子材料结合。基于质子离子液体聚合物的电解质膜可以分为两大类。

（1）质子离子液体掺杂的聚合物电解质膜

质子离子液体通过吸附溶胀的方法掺杂到聚合物电解质膜中。该方法的缺点是聚合物膜吸附的离子液体量不易控制，离子液体易从高分子膜内析出，以及复合膜性能不均一等问题。Yan 等[71]利用微乳液聚合的方法将质子离子液体以纳米尺度“分散、固定”在聚合物膜中。该方法充分利用了离子液体的高温质子传导性能和微乳液聚合特有的纳米微结构可控性能，聚合物膜的性能既可以通过聚合物材料的化学组分调控，还可以通过改变其纳米微结构在分子水平和纳米尺度加以调控，可以精确地通过调节微乳液体系的组成 ( 分散型或双连续相型 ) 加以调控。由于离子液体以纳米尺度分散固定在聚合物膜中，该方法克服了将离子液体直接添加到高分子膜中所产生的离子液体易析出、加入量不易控制、聚合物膜性能不均一等缺陷。在非加湿条件下，由于膜内形成了连接良好的聚离子液体纳米通道，所制备的聚合物电解质膜在 160℃时具有高达 $1\times10^{-1}S\cdot cm^{-1}$ 的电导率。Doyle 等人[72] 使用 1- 丁基 -3- 甲基咪唑双 ( 三氟甲磺酰基 ) 亚胺盐 ([Bmim][TFSI]) 离子液体与全氟磺酸质子交换聚合物复合，制备了在 100 ～ 200℃下具有一定稳定性和质子传导率的复合膜 ( 电导率 $0.1S\cdot cm^{-1}$, 180℃ )。

利用原位光交联可以制备基于聚酰胺 - 胺型树枝状大分子的聚离子液体 / 聚 ( 苯乙烯 - 丙烯腈 ) 复合膜（图 4-11）[73]。在无水条件下，制备的复合膜在 160℃时显示出 $1\times10^{-1}S\cdot cm^{-1}$ 的电导率。利用多孔聚苯并咪唑膜作支撑，可以制备质子离子液体复合膜[74]。在无水条件下和无无机酸条件下，低成本性能优于 Nafion，可在高达 200℃的温度下延长操作时间 ( 衰减 4.1%)。

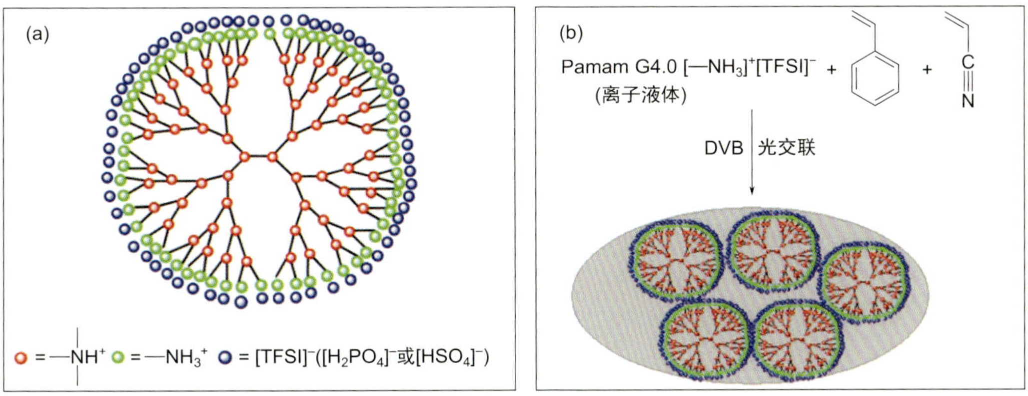


图 4-11 Pamam G4.0 $[—NH_3]^+[TFSI]^-$ 的示意图（a）和制备 Pamam 树枝状聚合物基 PIL 复合膜的反应（b）[73]

（2）聚离子液体电解质膜

聚离子液体电解质膜是指将质子离子液体 ( 共 ) 聚合成膜制备质子交换

聚合物膜。例如，Yoshizawa 等人 [75] 合成了基于咪唑阳离子的聚环氧乙烷质子交换膜，30℃时膜的电导率仅为 $1.49\times10^{-4}S\cdot cm^{-1}$。与离子液体掺杂型聚合物膜相比，聚离子液体电解质膜表现出较低的电导率，这是由于其离子迁移率降低和 $T_g$ 升高。Erdermi 等人 [76] 报道了基于丙烯酰咪唑的聚离子液体均聚膜，通过掺杂磷酸软化膜材料，降低了玻璃化转变温度，提升了质子电导率。在 150℃时其电导率为 $2.57\times10^{-3}S\cdot cm^{-1}$。阳离子或阴离子上的质子和一个官能团的质子离子阱被称为多质子离子阱，因为它的结构中可以存在多个质子 (4 个 [77]、5 个 [78] 甚至 6 个酸性氢 [79])。此外，磺酰胺或磺酸盐等酸性官能团可以附着在离子液体的阳离子上，成为结构中质子的来源 [80]。质子离子阱的存在显著提高了质子交换膜在高温下的质子传导率。Yan 等 [81, 82] 合成了咪唑阳离子表面功能化的二氧化硅 (Im-$SiO_2$) 纳米粒子以及 3- 乙基咪唑三氟甲磺酸盐 ([Eim][TfO]) 作为非水质子载体，并应用于制备质子交换聚合物复合膜（图 4-12）。在无水条件下，制备的复合膜在 160℃ 时的电导率高达 $10^{-2}S\cdot cm^{-1}$ 的数量级。在复合膜中进一步掺杂磷酸，复合膜的电导率在 180℃时可达到 $6.3\times10^{-2}S\cdot cm^{-1}$[83]。将聚离子液体刷状聚合物接枝在二氧化硅纳米粒子表面，与聚 (4,4′- 二苯醚 -5,5′- 联苯并咪唑 ) 制备成复合质子交换膜。随着复合膜中纳米颗粒浓度的增加，纳米粒子的聚集网络提供了连续的离子通道，为质子传输提供了通道，因此纳米复合材料的质子电导率随粒子浓度的增加而增加 [84]。

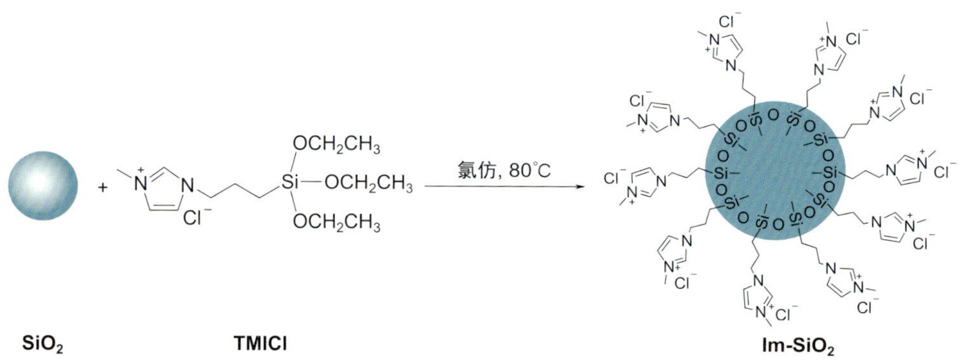


图 4-12　Im-$SiO_2$ 纳米粒子的合成过程示意图 [81]

## 4.3.2 聚离子液体在碱性阴离子交换膜中的应用

质子交换膜燃料电池虽然具有相对低的工作温度、高功率密度以及高能量转换效率等优点，但其对贵金属催化剂铂的严重依赖，使其成本居高难下，并且资源匮乏的贵金属也不利于质子交换膜燃料电池的大规模商业化生产。近年来，碱性阴离子交换聚合物膜燃料电池，因其可以使用非贵金属催化剂(如钴、镍或银)，且具有较高的氧化还原反应活性和较低的燃料渗透率等优点，而备受大家的关注[85]。

碱性阴离子交换聚合物膜是碱性膜燃料电池的核心部件之一，主要起到阻隔电极、反应气体和传导 $OH^-$ 的作用，其性能好坏直接影响到碱性膜燃料电池的能量转化效率和使用寿命。从实际应用的需求看，适用于碱性燃料电池的阴离子交换聚合物膜不仅需要具备优良的力学性能、低溶胀率及良好的热稳定性，还必须满足高电导率及优异的化学稳定性等条件。因此，研制高化学稳定性、高电导率、长使用寿命的阴离子交换聚合物膜，成为该领域的主要研究目标。

阴离子交换膜通常由聚合物主链和阳离子基团组成。聚合物主链用于容纳阳离子基团，维持阴离子交换膜形态的稳定性；阳离子基团是 $OH^-$ 和 $H_2O$ 传导的重要位点，主导着离子的传输，同时决定了阴离子交换膜在碱性条件下的化学稳定性。基于此，阴离子交换膜的研究主要通过优化主链、阳离子的结构以调控膜的 IEC、微相结构，从而使阴离子交换膜达到电导率、力学性能、化学稳定性之间的平衡。

本文主要从阳离子基团和主链聚合物两方面来介绍阴离子交换膜的研究进展。按阳离子基团的类型主要可以分为季铵阳离子、咪唑阳离子、季鏻阳离子、胍阳离子、金属阳离子等[86-91]。按主链的类型主要可以分为聚苯醚、聚醚酮、聚芴、聚苯并咪唑等[91-93]。

### 4.3.2.1 阳离子基团耐碱稳定性研究

（1）季铵阳离子

季铵盐具有优良的电导率、热力学稳定性及力学稳定性，是目前研究最为广泛的阳离子基团。季铵阳离子的降解机理主要经历苄基亲核取代、

$\alpha$- 亲核取代、形成 *N*-Ylide 中间体及 Hofmann 消除四个途径（图 4-13）[94]。

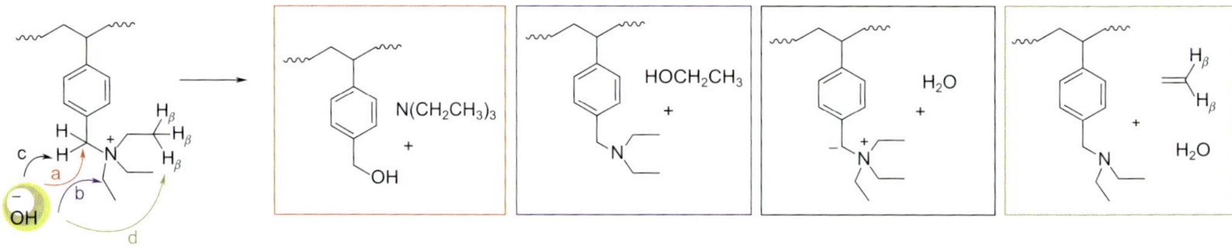


图 4-13　季铵阳离子基团的降解 [94]

前期的研究中，四甲基铵阳离子由于其没有 $\beta$- 氢而可以避免霍夫曼降解，所以被认为是稳定的 [95]。随着进一步的研究，Marino 等 [88] 探究了包括四甲基铵在内的 26 种不同季铵阳离子的碱稳定性，研究结果表明环化季铵 - 哌啶和 6- 氮杂螺 [5.5] 十一烷具有更为优异的碱稳定性。针对季铵阳离子的取代基研究，苄基取代基中的碳原子相对容易受到亲核攻击，特别是当芳香环上连接了吸电子取代基时，会进一步提高被羟基进攻的可能性，因此在阴离子交换膜的结构设计中应尽量避免出现阳离子的苄基取代基。同时，取代基引入的烷基链长应控制在 3 ～ 6 个碳原子之间，超过这个范围，稳定性会随着链长的增加而降低。此外，Lee 等 [96] 系统研究了 24 个具有代表性的氮杂环铵基团在不同水合数 ($\lambda$) 下的碱稳定性。实验及密度泛函计算结果表明，含给电子基的 $\gamma$- 取代的氮杂环铵表现出较好的碱稳定性（图 4-14）。

（2）咪唑阳离子

Yan 等 [97] 制备了具有不同 C-2、C-4、C-5( 包括氢、甲基和苯基 ) 取代基的主链阳离子型多咪唑化合物（图 4-15）。利用核磁共振氢谱技术研究咪唑阳离子的化学变化；采用密度泛函理论研究咪唑阳离子静电势，以综合评价阳离子的碱稳定性。研究结果表明，五种咪唑阳离子的碱稳定性排序如下：1,3- 二己基咪唑阳离子 ($[Dhim]^+$) < 1,3- 二己基 -2- 甲基咪唑阳离子 ($[Dhmim]^+$) < 1,3- 二乙基 -2,4,5- 三甲基咪唑阳离子 ($[Dhtmim]^+$) < 1,3- 二己基 -2,4,5- 三苯基咪唑阳离子 ($[Dhtpim]^+$) < 1,3- 二己基 -2- 苯基 -4,5- 二甲基咪唑阳离子 ($[Dhpdmim]^+$)。

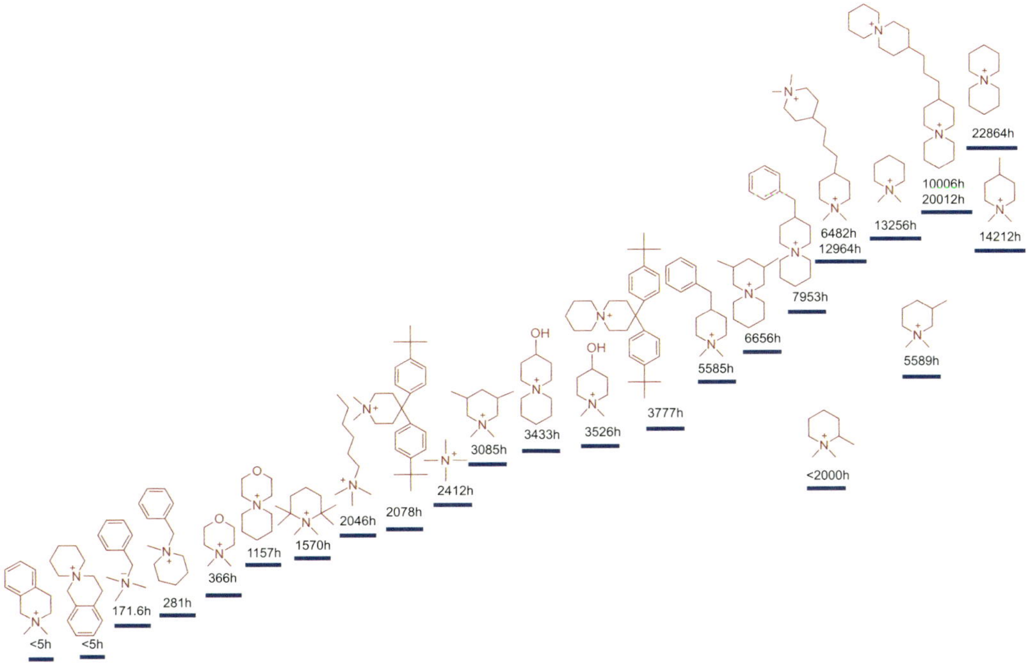


图 4-14 80℃下不同季铵阳离子稳定性的比较 [96]

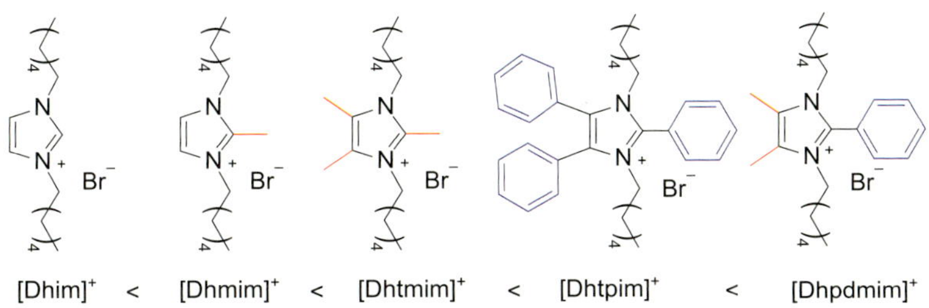


图 4-15 多取代咪唑阳离子碱稳定性顺序 [97]

（3）季𬭸阳离子

同季铵阳离子一样，为提高季𬭸盐阴离子交换膜的碱稳定性，通常也是设计引入具有大位阻的季𬭸阳离子基团。Coats 等 [98] 利用四个双烷基取代的氮原子取代基团制备了一种大位阻季𬭸阳离子基团，因其很好的离域效果和位阻效应能够有效抑制 $OH^-$ 的进攻，制得的阴离子交换膜具有优良的碱稳定性。

（4）胍阳离子

胍具有强碱性，其分子结构中，由于三个氮原子共轭，正电荷分布于三个氮原子上，使得胍分子具有良好的热稳定性，同时可以通过对其氮原子取代基的设计和调控，使胍阳离子表现出优异的性质。Li 等 [99] 首次提出将胍阳离子作为一种新型阳离子基团应用于阴离子交换膜中。以聚芳醚砜为原料，经氯甲基化，再与五甲基胍反应合成胍盐聚合物，该膜具有较高的离子电导率和良好的化学稳定性。

（5）金属阳离子

Hickner 等 [100] 将金属阳离子作为功能基团，制备了以双 ( 三吡啶 ) 钌 ( Ⅱ ) 为阳离子基团的阴离子交换膜，研究结果表明，该膜在 80℃条件下于 1mol•$L^{-1}$ 碱液中浸泡两天，离子传导性能无明显下降，具有良好的碱稳定性。

#### 4.3.2.2 主链耐碱稳定性研究

聚合物主链在阴离子交换膜中起着至关重要的作用。此前，工业上可用的聚 ( 芳醚 )，如 PEEK、PSF 和 PPO，因其成本低、易改性和良好的力学性能而被广泛应用于阴离子交换膜。这些聚合物大部分可以直接从工业中获得，这有利于阴离子交换膜的商业化。然而，Fujimoto [101] 和 Arges[102] 等发现芳醚聚合物在碱性条件下会发生芳醚裂解反应，不利于阴离子交换膜的长期稳定性，因此越来越多的无芳醚主链结构被制备和研究。

（1）无吸电子（C═O）链聚芳醚酮聚合物

Wu 等 [103] 为了打破阴离子交换膜中主链芳基醚裂解的碱稳定性限制，通过 Leuckart-Menshutkin 路线合成了新型无电子 C═O 链聚合物主链，并实现了间隔基可调的离子侧链。密度泛函理论研究表明，用给电子 C—$NH_2$ 基团取代传统聚芳醚酮中的 C═O 键，然后接枝长柔性间隔阳离子侧链，不仅可以通过增加芳醚基团上的电子云密度来提高芳醚裂解的势垒，还可以增强季铵基团的耐碱稳定性，同时长侧链的季铵基团也有助于微相分离和离子传导。该研究提供的无吸电子链策略为制备高离子电导率、碱稳定的阴离子交换膜提供了一种有效的方法。

（2）聚降冰片烯聚合物

Clark 等 [104] 提出了一种开环异位聚合方法，通过构建碳 - 碳键来制备无芳基醚聚合物。获得的一系列季铵型聚降冰片烯膜具备高的 $OH^-$ 电导率和良好的力学性能。Kohl 等 [105] 通过开环异位聚合，进一步报道了一系列用于阴离子交换膜的侧链型降冰片烯共聚物。在 80℃时，$OH^-$ 电导率能够达到 198mS·$cm^{-1}$。

（3）聚苯并咪唑聚合物

He 等 [106] 制备了基于聚苯并咪唑主链的超薄阴离子交换膜。研究表明，以聚苯并咪唑为主链的膜材料具有优异的韧性，可用于制备具有低欧姆电阻的超薄 (10μm) 自支撑阴离子交换膜。其主链中具有独特的苯并咪唑重复单元，并且高密度的负电荷吡啶氮 (—N═) 可直接与 $H_2O$ 和 $OH^-$ 形成氢键，加速 $OH^-$ 的传导（图 4-16），$H_2$-$O_2$ 燃料电池的峰值功率密度高达 1162.3mW·$cm^{-2}$。

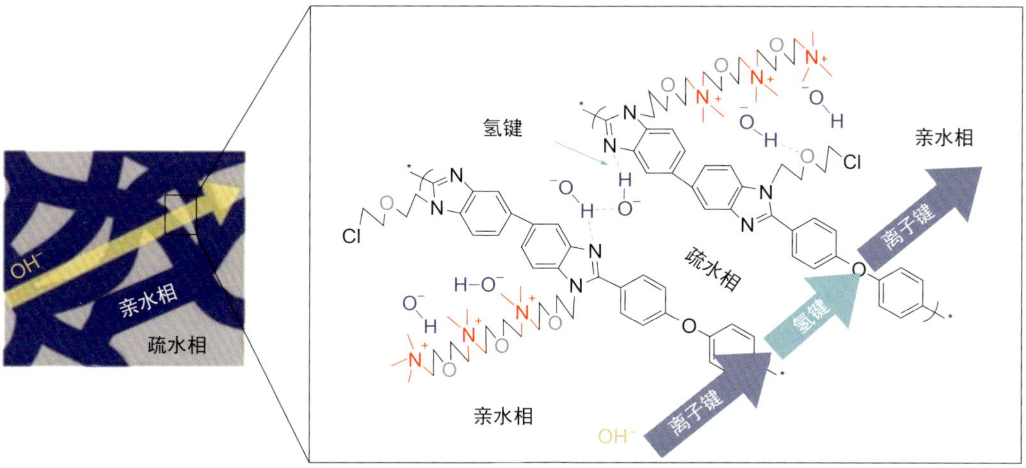


图 4-16 $OH^-$ 通过氢键传递的网络和内部相互连接的离子团簇示意图 [106]

（4）聚芳基哌啶基聚合物

Lee 等 [107] 制备了一系列耐用的聚芴基芳基哌啶膜和离聚物，所制备的阴离子交换膜具备极高的离子导电性（$OH^-$ 电导率为 208mS·$cm^{-1}$）、低的 $H_2$ 渗透性、良好的力学性能（84.5MPa、TS），以及优异的化学稳定性。阴离子交换膜良好的物化性质，归因于主链结构中芴具有更小的二面角以及比联苯和三联苯基更高的旋转势垒。氢氧碱性燃料电池的峰值功率密度为

2.34W • cm$^{-2}$；氢空碱性燃料电池的峰值功率密度也达到了 1.25W • cm$^{-2}$。

（5）聚苯基聚合物

Yan 等 [108] 利用 Friedel-Crafts 缩聚法制备了基于三苯基甲烷主链共聚物的高导电、尺寸稳定的阴离子交换膜（图 4-17）。由于主链结构中不存在芳香醚结构，膜材料具有良好的碱稳定性，以及较高的力学性能和良好的尺寸稳定性。该研究为制备具有高离子电导率和良好尺寸稳定性的阴离子交换膜提供了一种通用的合成策略。

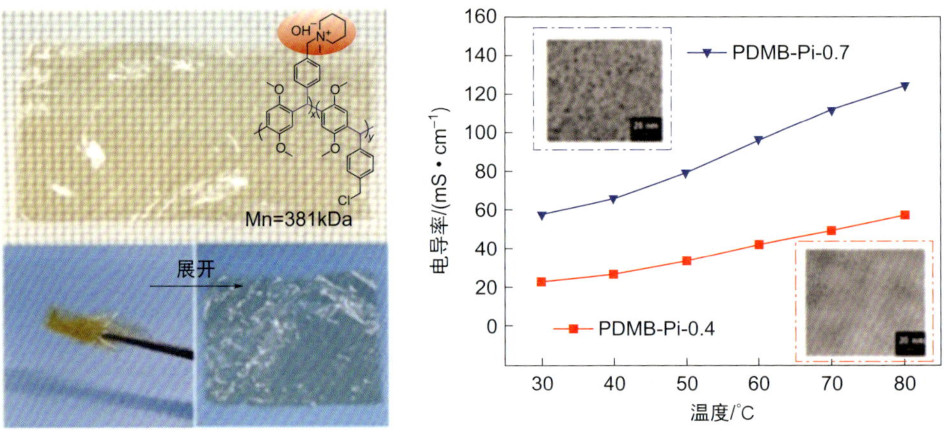


图 4-17　聚芳基膜及其电导率 (AEMs) [108]

综上所述，聚离子液体阴离子交换膜成了燃料电池领域不可替代的关键材料，本部分主要从阳离子种类和主链结构介绍了聚离子液体在碱性膜燃料电池中的应用和发展。相信不久的将来，基于聚离子液体膜的低成本碱性燃料电池将实现大规模的商业化应用。

### 4.3.3 聚离子液体黏结剂在燃料电池中的应用

膜电极作为燃料电池的核心部件，除中间的离子交换膜外，夹在两侧的催化剂层也是极其重要的组成部分。催化剂层通常由催化剂和离聚物黏结剂共同组成，两种组分在催化剂层中相互结合，均匀分散，是 ORR 以及 HOR 的发生场所 [109]。聚电解质膜燃料电池所用的黏结剂通常为具有离子传输能力的离子型聚合物，根据其所能传导的离子电性种类不同而分为质子型离聚物和阴离子型离聚物，分别应用在质子交换膜燃料电池和阴离子交换膜燃料电池中[110]。离聚物黏结剂能够防止催化剂在燃料电池组装以及运行过程中从离子交换膜上脱落从而影响膜电极组件的完整性。此外，更重要的是离聚物黏结剂需要实现催化剂在催化剂层中良好的分散，进而暴露出更多的催化活性位点。近年来，相关的研究认为，气体燃料 ( 氧气、氢气 )、催化剂颗粒以及离聚物本身在催化剂层内互相交织、相互作用形成了复杂的三相界面[111]。在催化反应发生的过程中，源源不断的氢气 / 氧气、质子 / 氢氧根离子以及反应生成物水在三相界面中产生，因此催化剂层内的离聚物将对离子、电子、气体以及水分的传输起到极其重要的作用[112]，研究人员逐步意识到优化离聚物结构设计的重要性。

#### 4.3.3.1 传输特性

（1）离子传输

作为离子传输的中间载体，离聚物内部有效的自由传导路径至关重要，因为传导路径上的“死胡同”和高弯曲度会严重降低离子的有效迁移率[113]。因此，优化聚离子液体黏结剂内部的离子团簇以及离子传输通道的拓扑结构具有重要意义[114]。

对于阴离子型离聚物来说，近年来出现了一系列高离子导电性离聚物的构建策略，如具有微孔结构的设计[115]、引入可移动的离子梭[116]、增强氢键网络[117]、构建带电的一维高阶通道[118]、减少导电基团之间的距离等[119]。

对于质子型离聚物来说，质子的运输和在质子交换膜中有些许不同。在质子交换膜中，质子往往以水合质子的形式进行运输以及传递[120]；而在离聚物中，阴离子与聚合物链段连接，质子通过阴离子的电荷吸引效应进行链段与链段之间的传输[121]。因此聚合物的结构调控对质子的传输有着重要的作用。

（2）气体传输

离聚物黏结剂不同于离子交换膜，离子交换膜应具备良好的气密性以减少氧气和氢气的气体交叉，而离聚物黏结剂在催化剂层中使用时，应具有良好的气体渗透性，以促进气体传输到电化学反应位点。由于离聚物在催化剂表面的堆叠，氧气需要更快的扩散速率，进而穿过离聚物堆叠层到达催化剂的活性位点[122, 123]。然而对于质子型离聚物来说，传统的离聚物通常具有较低的气体渗透性，如全氟磺酸膜（Nafion，美国杜邦公司）的 $H_2$ 渗透性仅约 7barrer。通过在聚合物主链中引入扭曲的刚性螺旋单元[124]或二甲基大位阻基团[125]，以增加离聚物内部的自由体积，可以提高气体渗透率，提高峰值功率密度。此外，在离聚物中引入刚性骨架，抑制了催化剂表面附近聚合物骨架的密集分层折叠，导致了更高的氧气传输自由体积，并增强了其电池性能。Katzenberg 等将全氟 (2- 亚甲基 -4- 甲基 -1,3- 二氧戊环 ) 的刚性结构引入聚合物主链骨架中，该玻璃态无定形的离聚物黏结剂，其内部离子域的膨胀被有效抑制，破坏了主链骨架的结晶性，并提供了气体传输通道（图 4-18）[126]。

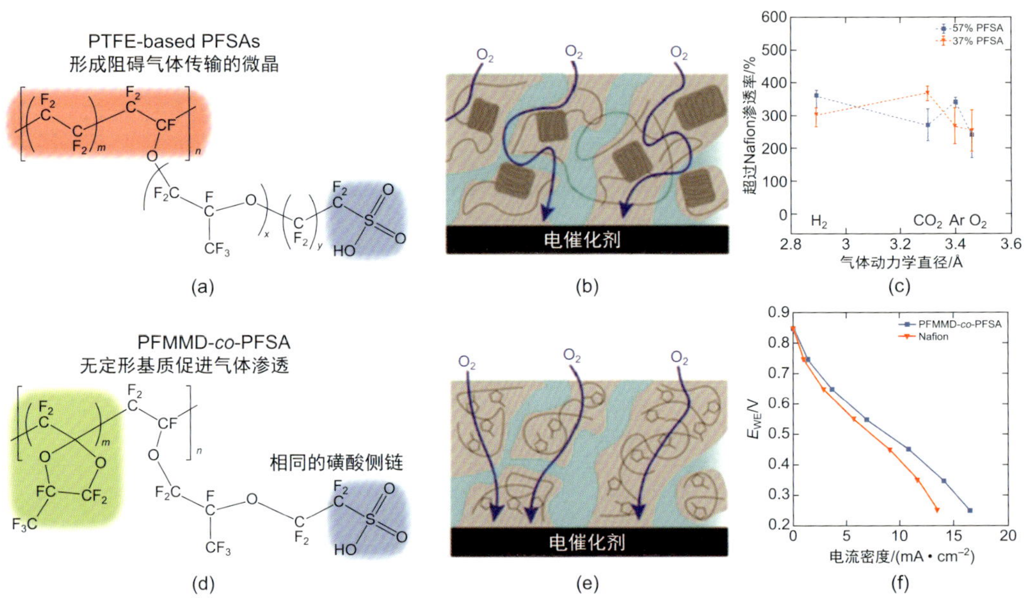


图 4-18 催化层内一般离聚物（a）～（c）的气体渗透与含有刚性结构离聚物（d）～（f）的气体渗透示意图[126]

（3）水传输

在燃料电池运行过程中，通过离子交换膜和离聚物进行对水的输送传递至关重要[127]。无论是质子交换膜燃料电池还是阴离子交换膜燃料电池，阳极催化剂层或阴极催化剂层的水淹和过度干燥对聚电解质燃料电池性能的影响都很大，尤其是在高电流密度下水淹会阻碍反应物气体进入催化剂层从而阻止反应的进一步进行[128]，而干燥会导致反应物及离子传导的不足。因此离聚物的高透水性可以缓解积水和脱水现象，通过减少质量传输的限制来增加最大电流密度，同时使得燃料电池的耐久性也得到了提高，缓解了电池组件在长时间运行过程中严重退化的问题[129]。离聚物含水量对燃料电池的运行参数非常敏感，离子的疏水 / 亲水特性结合流动气体的湿度可以不对称地调节，以分别满足阳极和阴极的特定水要求[130]。Kim 等[131]采用了一种高 IEC 的季铵盐吸湿离聚物作为阳极的黏结剂，在 55% 相对湿度气体条件下抑制水浸，同时阴极黏结剂使用中等 IEC 离聚物和 100% 相对湿度气体。这种非对称电极使得燃料电池在低相对湿度的条件下具有较高的性能。Mustain 等[132]研究了 3 种不同 IEC 的离聚物，并优化了相应的进料气体相对湿度，获得了优异的性能。

#### 4.3.3.2 稳定性

催化剂层在气体的压力下，很容易发生裂纹等机械降解从而导致接触电阻增大[133]。此外，强亲核的氢氧根离子以及电化学副反应产生的羟基和过氧自由基攻击是导致离聚物黏结剂降解的主要原因。此外，由于电化学反应导致的水消耗，离聚物黏结剂在水分更少的脱水条件下运行，相关研究表明氢氧根离子在低水合数的聚合物电解质中由于失去了保护溶剂化层，对离子结构具有更强的攻击性[134]。

近年来，新的结构设计大大提高了离聚物的碱稳定性[135]。长烷基链铵、哌啶等具有良好碱稳定性的阳离子被用于阴离子型离聚物的合成。通常认为像聚烯烃、聚苯乙烯等具有全碳骨架的聚合物能够承受碱性燃料电池的碱性工作环境[136]。对于聚烯烃类，Varcoe 等[137]通过辐射接枝含季铵阳离子的阴离子型离聚物。Kohl 等[129]利用该离聚物实现了 $3.4W \cdot cm^{-2}$ 功率输出的突破，并稳定运行 500h。功能化聚苯乙烯[138]、聚 ( 乙烯基苄基氯 )[139]和苯乙烯 - 乙烯 - 丁烯 - 苯乙烯[140]也被用作离聚物，因为它们具有稳定的聚合物骨架。

#### 4.3.3.3 与催化剂的相互作用

除了将催化剂和离聚物作为单独的组成部分进行研究外，为了获得最佳的燃料电池性能，需要考虑电极上催化剂和离聚物之间的多重相互作用。离聚物与催化剂 / 载体 ( 如 Pt/C) 的相互作用影响了电化学活性和催化剂层的形貌，从而影响了电子、离子、气、液的传质。在典型的催化剂层中，催化剂、离聚物材料和空隙区域形成电化学反应的微观区域，称为三相界面。一般用电子显微镜可观察到催化剂和离聚物的聚集 [141]，在催化剂 - 碳基体聚集物周围有一层只有几个纳米厚的超薄离聚物表皮，这表明在理想的三相界面中离聚物与催化剂之间存在密切的相互作用 [142]。目前，酸性燃料电池中的三相界面研究相对较多，碱性燃料电池的催化剂与离聚物之间的相互作用及相应的三相界面了解较少。

对于阴离子型离聚物来说，其与催化剂之间的相互作用可用吸附能表征。已知离聚物主要通过两种机制影响 ORR 和 HOR 的动力学：①阳离子 - 氢氧化物 - 水共吸附，通过限制 $H_2$ 通过共吸附层的扩散来抑制 HOR 反应；②苯基的吸附导致芳香族 π 轨道与金属电子状态的强相互作用和杂化。阳离子 - 氢氧化物可吸附在催化剂表面，这对 HOR 活性产生不利影响。共吸附可能会堵塞催化剂的一些活性中心，从而阻碍氢的进入 [143, 144]。需要通过对离聚物和催化剂的综合设计来缓解阳离子 - 氢氧化物 - 水的共吸附和苯基吸附。Dekel 等 [145] 利用钯基催化剂代替铂基催化剂，由于其强烈的吸氢特性缓解了催化剂表面的阳离子 - 氢氧化物 - 水的共吸附。然而，钯基催化剂更容易受到苯基吸附和氢化的影响，通过使用低苯基吸附的聚芴结构离聚物可使这种负面影响最小化，这种催化剂和离聚物的优化设计提高了碱性燃料电池的性能和稳定性。

在三相界面中，质子型离聚物与阴离子型离聚物具有相似的调控机制。一些分子动力学 (MD) 表明，由于特定的相互作用离聚物倾向于在催化剂表面形成薄膜层 [146]。Jang 等 [147] 使用量子力学 DFT 和分子动力学计算了 Nafion 与铂纳米颗粒的结合能，推测磺酸根离子倾向于被化学吸附，而 $CF_3CF_3$ 和 $CF_3OCF_3$ 倾向于被物理吸附。Artyushkova 等 [148] 调整了过渡金属 - 氮 - 碳电催化剂的表面化学，并通过 XPS 和 DFT 计算了与离聚体的相互作用。研究发现催化剂和离聚体之间不同的相互作用会影响离聚体层的微观形态，从而影响三相界面的形态。还有研究者通过调控离聚物分子的侧链结构来改善离聚物在铂碳催化剂上分布的均匀性。例如，研究短侧链全氟磺酸离聚物作为黏结剂对低 Pt 负载燃料电池阴极性能的影响 [149]。

# 4.4 聚离子液体在染料敏化太阳能电池中的应用研究

## 4.4.1 染料敏化太阳能电池简介

染料敏化太阳能电池 (dye-sensitized solar cells, DSSCs) 是一种高效、价格低廉、容易制备的新型光化学太阳能电池[150-153]。它具有典型的“三明治”结构［图 4-19（a）］，主要包括：①光阳极，吸附了单层染料分子的多孔二氧化钛 ($TiO_2$) 薄膜电极，用于吸收太阳光子和收集电子；②对电极，镀有铂或碳等的导电玻璃，用于催化外电路循环回来的电子与光阳极和电解质

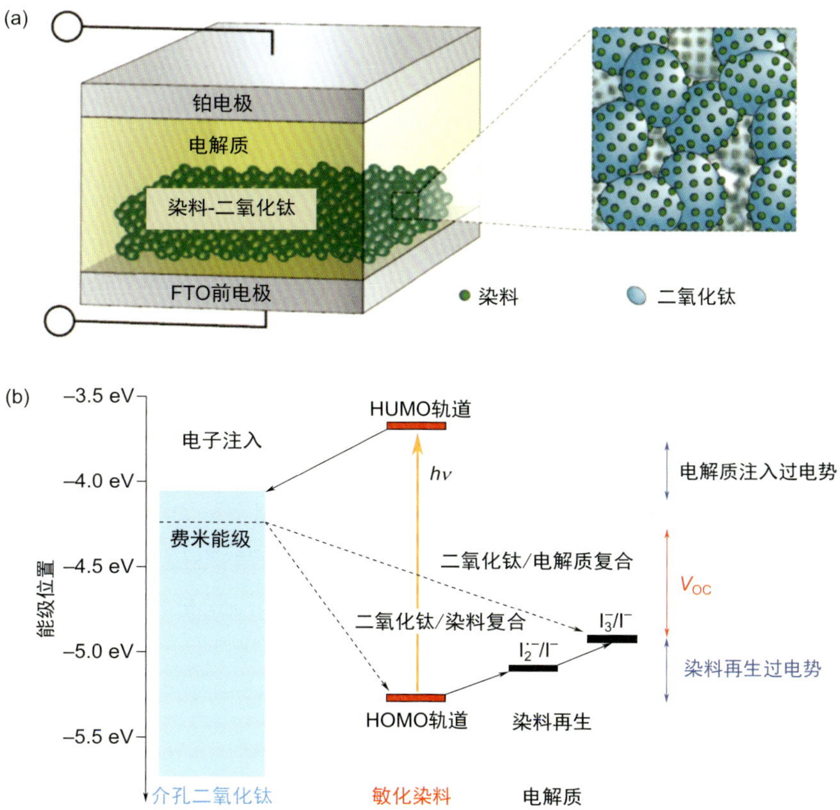


图 4-19 染料敏化太阳能电池的基本结构（a）和工作机制（b）示意图[152]

界面扩散过来的 $I_3^-$ 形成 $I^-$；③电解质，分布在光阳极和对电极之间的含有 $I^-/I_3^-$ 等的氧化还原电对，起着传输离子、再生染料的作用。

1991 年，该电池由瑞士苏黎世联邦理工学院的Grätzel教授发明，其后，得到快速的发展。如图 4-19（b）所示，其基本工作原理如下：吸收了太阳光的染料分子受光子激发处于激发态，由于激发态的不稳定性，电子注入二氧化钛的导带并传输至导电基底，经由外电路的负载传输到对电极。同时，电解质中的 $I^-$ 还原失去电子的染料分子回到基态得以再生，被氧化为 $I_3^-$ 再扩散至对电极，在铂的催化下与外电路的电子作用重新形成 $I^-$，从而完成一个光电化学循环。最近，染料敏化太阳能电池的光电转换效率接近 14%[154-156]。这种电池不同于硅电池制备过程复杂、需要价格昂贵的高纯无机半导体材料，甚至可以在空气中制备，从而大大降低了制作成本，有利于减缓甚至解决传统化石能源的过度消耗和对环境的污染问题，具有重要的应用前景。

电解质作为染料敏化太阳能电池的重要组成之一，它的物理化学性质对电池性能具有非常重要的影响。如何设计热稳定性高、离子传导性能优异的固态或凝胶电解质，成为制备高效稳定的染料敏化太阳能电池的关键，具有重要的研究意义。

### 4.4.2 用于染料敏化电池的电解质

如图 4-20 所示，电解质主要分为液态、准固态和固态三种类型 [157]。常用的液态电解质是基于腈类和酯类等有机溶剂的电解质，因具有离子扩散速率快、渗透性好、组分易于调节等特点而被广泛研究 [158]。Mathew 等利用钴（Ⅱ / Ⅲ）联吡啶类分子为氧化还原电对、新型卟啉类 D-π-A 型染料为敏化剂、乙腈为溶剂的液态电解质，制备的电池光电转化效率为 13.0%[155]。但是，有机溶剂存在着易降低染料吸附性能、易挥发、易燃、热稳定性差、毒性高等问题，尤其是室外工作环境下会严重危害电池的光电效率和稳定性。基于有机溶剂类的凝胶电解质也被广泛用于准固态染料敏化太阳能电池的研究。凝胶电解质通常是将聚合物、小分子胶凝剂或无机纳米颗粒等胶凝剂分散于液态电解质中，形成凝胶。胶凝剂通过凝胶化液态电解质，能较好地减缓有机溶剂组分的挥发与泄漏等问题，并形成三维网络，有利于离子的有效传输而获得接近于液态电解质的电学性能。吴季怀教授等使用沸点较高的 $\gamma$- 丁内酯和 $N$- 甲基吡咯烷酮的混合溶剂，以聚 ( 丙烯酸 - 乙二醇 ) 类聚合物为胶凝剂，制备了电学性能优异的凝胶电解质，用于准固态染料敏化太阳能电池的制备，效率可达 6.1%[159]。需要注意的是，聚合物类凝胶电解质由于含有有机溶剂，仍具有一定的流动性和挥发性组分，存在着泄漏和毒性问题，尤其在 60℃以上的工作环境下，其长期稳定性的问题也难以解决 [158, 160]。

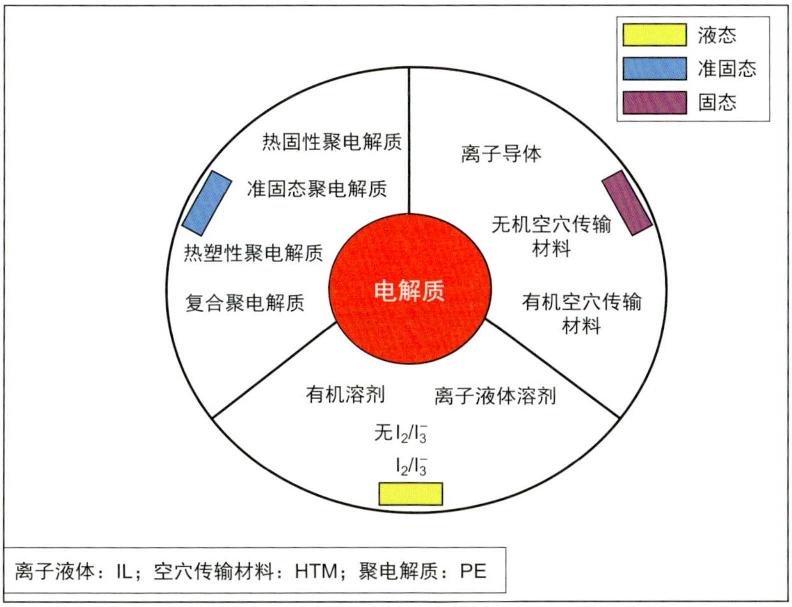


图 4-20　染料敏化电池的电解质分类 [157]

由于具有“零”蒸气压、热稳定性高、电化学窗口宽、离子传导率高等诸多特性，离子液体在染料敏化太阳能电池中展现了独特的应用潜力 [161, 162]。Wang 等 [163] 开发的低黏度、高电导率的新型离子液体电解质用于高效稳定的太阳能电池研究，电池效率已经超过 8%，大大推动了染料敏化太阳能电池的实用化进程。Yan 等 [164] 设计合成了苯并咪唑类离子液体，能有效解决电解质中最常用的添加剂叔丁基吡啶在使用过程中容易泄漏、刺激性气味大的问题，也取得了有意义的研究成果。虽然液态和凝胶类离子液体电解质能有效克服传统有机溶剂电解质存在的挥发、易燃、毒性高等缺点，却也同样面临着长时间工作下液态组分的泄漏、胶凝剂的相容性、无机纳米颗粒的沉降等问题[158, 165]。

### 4.4.3 聚离子液体用于准固态染料敏化太阳能电池

图 4-21 是代表性的聚离子液体化学结构，用于染料敏化太阳能电池凝胶电解质的制备和器件性能研究。例如，Yan 等[166]设计合成了两种光和热化学稳定的咪唑型聚离子液体：聚 (3- 乙烯基 -1- 丁基咪唑 ) 溴盐 (P[Bvim]Br) 和聚 (3- 乙烯基 -1- 丁基咪唑 ) 双 ( 三氟甲磺酰基 ) 亚胺盐 (P[Bvim][TFSI])［图 4-21（a）、（b）］，将它们溶解于室温离子液体电解质［0.1mol • $L^{-1}$ $I_2$，0.1mol • $L^{-1}$ LiI，0.5mol • $L^{-1}$ TBP 溶解于 PMII/EMITFSI 13∶7（体积比）］中形成不含有有机溶剂的“solvent-free” IL/Poly(ILs) 准固态电解质［图 4-22（a）］。通过进一步考察烷基侧链长度、添加含量和黏度的影响因素，并进行 $I_3^-$ 离子迁移率的优化［图 4-22（b）］。Poly(St-AN)、P[Bvim]Br 和 P[Bvim]

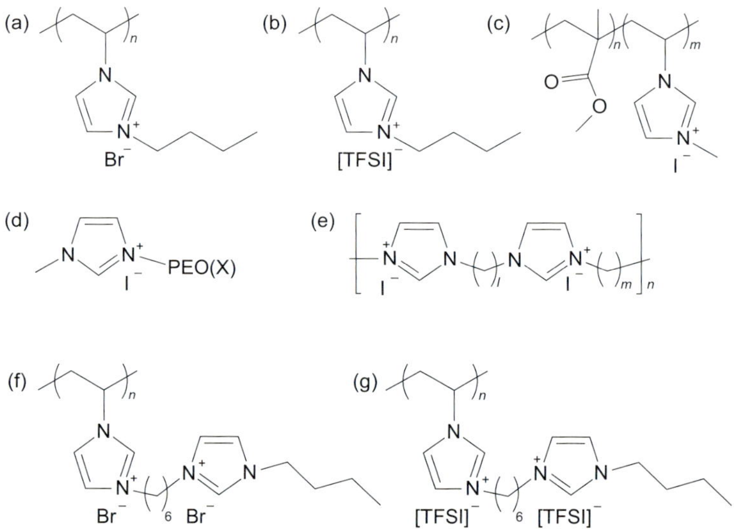


图 4-21 代表性的染料敏化太阳能电池凝胶电解质的聚离子液体结构式[166-171]

（a）P[Bvim]Br；（b）P[Bvim][TFSI]；（c）P[EMA-mvim]I；（d）PEO(X)MimI；（e）P(AID)；（f）Poly[Bvim][Him]Br；（g）poly[Bvim][Him][TFSI]

[TFSI] 基凝胶电解质的 $I_3^-$ 迁移率分别为 $6.43\times10^{-8}cm^2\cdot s^{-1}$、$1.01\times10^{-7}cm^2\cdot s^{-1}$ 和 $1.76\times10^{-7}cm^2\cdot s^{-1}$。其中 P[Bvim][TFSI] 基凝胶的 $I_3^-$ 迁移率比其他两种凝胶的 $I_3^-$ 迁移率大，接近离子液体电解质的水平。这主要是由于 $I_3^-$ 离子在 P[Bvim][TFSI] 网络中的传输速率更快，而相对较高的黏度则会降低 $I_3^-$ 迁移率。在标准测试条件下，准固态电池的光电转化效率最高为 4.4%，也具有非常高的器件稳定性。与通常的聚合物如聚苯乙烯 - 丙烯腈共聚物相比，聚离子液体自身具有独特的离子导电网络，也能贡献给凝胶电解质更高的离子导电性。这种聚离子液体凝胶电解质能有效克服传统有机溶剂和液态电解质容易挥发和泄漏的问题，也为性能稳定的准固态染料敏化太阳能电池的制备提供了一种可行的方法。

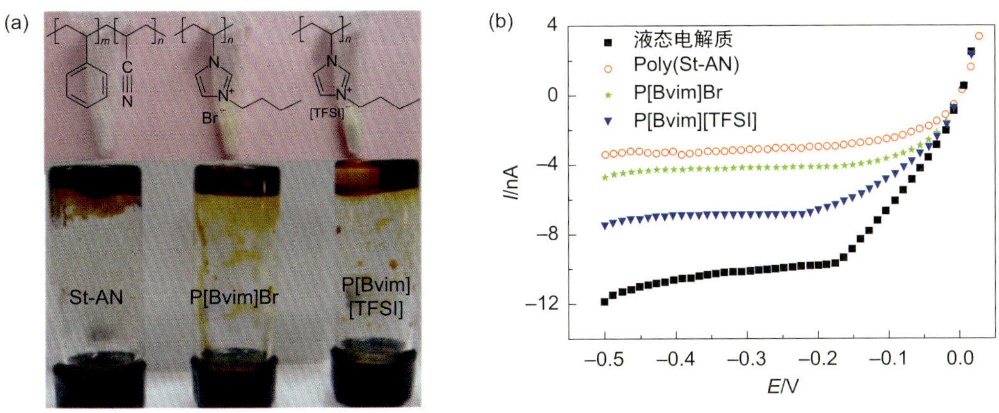


图 4-22 基于 Poly(St-AN)、P[Bvim]Br 和 P[Bvim][TFSI] 的凝胶电解质照片（a）以及相应电解质的稳态伏安曲线（b）[166]

Manca 等 [167] 设计了图 4-21（c）所示的甲基丙烯酸酯与乙烯基咪唑离子液体共聚的聚 ( 甲基丙烯酸乙酯 - 共 - 甲基乙烯基咪唑 ) 阳离子 (P[EMA-mvim]$^+$)，添加到乙腈类液态电解质中，制备了准固态电解质。这种凝胶电解质具有高的离子导电性和 $I_3^-$ 迁移率，电池效率为 5.7%；电解质良好的热稳定性使得器件也具有高达 500 天的稳定性。Lin 等 [168] 将图 4-21（e）所示的 PEO- 咪唑型离子液体低聚物用于固态电解质制备，经过不同分子量和迁移率的优化，与参比 PEO 相比，含有咪唑离子结构 PEO(750)MimCl 器件性能明显增强，最终获得了 3.1% 的电池效率。Yanagida 等 [169] 发展了一类新颖的烷基咪唑聚合物，咪唑阳离子结构在主链上［图 4-21（e)］，将其用于凝胶化液态电解质。他们系统研究了多种浓度、亚甲基长短对电解质抗剥强度的影响。经过优化，最终进一步通过置于介孔二氧化钛光阳极中，再原位聚合实现电解质的凝胶化，从而能充分渗透进光阳极中，实现稳定性高的染料敏化太阳能电池。

为了进一步提高聚离子液体自身的导电性，Yan 等[170] 设计了侧链含有双咪唑型结构的两类聚离子液体［图 4-21（f)、(g)］，与单咪唑结构相比，聚离子液体的双咪唑网络结构通过杂环之间更强的 π-π 堆叠作用能明显增强离子液体凝胶电解质的热稳定性和导电性，从而实现 5.92% 的电池效率，1200h 后仍然具有 90% 的初始效率，显示了相当高的器件长期稳定性。Yan 等[171] 进一步合成三甲氧基硅氧烷离子液体封端的 $TiO_2$ 纳米颗粒，将其添加到含有 P[Bvim][TFSI] 的聚离子液体凝胶电解质中，形成纳米颗粒难以聚集沉降的均匀凝胶电解质。由于纳米颗粒的表面增强作用，其凝胶电解质的离子电导率和 $I_3^-$ 离子迁移率得到了进一步的提高，也有利于相应电池性能的提高，最优的光电转化效率可达 5.3%。电池的效率稳定性在 1200h 后也几乎未见衰减。

### 4.4.4 聚离子液体用于全固态染料敏化太阳能电池

虽然凝胶电解质增强了染料敏化太阳能电池的稳定性，但仍然含有乙腈、*N*- 甲基吡咯烷酮等多种有机易燃和挥发性溶剂成分。离子液体凝胶电解质中的液态离子液体组成在长期使用的过程中，也会产生一定的泄漏问题。固态电解质有望从根本上克服液态和凝胶电解质中液态组分存在的问题，一直以来受到科学界广泛的关注。p 型半导体、有机空穴材料、塑性晶体、有机离子导体、聚合物材料等，都被广泛用于固态染料敏化太阳能电池的研究[172-178]。基于 p 型半导体和有机空穴材料的电解质通常具有很低的空穴传输率，并容易结晶产生内部空隙，不利于离子传输和染料再生，会严重影响电池性能[173-175]。Yan 等设计了基于几种熔点大于 100℃的有机离子塑性晶体类高温固态电解质[176-178]，最高效率为 5.6%；但由于电解质的离子传导率还不够高，限制了它们在电池中的进一步应用。

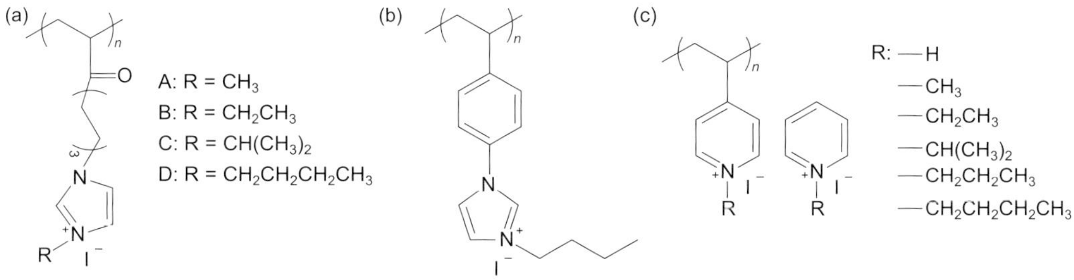


图 4-23 染料敏化太阳能电池用固态电解质使用的代表性聚离子液体化学结构[179-181]（a）PAAII；（b）PEBII；（c）PNR4VPI 和 NRPI

聚离子液体固态电解质在保持了高分子材料全固态性质的同时，利用离子液体结构之间离子静电吸引和堆叠作用，具备很高的离子导电性，在全固态染料敏化太阳能电池中具有广阔的应用潜力。Wang 等[179]设计合成了侧链末端为咪唑离子结构的聚甲基丙烯酸酯类的离子液体聚合物，如图 4-23（a）所示，通过咪唑环上烷基链变化进行电池性能的优化，用于制备无添加碘单质“iodine-free”的全固态电解质。由于分子间强烈的 π-π 堆叠作用，最终烷基链为乙基时具有最高的离子导电性，也表现出最优的电池性能。更值得关注的是，无添加碘单质的固态电解质，能减少三碘阴离子对光生载流子的复合，在获得高开压 0.838V 的同时，也呈现出最高的电池效率 5.29%。与含有液态电解质的电池相比，这种基于聚离子液体的全固态电池也呈现出非常高的长期稳定性。

Kim 等[180]还发展了一类含有刚性苯环和咪唑离子侧链的聚离子液体［图 4-23（b）］，也应用于“iodine-free”的全固态电解质。通过这类电解质，大大改进了 $TiO_2$ 介孔电极和固态电解质的界面，显著降低了界面电阻，增强了光生电子的寿命，光电流高达 $18.1mA \cdot cm^{-2}$，最终电池的光电转化效率为 5.93%，电池也具有非常高的长期稳定性。

除了咪唑型结构外，吡啶型的聚离子液体也被应用于高性能的固态染料敏化太阳能电池中。如图 4-23（c）所示，Wu 等使用离子传导率高的聚乙烯基吡啶类复合固态电解质用于固态染料敏化太阳能电池中。他们进一步通过碘含量和烷基链长的优化，再借助 KI 对 $TiO_2$ 表面的掺杂作用，最终制备的电池效率高达 5.6%[181]。可以看出，聚离子液体固态电解质的离子传导率对染料敏化太阳能电池光电性能的提升和稳定性增强，具有非常重要的作用。

离子液体独特的离子结构、高的离子导电性、高的热和化学稳定性，以及丰富的阴阳离子选择和掺杂，使得聚离子液体比一般的分子型聚合物在染料敏化固态电解质方面呈现出极大的应用潜力[182]。今后进一步开发设计更高离子迁移率的聚离子液体将有助于染料敏化太阳能电池实现更优异的光电转化效率。

# 4.5 聚离子液体在其他能源器件中的应用研究

## 4.5.1 聚离子液体在钒液流电池中的应用

钒液流电池 (VFB) 是一种新型环保高效的储能电池，它具有液流电池安全性强、能量效率高、启动响应速度快等优点，且电解质为不同价态的钒离子溶液，不会发生交叉污染，即使离子膜损坏，电解液也可以再生循环使用，因此钒电池是未来作为风光电厂配套的大型储能设备的热门选择[183]。

离子交换膜通常作为钒液流电池隔膜材料，主要承担两个作用，一是将阴阳极的电解质溶液隔开；二是传输离子，使电路能够形成回路。理想的离子交换膜应具备电导率高、钒离子的渗透率低、稳定性好（即耐酸碱）、降低水迁移量和低成本等特点。聚离子液体因具有优异的热稳定性以及化学稳定性，不挥发性和高的离子传导率，在离子交换膜方面得到广泛研究。

### 4.5.1.1 聚离子液体基钒液流电池隔膜

（1）聚离子液体低钒离子渗透率膜

由于可以解决钒离子渗透率所导致的钒液流电池自放电缺陷，聚离子液体基阴离子交换隔膜的应用受到广泛关注。刘功益[184]在溶剂甲基磺酸体系下成功制备了一种可溶性聚醚苯并咪唑，并与部分季铵化的聚乙烯基咪

唑阳离子 ($P[Vim]^+$) 共混交联成膜，大幅度降低了 $VO^{2+}$ 的渗透率。徐敏等[185]针对多氟聚噁二唑芳醚聚合物进行交联改性，当与 *N*- 乙烯基咪唑发生交联反应时，钒离子渗透率为 $6.8\times10^{-7}cm^2 \cdot min^{-1}$；当与 1- 羟乙基 -3- 甲基咪唑氯盐 ($[(OH)C_2C_1im]Cl$) 接枝时，钒离子渗透率为 $1.7\times10^{-7}cm^2 \cdot min^{-1}$；当用 *N*- 甲基咪唑类功能化共聚时，钒离子渗透率可以降到 $1.1\times10^{-8}cm^2 \cdot min^{-1}$，大大低于 Nafion 膜 ($4.23\times10^{-6}cm^2 \cdot min^{-1}$)。

（2）聚离子液体高离子选择性和稳定性膜

虽然阴离子交换膜具有低钒离子渗透率，但其对钒液流电池中的载流离子的选择性不够高，且阴离子交换膜在强酸性和强氧化性环境中的稳定性等影响着钒液流电池的性能。基于 Donnan 排斥效应，带正电荷的季铵基团的阴离子交换膜具有优异的阻钒性能，同时膜内大量带正电的季铵基团可以为 $HSO_4^-$ 和 $SO_4^{2-}$ 的传输提供传递位点[186]。Si 等[187]设计了疏水性己烷侧链的两亲性季铵 PSF 结构，其具有良好的相分离形态以及三维阴离子通道，从而能够加速 $HSO_4^-$ 和 $SO_4^{2-}$ 的迁移。该膜组装的 VFB 在 $150mA \cdot cm^{-2}$ 下的库仑效率为 99.2%，能量效率为 82.0%，并能够在 $90mA \cdot cm^{-2}$ 下稳定循环 100 圈。Lu 等[188]采用非溶剂相转化法制备了聚醚砜 (PES) 多孔膜，并通过溶剂处理方法实现孔结构的可调控性，结构如图 4-24（a）所示。该膜组装的全钒液流电池库仑效率超过 99%，能量效率超过 90%，并且能够在 $80mA \cdot cm^{-2}$ 的电流密度下稳定循环 120 圈。Peng 等[189]将非离子型亲水性侧链接枝在聚苯并咪唑 (PBI) 膜上，结构如图 4-24（b）所示。这种分子修饰不仅能够引起纳米相分离和亲水性团簇的形成，成为有效的质子转移

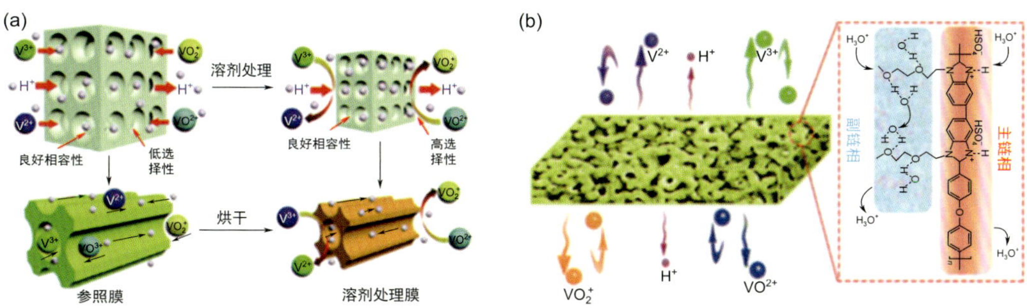


图 4-24　多孔聚醚砜膜孔径结构的溶剂调控（a）[188]与酸掺杂 PBI 膜中形成的纳米相分离结构示意图（b）[189]

途径并显著提高质子传导率，而且酸掺杂的 PBI 膜中带正电荷的杂环基团可基于 Donnan 效应排斥钒离子。获得的 VFB 在 120mA・$cm^{-2}$ 下库仑效率超过 99%，能量效率可达 84%，且在 120mA・$cm^{-2}$ 的电流密度下可稳定循环 200 圈。

#### 4.5.1.2 聚离子液体在其他液流电池中的应用

近年来，聚离子液体在全铜液流电池中也有初步的研究进展。Li 等 [190] 制备了基于季铵盐离子的交联型离子交换聚合物膜，其离子交换容量最高可达 1.03meq・$g^{-1}$。Anderson 等 [191] 提出了一种高导电、耐溶剂的聚苯乙烯基阴离子交换膜，通过改变膜的离子含量，可以有效地提高电化学产率和电压效率。

### 4.5.2 聚离子液体在电解水制氢中的应用

随着环境污染和能源危机的日益加剧，清洁、可再生的新能源如氢能受到关注。电解水制氢反应是许多清洁能源技术的基础，它可以在不排放二氧化碳的前提下通过电解水产生氢气，可极大地减少使用化石燃料造成的环境污染问题和能源危机。电解水通常需要昂贵的贵金属催化剂和稳定的离子交换膜材料。聚离子液体因其独特的物理化学性质，被初步应用于制备高效的碳基催化剂和质子交换膜材料 [192, 193]。

为提高催化剂活性和储能持久性，Xiong 等 [194] 将聚离子液体与生物蛋白进行复合，设计了一种 N/S 共掺杂的碳基催化材料（图 4-25）。该材料具有高比表面积、内部存在有序的孔隙分布、石墨化程度高、催化活性好、可大量快速产氢等优点。电化学测试表明该材料具有较低的过电势和较小的 Tafel 斜率。

Dai 等 [195] 通过碳化聚离子液体和藻酸的复合物，制备了氮 / 硫共掺多孔碳膜。该多孔碳膜可以直接用作电催化氢气反应 (HER) 以及超级电容器的电极，而不需要任何结合剂 / 添加剂，在低电流密度下能保持优异的电容，在低过电位下可以达到 10mA・$cm^{-1}$ 的电流密度，并且实现了低 Tafel 斜率。得益于其大的比表面积、适度的 N/S 掺杂物和良好的电子 / 电解质传输能力，以及低成本和便捷的合成过程，该多孔碳膜在电催化和超级电容器中具有一定应用潜力。

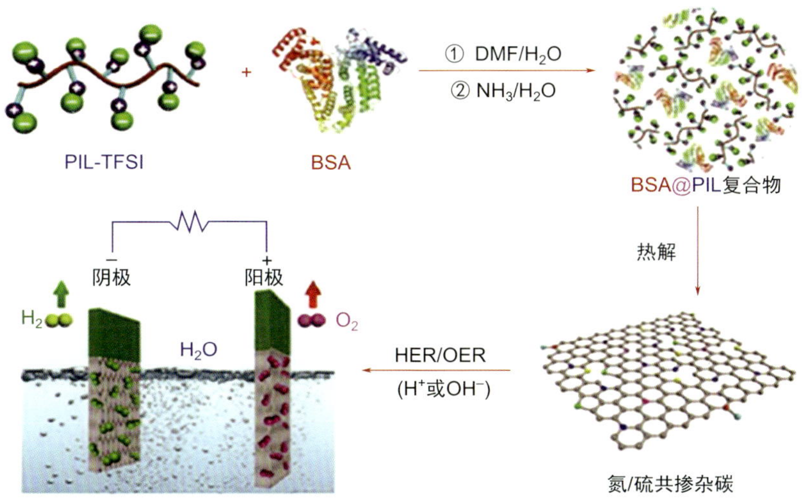


图 4-25 N/S 共掺杂多孔碳（NSPC）的制备及其在 HER 和 OER 电催化水分解中的应用示意图 [194]

石墨烯由于具有较大的比表面积、高的机械强度、良好的电子导电性、而被视为电化学反应过程中的理想电极材料。Liu 等 [196] 将聚 (3- 氰基 -1- 乙烯基咪唑 ) 双 ( 三氟甲磺酰基 ) 亚胺盐 (P[CNvim][TFSI]) 和石墨烯以不同质量比进行原位复合作为碳材料前驱体，进一步碳化得到的碳材料作为析氢反应和析氧反应的催化剂进行电化学性能研究。结果表明，所制备的碳材料在 0.5mol • $L^{-1}$ $H_2SO_4$ 电解液中具有好的析氢催化活性。

氮化碳是一种氮含量很高的碳质材料，主要以吡啶氮和石墨氮形式存在，可以通过裂解三聚氰胺得到。然而，氮化碳的低电导率 ( $< 10^{-2}$S•$cm^{-1}$) 和低比表面积，限制了它在电化学领域的应用。将聚离子液体与三聚氰胺复合碳化可制备的类石墨碳材料，其比表面积大，主要以介孔为主，并且具有较好的析氢性能。

## 4.5.3 聚离子液体在摩擦纳米发电机中的应用

近年来，柔性可穿戴电子设备发展迅速，相关产品也不断更新换代，如基于电子皮肤的智能传感器、生物医用可植入装置、软体机器人传感装置等。可穿戴柔性设备产品所要求的特点除了其与人体的顺应性之外，还应考虑其供电问题。因此，与柔性可穿戴电子匹配的柔性可穿戴能源设备，一直是科研人员的研究热点。低品位能源，如低温热能、低频机械能等的开发和利用，近年来受到各界的广泛关注。摩擦纳米发电机作为一种能有效收集低频无序机械能，例如人体运动、振动、扭动等，并将其转化成电能的新兴技术，在柔性可穿戴能源设备领域有着广阔的应用前景。

摩擦发电机的主要机理由摩擦起电和静电感应构成，其中摩擦起电对摩擦发电机的输出起到至关重要的影响。由于不同材料表面的电势差异，当两种材料接触时，电荷会在两种材料间发生转移。聚离子液体由于其结构的可设计性，可以通过改变主链上的阴阳离子，来实现对宏观材料表面电势的调控，因此可以用来调控摩擦发电机的输出。

Wang 等 [197] 介绍了一种基于支化聚乙烯亚胺 (PEI) 的聚离子型摩擦电材料，其中 PEI 的组成为季胺型阳离子 25%、叔胺 50%、仲胺 25%。通过和聚乙烯醇交联，可以得到一种柔软、高弹和高度透明的离子导电水凝胶。通过收集人体运动中的能量，该装置在单电极工作模式下可以产生 70V 的开路电压、30.2mA • $m^{-2}$ 的开路电流以及 2.79W • $m^{-2}$ 的最大功率密度。当另一个摩擦材料变更为 PET 时，该摩擦发电机的输出开路电压达到 90V，峰值电流为 12mA • $m^{-2}$，输出功率达到了 963.76mW • $m^{-2}$。该工作证明了 PVA/PEI 是一种很有前途的生物力学运动的电流收集器，可广泛应用于电子皮肤、软体机器人和自供电电子产品等。

然而，水凝胶存在易挥发的缺陷。研究者使用便捷的溶液处理法制备了一种基于环氧乙烷 / 水性离子聚氨酯 / 植酸复合材料的聚离子电极，该电极集黏附性、拉伸性和透明性于一体，同时不受溶剂挥发的影响。因此，该电极作为摩擦电极和摩擦层的摩擦纳米发电机，可满足从透明电子、人造皮肤到智能界面的广泛应用需求。得益于阴离子结构带来的电荷优势，该器件在单电极模式下可以在 75% 应变下提供 2.3W • $m^{-2}$ 的功率输出。此外，有赖于聚离子液体带来的黏附能力，该材料可黏附在皮肤或其他基材上，并用于触觉传感器及生理运动检测。实验结果表明，即使经过动态变形、剪裁和长时间的使用，该电极仍能保持良好的电输出稳定性和可靠性。

## 参考文献


[1] Zhou T, Zhao Y, Choi J, et al. Ionic Liquid Functionalized Gel Polymer Electrolytes for Stable Lithium Metal Batteries. Angewandte Chemie International Edition, 2021,60:22791-22796.

[2] D'Angelo A, Panzer M. Decoupling the Ionic Conductivity and Elastic Modulus of Gel Electrolytes: Fully Zwitterionic Copolymer Scaffolds in Lithium Salt/Ionic Liquid Solutions. Advanced Energy Materials, 2018,8:1801646.

[3] Guo P, Su A, Wei Y, et al. Healable, Highly Conductive, Flexible, and Nonflammable Supramolecular Ionogel Electrolytes for Lithium-Ion Batteries. ACS Applied Materials & Interfaces, 2019,11:19413-19420.

[4] Hyun W, Thomas C, Luu N, et al. Layered Heterostructure Ionogel Electrolytes for High-Performance Solid-State Lithium-Ion Batteries. Advanced Materials, 2021,33:e2007864.

[5] Wang Z, Zheng W, Sun W, et al. Covalent Organic Frameworks-Enhanced Ionic Conductivity of Polymeric Ionic Liquid-Based Ionic Gel Electrolyte for Lithium Metal Battery. ACS Applied Energy Materials, 2021,4:2808-2819.

[6] Bouchet R, Maria S, Meziane R, et al. Single-Ion Bab Triblock Copolymers as Highly Efficient Electrolytes for Lithium-Metal Batteries. Nature materials, 2013,12:452-457.

[7] Forsyth M, Porcarelli L, Wang X, et al. Innovative Electrolytes Based on Ionic Liquids and Polymers for Next-Generation Solid-State Batteries. Accounts of Chemical Research, 2019,52:686-694.

[8] Li C, Qin B, Zhang Y, et al. Single-Ion Conducting Electrolyte Based on Electrospun Nanofibers for High-Performance Lithium Batteries. Advanced Energy Materials, 2019,9:1803422.

[9] Wang X, Chen F, Girard G, et al. Poly(Ionic Liquid)s-in-Salt Electrolytes with Co-Coordination-Assisted Lithium-Ion Transport for Safe Batteries. Joule, 2019,3:2687-2702.

[10] Song X, Wang C, Chen J, et al. Unraveling the Synergistic Coupling Mechanism of $Li^+$ Transport in an "Ionogel - in - Ceramic" Hybrid Solid Electrolyte for Rechargeable Lithium Metal Battery. Advanced Functional Materials, 2022,32:2108706.

[11] Wang S, Shi Q, Ye Y, et al. Polymeric Ionic Liquid-Functionalized Mesoporous Silica Nanoplates: A New High-Performance Composite Polymer Electrolyte for Lithium Batteries. Electrochimica Acta, 2017,245:1010-1022.

[12] Ye Y, Wang H, Bi S, et al. High Performance Composite Polymer Electrolytes Using Polymeric Ionic Liquid-Functionalized Graphene Molecular Brushes. Journal of Materials Chemistry A, 2015,3:18064-18073.

[13] Cooper E, Angell C. Ambient Temperature Plastic Crystal Fast Ion Conductors. Solid State Ionics, 1986,18:570-576.

[14] Howlett P, Sunarso J, Shekibi Y, et al. On the Use of Organic Ionic Plastic Crystals in All Solid-State Lithium Metal Batteries. Solid State Ionics, 2011,204-205:73-79.

[15] Abu-Lebdeh Y, Abouimrane A, Alarco P J, et al. Ionic Liquid and Plastic Crystalline Phases of Pyrazolium Imide Salts as Electrolytes for Rechargeable Lithium-Ion Batteries. Journal of Power Sources, 2006,154:255-261.

[16] Jin L, Howlett P, Pringle J, et al. An Organic Ionic Plastic Crystal Electrolyte for Rate Capability and Stability of Ambient Temperature Lithium Batteries. Energy & Environmental Science, 2014,7:3352-3361.

[17] Al-Masri D, Yunis R, Zhu H, et al. A New Approach to Very High Lithium Salt Content Quasi-Solid State Electrolytes for Lithium Metal Batteries Using Plastic Crystals. Journal of Materials Chemistry A, 2019,7:25389-25398.

[18] Yang K, Liao Z, Li X, et al. Novel Ionic Plastic Crystal-Polymeric Ionic Liquid All-Solid-State Electrolytes for Lithium Ion Batteries. Energy Storage Science and Technology, 2018, 7:1113-1119.

[19] Qian W, Yuan C, Guo J, et al. A Review of Poly(Ionic Liquid)s Based Functional Materials. Acta Chimica Sinica, 2015,73:310.

[20] de Anastro A F, Lago N, Berlanga C, et al. Poly(Ionic Liquid) Iongel Membranes for All Solid-State Rechargeable Sodium Battery. Journal of Membrane Science, 2019,582:435-441.

[21] Sun R, Hu J, Shi X, et al. Water - Soluble Cross - Linking Functional Binder for Low - Cost and High - Performance Lithium-Sulfur Batteries. Advanced Functional Materials, 2021,31:2104858.

[22] Wang F, Li L, Lei D, et al. Quaternized Polymer Binder for Lithium-Sulfur Batteries: The Effect of Cation Structure on Battery Performance. Journal of Energy Chemistry, 2020,43:165-172.

[23] Fu X, Scudiero L, Zhong W. A Robust and Ion-Conductive Protein-Based Binder Enabling Strong Polysulfide Anchoring for High-Energy Lithium-Sulfur Batteries. Journal of Materials Chemistry A, 2019,7:1835-1848.

[24] Liu Z, He X, Fang C, et al. Reversible Crosslinked Polymer Binder for Recyclable Lithium Sulfur Batteries with High Performance. Advanced Functional Materials, 2020,30:2003605.

[25] Wang H, Ling M, Bai Y, et al. Cationic Polymer Binder Inhibit Shuttle Effects through Electrostatic Confinement in Lithium Sulfur Batteries. Journal of Materials Chemistry A, 2018,6:6959-6966.

[26] Chen W, Qian T, Xiong J, et al. A New Type of Multifunctional Polar Binder: Toward Practical Application of High Energy Lithium Sulfur Batteries. Advanced Materials, 2017,29:1605160.

[27] Han P, Chung S H, Chang C H, et al. Bifunctional Binder with Nucleophilic Lithium Polysulfide Immobilization Ability for High-Loading, High-Thickness Cathodes in Lithium-Sulfur Batteries. ACS Applied Materials & Interfaces, 2019,11:17393-17399.

[28] Wang X, Zhang Y, Ma L, et al. Recent Development on Binders for Silicon-Based Anodes in Lithium-Ion Batteries. Acta Chimica Sinica, 2019,77:24-40.

[29] Miranda A, Li X, Haregewoin A, et al. A Comprehensive Study of Hydrolyzed Polyacrylamide as a Binder for Silicon Anodes. ACS Applied Materials & Interfaces, 2019,11:44090-44100.

[30] Shi Z, Liu Q, Yang Z, et al. A Chemical Switch Enabled Autonomous Two-Stage Crosslinking Polymeric Binder for High Performance Silicon Anodes. Journal of Materials Chemistry A, 2022,10:1380-1389.

[31] Munaoka T, Yan X, Lopez J, et al. Ionically Conductive Self-Healing Binder for Low Cost Si Microparticles Anodes in Li-Ion Batteries. Advanced Energy Materials, 2018,8:1703138.

[32] Tian M, Chen X, Sun S, et al. A Bioinspired High-Modulus Mineral Hydrogel Binder for Improving the Cycling Stability of Microsized Silicon Particle-Based Lithium-Ion Battery. Nano Research, 2019,12:1121-1127.

[33] Eshetu G, Figgemeier E. Confronting the Challenges of Next-Generation Silicon Anode-Based Lithium-Ion Batteries: Role of Designer Electrolyte Additives and Polymeric Binders. ChemSusChem, 2019,12:2515-2539.

[34] Li Z, Jiao S, Yu D, et al. Cationic-Polymer-Functionalized Separator as a High-Efficiency Polysulfide Shuttle Barrier for Long-Life Li-S Battery. ACS Applied Energy Materials, 2021,4:2914-2921.

[35] Lin C, Zhang H, Song Y, et al. Carboxylated Polyimide Separator with Excellent Lithium Ion Transport Properties for a High-Power Density Lithium-Ion Battery. Journal of Materials Chemistry A, 2018,6:991-998.

[36] Patil N, Aqil M, Aqil A, et al. Integration of Redox-Active Catechol Pendants into Poly(Ionic Liquid) for the Design of High-Performance Lithium-Ion Battery Cathodes. Chemistry of Materials, 2018,30:5831-5835.

[37] Hu Y, Pan J, Li Q, et al. Poly(Ionic Liquid)-Based Conductive Interlayer as an Efficient Polysulfide Adsorbent for a Highly Stable Lithium-Sulfur Battery. ACS Sustainable Chemistry & Engineering, 2020,8:11396-11403.

[38] Wang Y, Peng H, Hu M, et al. A Stable Zinc-Based Secondary Battery Realized by Anion-Exchange Membrane as the Separator. Journal of Power Sources, 2021,486:229376.

[39] Qian W, Yuan C, Guo J, et al. A Review of Poly(Ionic Liquid)s Based Functional Materials. Acta Chimica Sinica, 2015,73:310-315.

[40] Fellinger T, Thomas A, Yuan J, et al. 25th Anniversary Article:“Cooking Carbon with Salt”: Carbon Materials and Carbonaceous Frameworks from Ionic Liquids and Poly(Ionic Liquid)s. Advanced Materials, 2013,25:5838-5854.

[41] Bai Z, Xu Y, Lee C, et al. Autonomously Adhesive, Stretchable, and Transparent Solid - State Polyionic Triboelectric Patch for Wearable Power Source and Tactile Sensor. Advanced Functional Materials, 2021,31:2104365.

[42] Yuan J, Giordano C, Antonietti M. Ionic Liquid Monomers and Polymers as Precursors of Highly Conductive, Mesoporous, Graphitic Carbon Nanostructures. Chemistry of Materials, 2010,22:5003-5012.

[43] Sun R, Meek K, Ho H, et al. Nitrogen - Doped Carbons Derived from Poly(Ionic Liquid)s with Various Backbones and Cations. Polymer International, 2019,68:1599-1609.

[44] Liao C, Liu R, Hou X, et al. Easy Synthesis of Poly(Ionic Liquid) for Use as a Porous Carbon Precursor. New Carbon Materials, 2014,29:78-80.

[45] Qian L, Fan Y, Song H, et al. Poly(Ionic Liquid)/Carboxymethyl Chitosan Complex-Derived Nitrogen and Sulfur Codoped Porous Carbon for High-Performance Supercapacitors. Ionics, 2019,25:4915-4924.

[46] Pan C, Qiu L, Peng Y, et al. Facile Synthesis of Nitrogen-Doped Carbon-Pt Nanoparticle Hybrids via Carbonization of Poly([BVIm][Br]-co-Acrylonitrile) for Electrocatalytic Oxidation of Methanol. Journal of Materials Chemistry, 2012,22:13578-13584.

[47] Zhao Q, Fellinger T, Antonietti M, et al. Nitrogen-Doped Carbon Capsules via Poly(Ionic Liquid)-Based Layer-by-Layer Assembly. Macromol Rapid Commun, 2012,33:1149-1153.

[48] Yuan J, Marquez A, Reinacher J, et al. Nitrogen-Doped Carbon Fibers and Membranes by Carbonization of Electrospun Poly(Ionic Liquid)s. Polymer Chemistry, 2011,2:1654-1657.
[49] Zhang W, Wei S, Wu Y, et al. Poly(Ionic Liquid)-Derived Graphitic Nanoporous Carbon Membrane Enables Superior Supercapacitive Energy Storage. ACS Nano, 2019,13:10261-10271.
[50] Ayalneh Tiruye G, Muñoz-Torrero D, Palma J, et al. All-Solid State Supercapacitors Operating at 3.5V by Using Ionic Liquid Based Polymer Electrolytes. Journal of Power Sources, 2015,279:472-480.
[51] Tiruye G, Munoz-Torrero D, Palma J, et al. Performance of Solid State Supercapacitors Based on Polymer Electrolytes Containing Different Ionic Liquids. Journal of Power Sources, 2016,326:560-568.
[52] Li H, Feng Z, Zhao K, et al. Chemically Crosslinked Liquid Crystalline Poly(Ionic Liquid)s/Halloysite Nanotubes Nanocomposite Ionogels with Superior Ionic Conductivity, High Anisotropic Conductivity and a High Modulus. Nanoscale, 2019,11:3689-3700.
[53] Taghavikish M, Subianto S, Gu Y, et al. A Poly(Ionic Liquid) Gel Electrolyte for Efficient All Solid Electrochemical Double-Layer Capacitor. Scientific Reports, 2018,8:10918.
[54] Kalinova R, Dimitrov I, Novakov C, et al. Modular Platform for Synthesis of Poly(Ionic Liquid) Electrolytes for Electrochemical Applications in Supercapacitors. ChemistrySelect, 2021,6:3795-3801.
[55] Wen X, Dong T, Liu A, et al. A New Solid-State Electrolyte Based on Polymeric Ionic Liquid for High-Performance Supercapacitor. Ionics, 2018,25:241-251.
[56] Yang Y, Cao B, Li H, et al. A Flexible Polycation-Type Anion-Dominated Conducting Polymer as Potential All-Solid-State Supercapacitor Film Electrolyte. Chemical Engineering Journal, 2017,330:753-756.
[57] Alexandre S, Silva G, Santamaria R, et al. A Highly Adhesive Pil/Il Gel Polymer Electrolyte for Use in Flexible Solid State Supercapacitors. Electrochimica Acta, 2019,299:789-799.
[58] Shi M, Lin T, Wang Y, et al. One-Step Radiation Synthesis of Novel Star-Shaped Polymeric Ionic Liquid-Poss Gel Electrolytes with High Ionic Conductivity and Mechanical Properties for Supercapacitor. Journal of Materials Science, 2020,55:16347-16359.
[59] de Oliveira P, Alexandre S, Silva G, et al. PIL/IL Gel Polymer Electrolytes: The Influence of the IL Ions on the Properties of Solid-State Supercapacitors. European Polymer Journal, 2018,108:452-460.
[60] Ponkratov D, Lozinskaya E, Vlasov P, et al. Synthesis of Novel Families of Conductive Cationic Poly(Ionic Liquid)s and Their Application in All-Polymer Flexible Pseudo-Supercapacitors. Electrochimica Acta, 2018,281:777-788.
[61] Feng J, Wang Y, Xu Y, et al. Construction of Supercapacitor-Based Ionic Diodes with Adjustable Bias Directions by Using Poly(Ionic Liquid) Electrolytes. Advanced Materials, 2021,33:e2100887.
[62] Cevik E, Bozkurt A, Dirican M, et al. High Performance Flexible Supercapacitors Including Redox Active Molybdate Incorporated Poly(Vinylphosphonic Acid) Hydrogels. International Journal of Hydrogen Energy, 2020,45:2186-2194.
[63] Bu X, Ge Y, Wang L, et al. Design of Highly Stretchable Deep Eutectic Solvent - Based Ionic Gel Electrolyte with High Ionic Conductivity by the Addition of Zwitterion Ion Dissociators for Flexible Supercapacitor. Polymer Engineering & Science, 2020,61:154-166.
[64] Wang P, Tseng L, Li W, et al. Zwitterionic Polymer Coupled with High Concentrated Electrolytes to Achieve High Ionic Conductivity and Wide Electrochemical Window for Supreme Specific Energy Aqueous Supercapacitors. Journal of Energy Storage, 2021,42:103060.
[65] Bu X, Wu L, Ma X, et al. Ultratough and Reversibly Stretchable Zwitterionic Poly(Ionic Liquid) Copolymer Hydrogel with High Ionic Conductivity for High-Performance Flexible and Cold-Resistant Supercapacitor. International Journal of Electrochemical Science, 2020,15:2070-2088.
[66] Chen N, Hu C, Wang H, et al. Poly(Alkyl-Terphenyl Piperidinium) Ionomers and Membranes with an Outstanding Alkaline-Membrane Fuel-Cell Performance of 2.58 $W \cdot cm^{-2}$. Angewandte Chemie International Edition, 2021,60:7710-7718.
[67] Pagels M, Adhikari S, Walgama R, et al. One-Pot Synthesis of Proton Exchange Membranes from Anion Exchange Membrane Precursors. ACS Macro Letters, 2020,9:1489-1493.
[68] Karimi M, Hooshyari K, Salarizadeh P, et al. A Comprehensive Review on the Proton Conductivity of Proton Exchange Membranes (PEMs) under Anhydrous Conditions: Proton Conductivity Upper Bound. International Journal of Hydrogen Energy, 2021,46:34413-34437.
[69] Li Y, Zhang M, Wang X, et al. Anhydrous Conducting Composite Membranes Composed of Speek/Silica/Ionic

Liquids for High-Temperature Proton Exchange. Electrochimica Acta, 2016,222:1308-1315.
[70] Miran M S, Yasuda T, Susan M, et al. Binary Protic Ionic Liquid Mixtures as a Proton Conductor: High Fuel Cell Reaction Activity and Facile Proton Transport. The Journal of Physical Chemistry C, 2014,118:27631-27639.
[71] Yan F, Yu S, Zhang X, et al. Enhanced Proton Conduction in Polymer Electrolyte Membranes as Synthesized by Polymerization of Protic Ionic Liquid-Based Microemulsions. Chemistry of Materials, 2009,21:1480-1484.
[72] Doyle M, Choi S, Proulx G. High-Temperature Proton Conducting Membranes Based on Perfluorinated Ionomer Membrane-Ionic Liquid Composites. Journal of the Electrochemical Society, 2000,147:34-37.
[73] Chu F, Lin B, Yan F, et al. Macromolecular Protic Ionic Liquid-Based Proton-Conducting Membranes for Anhydrous Proton Exchange Membrane Application. Journal of Power Sources, 2011,196:7979-7984.
[74] Kallem P, Drobek M, Julbe A, et al. Hierarchical Porous Polybenzimidazole Microsieves: An Efficient Architecture for Anhydrous Proton Transport via Polyionic Liquids. ACS Applied Materials & Interfaces, 2017,9:14844-14857.
[75] Yoshizawa M, Ohno H. Synthesis of Molten Salt-Type Polymer Brush and Effect of Brush Structure on the Ionic Conductivity. Electrochimica Acta, 2001,46:1723-1728.
[76] Erdemi H, Akbey Ü, Meyer W. Conductivity Behavior and Solid State NMR Investigation of Imidazolium-Based Polymeric Ionic Liquids. Solid State Ionics, 2010,181:1586-1595.
[77] Meng Y, Liu J, Li Z, et al. Synthesis and Physicochemical Properties of Two $SO_3H$-Functionalized Ionic Liquids with Hydrogen Sulfate Anion. Journal of Chemical & Engineering Data, 2014,59:2186-2195.
[78] Shaterian H, Ranjbar M, Azizi K. Synthesis of Benzoxanthene Derivatives Using Brønsted Acidic Ionic Liquids (Bails), 2-Pyrrolidonium Hydrogen Sulfate and (4-Sulfobutyl)Tris(4-Sulfophenyl)Phosphonium Hydrogen Sulfate. Journal of Molecular Liquids, 2011,162:95-99.
[79] Li X, Lin Q, Cao R. A Convenient Approach for the Synthesis of 1,3,5-Trioxanes under Solvent-Free Conditions at Room Temperature. Monatshefte für Chemie - Chemical Monthly, 2014,145:1017-1022.
[80] Amarasekara A S, Gutierrez Reyes C D. Brønsted Acidic Ionic Liquid Catalyzed One-Pot Conversion of Cellulose to Furanic Biocrude and Identification of the Products Using LC-MS. Renewable Energy, 2019,136:352-357.
[81] Lin B, Qiu B, Qiu L, et al. Imidazolium-Functionalized $SiO_2$ nanoparticle Doped Proton Conducting Membranes for Anhydrous Proton Exchange Membrane Applications. Fuel Cells, 2013,13:72-78.
[82] Lin B, Cheng S, Qiu L, et al. Protic Ionic Liquid-Based Hybrid Proton-Conducting Membranes for Anhydrous Proton Exchange Membrane Application. Chemistry of Materials, 2010,22:1807-1813.
[83] Lin B, Chu F, Yuan N, et al. Phosphoric Acid Doped Polybenzimidazole/Imidazolium-Modified Silsesquioxane Hybrid Proton Conducting Membranes for Anhydrous Proton Exchange Membrane Application. Journal of Power Sources, 2014,252:270-276.
[84] Koyilapu R, Singha S, Kutcherlapati S, et al. Grafting of Vinylimidazolium-Type Poly(Ionic Liquid) on Silica Nanoparticle through Raft Polymerization for Constructing Nanocomposite Based PEM. Polymer, 2020,195:122458.
[85] Chen N, Lee Y. Anion Exchange Polyelectrolytes for Membranes and Ionomers. Progress in Polymer Science, 2021,113:101345.
[86] Robertson N J, Kostalik H A, Clark T J, et al. Tunable High Performance Cross-Linked Alkaline Anion Exchange Membranes for Fuel Cell Applications. Journal of the American Chemical Society, 2010,132:3400-3404.
[87] Pan J, Han J, Zhu L, et al. Cationic Side-Chain Attachment to Poly(Phenylene Oxide) Backbones for Chemically Stable and Conductive Anion Exchange Membranes. Chemistry of Materials, 2017,29:5321-5330.
[88] Marino M, Kreuer K. Alkaline Stability of Quaternary Ammonium Cations for Alkaline Fuel Cell Membranes and Ionic Liquids. ChemSusChem, 2015,8:513-523.
[89] Thomas O, Soo K, Peckham T, et al. A Stable Hydroxide-Conducting Polymer. Journal of the American Chemical Society, 2012,134:10753-10756.
[90] Miyanishi S, Fukushima T, Yamaguchi T. Synthesis and Property of Semicrystalline Anion Exchange Membrane with Well-Defined Ion Channel Structure. Macromolecules, 2015,48:2576-2584.
[91] Han K, Ko K, Abu-Hakmeh K, et al. Molecular Dynamics Simulation Study of a Polysulfone-Based Anion Exchange Membrane in Comparison with the Proton Exchange Membrane. The Journal of Physical Chemistry C, 2014,118:12577-12587.
[92] Ge Q, Ran J, Miao J, et al. Click Chemistry Finds Its Way in Constructing an Ionic Highway in Anion-Exchange

Membrane. ACS Applied Materials & Interfaces, 2015,7:28545-28553.
[93] Chen Y, Li Z, Chen N, et al. A New Method for Improving the Conductivity of Alkaline Membrane by Incorporating $TiO_2$- Ionic Liquid Composite Particles. Electrochimica Acta, 2017,255:335-346.
[94] Gottesfeld S, Dekel D, Page M, et al. Anion Exchange Membrane Fuel Cells: Current Status and Remaining Challenges. Journal of Power Sources, 2018,375:170-184.
[95] Tristram C, Mason J, Williams D, et al. Doubly Renewable Cellulose Polymer for Water-Based Coatings. ChemSusChem, 2015,8:3.
[96] Chen N, Jin Y, Liu H, et al. Insight into the Alkaline Stability of N-Heterocyclic Ammonium Groups for Anion-Exchange Polyelectrolytes. Angewandte Chemie International Edition, 2021,60:19272-19280.
[97] Pan J, Sun Z, Zhu H, et al. Synthesis and Characterization of Main-Chain Type Polyimidazolium-Based Alkaline Anion Exchange Membranes. Journal of Membrane Science, 2020,610:118283.
[98] Noonan K, Hugar K, Kostalik H, et al. Phosphonium-Functionalized Polyethylene: A New Class of Base-Stable Alkaline Anion Exchange Membranes. Journal of the American Chemical Society, 2012,134:18161-18164.
[99] Wang J, Li S, Zhang S. Novel Hydroxide-Conducting Polyelectrolyte Composed of an Poly(Arylene Ether Sulfone) Containing Pendant Quaternary Guanidinium Groups for Alkaline Fuel Cell Applications. Macromolecules, 2010,43:3890-3896.
[100] Zha Y, Disabb-Miller M, Johnson Z, et al. Metal-Cation-Based Anion Exchange Membranes. Journal of the American Chemical Society, 2012,134:4493-4496.
[101] Fujimoto C, Kim D, Hibbs M, et al. Backbone Stability of Quaternized Polyaromatics for Alkaline Membrane Fuel Cells. Journal of Membrane Science, 2012,423-424:438-449.
[102] Arges C, Ramani V. Two-Dimensional NMR Spectroscopy Reveals Cation-Triggered Backbone Degradation in Polysulfone-Based Anion Exchange Membranes. Proceedings of the National Academy of Sciences, 2013,110:2490-2495.
[103] Zhang F, Li T, Chen W, et al. High-Performance Anion Exchange Membranes with Para-Type Cations on Electron-Withdrawing C=O Links Free Backbone. Macromolecules, 2020,53:10988-10997.
[104] Clark T J, Kostalik H A, Lobkovsky E B, et al. A Ring-Opening Metathesis Polymerization Route to Alkaline Anion Exchange Membranes: Development of Hydroxide-Conducting Thin Films from an Ammonium-Functionalized Monomer. Journal of the American Chemical Society, 2009,131:12888-12889.
[105] Chen W, Mandal M, Huang G, et al. Highly Conducting Anion-Exchange Membranes Based on Cross-Linked Poly(Norbornene): Ring Opening Metathesis Polymerization. ACS Applied Energy Materials, 2019,2:2458-2468.
[106] Wang X, Chen W, Li T, et al. Ultra-Thin Quaternized Polybenzimidazole Anion Exchange Membranes with Throughout $OH^-$ Conducive Highway Networks for High-Performance Fuel Cells. Journal of Materials Chemistry A, 2021,9:7522-7530.
[107] Chen N, Wang H, Kim S, et al. Poly(Fluorenyl Aryl Piperidinium) Membranes and Ionomers for Anion Exchange Membrane Fuel Cells. Nature Communications, 2021,12:2367.
[108] Zhu H, Sun Z, Cao H, et al. Highly Conductive and Dimensionally Stable Anion Exchange Membranes Based on Poly(Dimethoxybenzene-Co-Methyl 4-Formylbenzoate) Ionomers. Macromolecules, 2021,54:5557-5566.
[109] Lenser C, Patt M, Menzel S, et al. Insights into Nanoscale Electrochemical Reduction in a Memristive Oxide: The Role of Three-Phase Boundaries. Advanced Functional Materials, 2014,24:4466-4472.
[110] Karuppanan K K, Raghu A V, Panthalingal M K, et al. Triple Phase Boundary Augmentation in Hierarchical, Pt Grafted N-Doped Mesoporous Carbon Nanofibers for High Performance and Durable Pem Fuel Cells. Journal of Materials Chemistry A, 2018,6:12768-12781.
[111] Kim O, Oh S, Ahn C, et al. Enhanced Performance of Ionomer Binder with Shorter Side-Chains, Higher Dispersibility, and Lower Equivalent Weight. Fuel Cells, 2018,18:711-722.
[112] Choudhury N, Ma J, Sahai Y, et al. High Performance Polymer Chemical Hydrogel-Based Electrode Binder Materials for Direct Borohydride Fuel Cells. Journal of Power Sources, 2011,196:5817-5822.
[113] Varcoe J, Atanassov P, Dekel D, et al. Anion-Exchange Membranes in Electrochemical Energy Systems. Energy & Environmental Science, 2014,7:3135-3191.
[114] Shin D, Guiver M, Lee Y. Hydrocarbon-Based Polymer Electrolyte Membranes: Importance of Morphology on Ion Transport and Membrane Stability. Chemical Reviews, 2017,117:4759-4805.
[115] Yang Z, Guo R, Malpass-Evans R, et al. Highly Conductive Anion - Exchange Membranes from Microporous

Trger's Base Polymers. Angewandte Chemie International Edition, 2016,128:11671-11674.

[116] He G, Li Z, Zhao J, et al. Nanostructured Ion - Exchange Membranes for Fuel Cells: Recent Advances and Perspectives. Advanced Materials, 2015,27:5280-5295.

[117] Zhang K, McDonald M, Genina I, et al. A Highly Conductive and Mechanically Robust $OH^-$Conducting Membrane for Alkaline Water Electrolysis. Chemistry of Materials, 2018,30:6420-6430.

[118] He X, Yang Y, Wu H, et al. De Novo Design of Covalent Organic Framework Membranes toward Ultrafast Anion Transport. Advanced Materials, 2020,32:2001284.

[119] Sun P, Chen F, Zhou W, et al. Superionic Conduction Along Ordered Hydroxyl Networks in Molecular-Thin Nanosheets. Materials Horizons, 2019,6:2087-2093.

[120] Ishikawa H, Sugawara Y, Inoue G, et al. Effects of Pt and Ionomer Ratios on the Structure of Catalyst Layer: A Theoretical Model for Polymer Electrolyte Fuel Cells. Journal of Power Sources, 2018,374:196-204.

[121] Peckham T, Schmeisser J, Rodgers M, et al. Main-Chain, Statistically Sulfonated Proton Exchange Membranes: The Relationships of Acid Concentration and Proton Mobility to Water Content and Their Effect Upon Proton Conductivity. Journal of Materials Chemistry, 2007,17:3255-3268.

[122] Mukaddam M, Litwiller E, Pinnau I. Gas Sorption, Diffusion, and Permeation in Nafion. Macromolecules, 2015,49:280-286.

[123] Weber A, Kusoglu A. Unexplained Transport Resistances for Low-Loaded Fuel-Cell Catalyst Layers. Journal of Materials Chemistry A, 2014,2:17207-17211.

[124] Choi J, Kim M, Han J, et al. Application of Spirobiindane-Based Microporous Poly(Ether Sulfone)s as Polymeric Binder on Solid Alkaline Exchange Membrane Fuel Cells. Journal of Membrane Science, 2018,568:67-75.

[125] Wei Y, Noonan K, Coates G. Alkaline-Stable Anion Exchange Membranes: A Review of Synthetic Approaches. Progress in Polymer Science, 2019,100:101177.

[126] Katzenberg A, Chowdhury A, Fang M, et al. Highly Permeable Perfluorinated Sulfonic Acid Ionomers for Improved Electrochemical Devices: Insights into Structure-Property Relationships. Journal of the American Chemical Society, 2020,142:3742-3752.

[127] Majumdar D, Mandal M, Bhattacharya S K. Review on $V_2O_5$ and Its' Carbon-Based Nanocomposites for Supercapacitor Applications. ChemElectroChem, 2018,6:1623.

[128] Omasta T, Park A, Lamanna J, et al. Beyond Catalysis and Membranes: Visualizing and Solving the Challenge of Electrode Water Accumulation and Flooding in AEMFCs. Energy & Environmental Science, 2018,11:551-558.

[129] Huang G, Mandal M, Peng X, et al. Composite Poly(Norbornene) Anion Conducting Membranes for Achieving Durability, Water Management and High Power (3.4 $W/cm^2$) in Hydrogen/Oxygen Alkaline Fuel Cells. Journal of the Electrochemical Society, 2019,166:F637-F644.

[130] Peron J, Mani A, Zhao X, et al. Properties of Nafion NR-211 Membranes for PEMFCs. Journal of Membrane Science, 2010,356:44-51.

[131] Leonard P, Maurya S, Park E J, et al. Asymmetric Electrode Ionomer for Low Relative Humidity Operation of Anion Exchange Membrane Fuel Cells. Journal of Materials Chemistry A, 2020,8:14135-14144.

[132] Hassan N, Mandal M, Huang G, et al. Achieving High Performance and 2000 h Stability in Anion Exchange Membrane Fuel Cells by Manipulating Ionomer Properties and Electrode Optimization. Advanced Energy Materials, 2020,10:2001986.

[133] Chang Y, Liu J, Li R, et al. Effect of Humidity and Thermal Cycling on the Catalyst Layer Structural Changes in Polymer Electrolyte Membrane Fuel Cells. Energy Conversion and Management, 2019,189:24-32.

[134] Dekel D, Amar M, Willdorf S, et al. Effect of Water on the Stability of Quaternary Ammonium Groups for Anion Exchange Membrane Fuel Cell Applications. Chemistry of Materials, 2017,29:4425-4431.

[135] Hanif S, Iqbal N, Shi X, et al. NiCo-N-Doped Carbon Nanotubes Based Cathode Catalyst for Alkaline Membrane Fuel Cell. Renewable Energy, 2020,154:508-516.

[136] Lilloja J, Mooste M, Kibena-Põldsepp E, et al. Mesoporous Iron-Nitrogen Co-Doped Carbon Material as Cathode Catalyst for the Anion Exchange Membrane Fuel Cell. Journal of Power Sources Advances, 2021,8:100052.

[137] Poynton S D, T. Slade R C T, J. Omasta T J, et al. Preparation of Radiation-Grafted Powders for Use as Anion Exchange Ionomers in Alkaline Polymer Electrolyte Fuel Cells. Journal of Materials Chemistry A, 2014,2:5124-5130.

[138] Varcoe J, Slade R, Yee E. An Alkaline Polymer Electrochemical Interface: A Breakthrough in Application of Alkaline Anion-Exchange Membranes in Fuel Cells. Chemical Communications, 2006,13:1428-1429.
[139] Espiritu R, Mamlouk M, Scott K. Study on the Effect of the Degree of Grafting on the Performance of Polyethylene-Based Anion Exchange Membrane for Fuel Cell Application. International Journal of Hydrogen Energy, 2015,41:1120-1133.
[140] Wang Z, Parrondo J, Ramani V. Alkaline Stability of Poly(Phenylene Oxide) Based Anion Exchange Membranes Containing Imidazolium Cations. Journal of the Electrochemical Society, 2016,163:F824-F831.
[141] Holdcroft S. Fuel Cell Catalyst Layers: A Polymer Science Perspective. Chemistry of Materials, 2013,26:381-393.
[142] Mukherjee P, Wang C, Kang Q. Mesoscopic Modeling of Two-Phase Behavior and Flooding Phenomena in Polymer Electrolyte Fuel Cells. Electrochimica Acta, 2009,54:6861-6875.
[143] Ünlü M, Abbott D, Ramaswamy N, et al. Analysis of Double Layer and Adsorption Effects at the Alkaline Polymer Electrolyte-Electrode Interface. Journal of the Electrochemical Society, 2011,158:B1423.
[144] Yim S, Chung H, Chlistunoff J, et al. A Microelectrode Study of Interfacial Reactions at the Platinum-Alkaline Polymer Interface. Journal of the Electrochemical Society, 2015,162:F499-F506.
[145] Maurya S, Dumont J, Villarrubia C, et al. Surface Adsorption Affects the Performance of Alkaline Anion-Exchange Membrane Fuel Cells. ACS Catalysis, 2018,8:9429-9439.
[146] Kurihara Y, Mabuchi T, Tokumasu T. Molecular Analysis of Structural Effect of Ionomer on Oxygen Permeation Properties in PEFC. Journal of the Electrochemical Society, 2017,164:F628-F637.
[147] Brunello G, Ji H, Lee S, et al. Interactions of Pt Nanoparticles with Molecular Components in Polymer Electrolyte Membrane Fuel Cells: Multi-Scale Modeling Approach. RSC Advances, 2016,6:69670-69676.
[148] Artyushkova K, Workman M, Matanovic I, et al. Role of Surface Chemistry on Catalyst/Ionomer Interactions for Transition Metal-Nitrogen-Carbon Electrocatalysts. ACS Applied Energy Materials, 2017,1:68-77.
[149] Park Y, Tokiwa H, Kakinuma K, et al. Effects of Carbon Supports on Pt Distribution, Ionomer Coverage and Cathode Performance for Polymer Electrolyte Fuel Cells. Journal of Power Sources, 2016,315:179-191.
[150] Oregan B, Gratzel M. A Low-Cost, High-Efficiency Solar-Cell Based on Dye-Sensitized Colloidal $TiO_2$ Films. Nature, 1991,353:737-740.
[151] Hardin B, Snaith H, McGehee M. The Renaissance of Dye-Sensitized Solar Cells. Nature Photonics, 2012, 6: 162-169.
[152] Zhang S, Yang X, Numata Y, et al. Highly Efficient Dye-Sensitized Solar Cells: Progress and Future Challenges. Energy & Environmental Science, 2013,6:1443-1464.
[153] Cao-Cen H, Zhao J, Qiu L, et al. High Performance All-Solid-State Dye-Sensitized Solar Cells Based on Cyanobiphenyl-Functionalized Imidazolium-Type Ionic Crystals. Journal of Materials Chemistry, 2012,22:12842-12851.
[154] Yella A, Lee H, Tsao H, et al. Porphyrin-Sensitized Solar Cells with Cobalt ( Ⅱ / Ⅲ )-Based Redox Electrolyte Exceed 12 Percent Efficiency. Science, 2011,334:629-634.
[155] Mathew S, Yella A, Gao P, et al. Dye-Sensitized Solar Cells with 13% Efficiency Achieved through the Molecular Engineering of Porphyrin Sensitizers. Nature Chemistry, 2014,6:242-247.
[156] Zhang D, Stojanovic M, Ren Y, et al. A Molecular Photosensitizer Achieves a Voc of 1.24 V Enabling Highly Efficient and Stable Dye-Sensitized Solar Cells with Copper( Ⅱ / Ⅰ )-Based Electrolyte. Nature Communications, 2021,12:1777.
[157] 郭磊，潘旭，戴松元 . 染料敏化太阳电池电解质 . 化学进展 , 2008,20:1595.
[158] Wu J, Lan Z, Lin J, et al. Electrolytes in Dye-Sensitized Solar Cells. Chem Rev, 2015,115:2136-2173.
[159] Wu J H, Lan Z, Lin J, et al. A Novel Thermosetting Gel Electrolyte for Stable Quasi-Solid-State Dye-Sensitized Solar Cells. Advanced Materials, 2007,19:4006-4011.
[160] Yu Z, Qin D, Zhang Y, et al. Quasi-Solid-State Dye-Sensitized Solar Cell Fabricated with Poly ( β -Hydroxyethyl Methacrylate) Based Organogel Electrolyte. Energy & Environmental Science, 2011,4:1298-1305.
[161] Zakeeruddin S, Gratzel M. Solvent-Free Ionic Liquid Electrolytes for Mesoscopic Dye-Sensitized Solar Cells. Advanced Functional Materials, 2009,19:2187-2202.
[162] Gorlov M, Kloo L. Ionic Liquid Electrolytes for Dye-Sensitized Solar Cells. Dalton Transactions, 2008,20:2655-2666.
[163] Bai Y, Cao Y, Zhang J, et al. High-Performance Dye-Sensitized Solar Cells Based on Solvent-Free Electrolytes Produced from Eutectic Melts. Nature Materials, 2008,7:626-630.

[164] Zhao J, Yan F, Qiu L, et al. Benzimidazolyl Functionalized Ionic Liquids as an Additive for High Performance Dye-Sensitized Solar Cells. Chemical Communications , 2011,47:11516-11518.
[165] Hagfeldt A, Boschloo G, Sun L, et al. Dye-Sensitized Solar Cells. Chemical Reviews, 2010,110:6595-6663.
[166] Zhao J, Shen X, Yan F, et al. Solvent-Free Ionic Liquid/Poly(Ionic Liquid) Electrolytes for Quasi-Solid-State Dye-Sensitized Solar Cells. Journal of Materials Chemistry, 2011,21:7326-7330.
[167] de Gregorio G, Agosta R, Giannuzzi R, et al. Highly Stable Gel Electrolytes for Dye Solar Cells Based on Chemically Engineered Polymethacrylic Hosts. Chemical Communications, 2012,48:3109-3111.
[168] Wang M, Xiao X, Zhou X, et al. Investigation of PEO-Imidazole Ionic Liquid Oligomer Electrolytes for Dye-Sensitized Solar Cells. Solar Energy Materials and Solar Cells, 2007,91:785-790.
[169] Suzuki K, Yamaguchi M, Hotta S, et al. A New Alkyl-Imidazole Polymer Prepared as an Inonic Polymer Electrolyte by in Situ Polymerization of Dye Sensitized Solar Cells. Journal of Photochemistry and Photobiology A-Chemistry, 2004,164:81-85.
[170] Chen X, Zhao J, Zhang J, et al. Bis-Imidazolium Based Poly(Ionic Liquid) Electrolytes for Quasi-Solid-State Dye-Sensitized Solar Cells. Journal of Materials Chemistry, 2012,22:18018-18024.
[171] Chen X, Li Q, Zhao J, et al. Ionic Liquid-Tethered Nanoparticle/Poly(Ionic Liquid) Electrolytes for Quasi-Solid-State Dye-Sensitized Solar Cells. Journal of Power Sources, 2012,207:216-221.
[172] 秦达，郭晓枝，孙慧成，等 . 染料敏化太阳能电池固态电解质 . 化学进展 , 2011,23:557.
[173] Bach U, Lupo D, Comte P, et al. Solid-State Dye-Sensitized Mesoporous $TiO_2$ Solar Cells with High Photon-to-Electron Conversion Efficiencies. Nature, 1998,395:583-585.
[174] O'Regan B, Schwartz D. Large Enhancement in Photocurrent Efficiency Caused by UV Illumination of the Dye-Sensitized Heterojunction $TiO_2$/RuLL'NCS/CuSCN: Initiation and Potential Mechanisms. Chemistry of Materials, 1998,10:1501-1509.
[175] Meng Q, Takahashi K, Zhang X, et al. Fabrication of an Efficient Solid-State Dye-Sensitized Solar Cell. Langmuir, 2003,19:3572-3574.
[176] Li Q, Chen X, Zhao J, et al. Organic Ionic Plastic Crystal-Based Electrolytes for Solid-State Dye-Sensitized Solar Cells. Journal of Materials Chemistry, 2012,22:6674-6679.
[177] Cong S, Wang Y, Yi Q, et al. Design and Synthesis of Functional Ionic Liquids Based on Pyrrolidinium Cations Bearing Alkyl Nitrile Moieties. Journal of Materials Chemistry A, 2014,2:20147-20153.
[178] Wang Y, Sun P, Cong S, et al. Carbon Nanotubes Embedding Organic Ionic Plastic Crystals Electrolytes for High Performance Solid-State Dye-Sensitized Solar Cells. Carbon, 2015,92:262-270.
[179] Wang G, Wang L, Zhuo S, et al. Lin Y. An Iodine-Free Electrolyte Based on Ionic Liquid Polymers for All-Solid-State Dye-Sensitized Solar Cells. Chemical Communications, 2011,47:2700-2702.
[180] Chi W, Koh J, Ahn S, et al. Highly Efficient $I_2$- Free Solid-State Dye-Sensitized Solar Cells Fabricated with Polymerized Ionic Liquid and Graft Copolymer-Directed Mesoporous Film. Electrochemistry Communications, 2011,13:1349-1352.
[181] Wu J, Hao S, Lan Z, et al. An All-Solid-State Dye-Sensitized Solar Cell-Based Poly(N-Alkyl-4-Vinyl-Pyridine Iodide) Electrolyte with Efficiency of 5.64%. Journal of American Chemical Society, 2008,130:11568-11569.
[182] Lee C, Ho K. Poly(Ionic Liquid)s for Dye-Sensitized Solar Cells: A Mini-Review. European Polymer Journal, 2018,108:420-428.
[183] Deng Y. Application and Prospect of Energy Storage on Flow-Battery. Marine Electric & Electronic Engineering, 2017,37: 33-38.
[184] 刘功益 . 全钒液流电池用聚苯并咪唑阴离子交换膜的制备与性能研究 . 上海 : 上海应用技术大学 , 2017.
[185] 徐敏，尚玉明，谢晓峰，等 . 全钒液流电池用多氟聚噁二唑芳醚阴离子交换膜的制备 . 化工学报 , 2011,62:150-154.
[186] 胡磊，高丽，焉晓明，等 . 全钒液流电池膜离子选择性传导通道构建的研究进展 . 化工进展 , 2020,39:2079-2092.
[187] Si J, Lv Y, Lu S, et al. Microscopic Phase-Segregated Quaternary Ammonia Polysulfone Membrane for Vanadium Redox Flow Batteries. Journal of Power Sources, 2019,428:88-92.
[188] Lu W, Yuan Z, Zhao Y, et al. High-Performance Porous Uncharged Membranes for Vanadium Flow Battery Applications Created by Tuning Cohesive and Swelling Forces. Energy & Environmental Science, 2016,9:2319-2325.
[189] Peng S, Wu X, Yan X, et al. Polybenzimidazole Membranes with Nanophase-Separated Structure Induced

by Non-Ionic Hydrophilic Side Chains for Vanadium Flow Batteries. Journal of Materials Chemistry A, 2018,6:3895-3905.
[190] Li Y, Sniekers J, Malaquias J, et al. Crosslinked Anion Exchange Membranes Prepared from Poly(Phenylene Oxide) (PPO) for Non-Aqueous Redox Flow Batteries. Journal of Power Sources, 2018,378:338-344.
[191] Small L, Pratt H, Fujimoto C, et al. Diels Alder Polyphenylene Anion Exchange Membrane for Nonaqueous Redox Flow Batteries. Journal of the Electrochemical Society, 2015,163:A5106-A5111.
[192] Yan F, Yu S, Zhang X, et al. Enhanced Proton Conduction in Polymer Electrolyte Membranes as Synthesized by Polymerization of Protic Ionic Liquid-Based Microemulsions. Chemistry of Materials, 2009,21:1480-1484.
[193] Kanan M, Nocera D. In Situ Formation of an Oxygen-Evolving Catalyst in Neutral Water Containing Phosphate and $Co^{2+}$.Science, 2008,321:1072-1075.
[194] Liu X, Yu J, Song H, et al. Nitrogen and Sulfur-Codoped Porous Carbon Derived from a BSA/Ionic Liquid Polymer Complex: Multifunctional Electrode Materials for Water Splitting and Supercapacitors. RSC Advances, 2019,9:5189-5196.
[195] Dai Z, He M, Yu J, et al. Freestanding Porous Carbon Membrane Deriving from the Alginic Acid/Poly(Ionic Liquid) Complex and Its High-Performance HER Electrocatalysis. New Journal of Chemistry, 2021,45:10349-10356.
[196] Liu C, Song H, Dai Z, et al. Poly (Ionic Liquid)/Graphene Oxide-Derived Porous Carbon Materials as Highly Efficient Electrocatalysts for Hydrogen Evolution Reaction. Ionics, 2022,28:1311-1321.
[197] Wang L, Daoud W. Highly Flexible and Transparent Polyionic - Skin Triboelectric Nanogenerator for Biomechanical Motion Harvesting. Advanced Energy Materials, 2019,9:1803183.

SERIE BOOKS ON **IONIC LIQUIDS**

IONIC LIQUIDS

# 5

# 聚离子液体智能响应材料与器件

智能材料是指对环境刺激（热、电、光、化学、应力、应变等）作出感知，并进行分析、处理和响应的一类新兴功能材料。这类响应型材料在外界刺激下可产生微观结构的变化，在宏观上表现出颜色、形貌、体积、凝胶 - 溶胶、亲疏水等性能的转变，被广泛应用于生物医学、药物释放、石油化工、有机电子、智能器件等领域。聚离子液体具有不同的阴阳离子结构和组合，拥有独特的高密度离子基团和灵活可设计的结构，在刺激响应材料领域具有广泛的应用前景。本章将针对聚离子液体在温度响应、电响应、光响应、pH 响应、离子响应、压力传感、自修复材料等智能材料和器件方面的性能调控和应用进行介绍。

## 5.1 温度响应型聚离子液体

温度响应材料是指在受到外界温度刺激下自身物理或化学性质随之发生变化的材料。温度刺激条件简单方便，便于操控，温度响应材料的研究近年来取得了较好的进展，在智能窗、生物医药、航空航天等领域有着广泛的应用[1-5]。依据响应类型，温度响应型材料可分为热致变色材料、热致形状记忆材料和温敏相变材料等[6-8]。聚离子液体因其超强的分子可设计性和独特的阴阳离子结构，在温度响应型材料领域有广泛的应用前景。

### 5.1.1 聚离子液体在温敏相变领域的应用

#### 5.1.1.1 低临界溶解温度（LCST）聚合物

LCST 响应型聚合物，是指在低温下共溶而升温到临界温度以上发生相分离的一类聚合物[9]。基于聚离子液体结构可设计性强的特点，通过合理的结构设计可以赋予聚离子液体热相变能力。Vancso 等[10]报道合成了一种双响应有机金属聚离子液体，并探究了其结构和性能的关系。该有机金属聚离子液体由一个具有氧化还原活性、硅烷桥接的聚二茂铁基硅烷主链和四烷基鏻磺酸基组成［图 5-1（a)］。它的 LCST 相变由水分子与离子取代基之间的相互作用引起，在水溶液中表现出明显的浓度依赖性和可调的相变温度。Mülhaupt 等[11] 报道了一种由线型聚电解质骨架和聚 2- 噁唑啉 ($PO_x$) 侧链组成的热响应型聚离子液体分子刷，该聚合物具有可调的 LCST。利用浊点在宽温度范围内的变化验证了不同 $PO_x$ 链的化学成分决定 LCST 的行为。热响应型聚离子液体分子刷分散剂有望使具有催化活性的纳米颗粒易于回收，在催化领域具有一定的应用前景。Wu 等[12] 通过改良自由基聚合法制备了一种热响应型聚阴离子液体 (P[$P_{4,4,4,4}$][SS])，利用差示扫描量热法、变温核磁等方法研究了其动态热相变行为。P[$P_{4,4,4,4}$][SS] 溶液的相分离过程主要由阴离子的构象变化驱动，在共价作用力的影响下，阴离子在聚合物溶液的相变中起着主导作用。

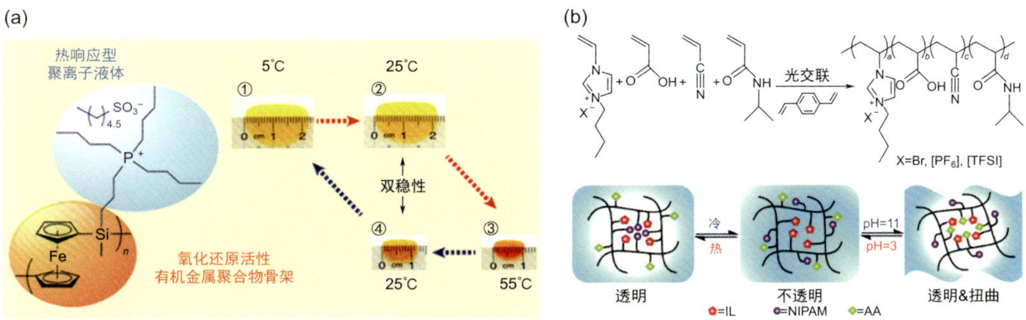


图 5-1 聚离子液体结构和聚离子液体基水凝胶在加热 - 冷却循环中收缩和膨胀的照片（a）[10] 和原位光交联制备聚离子液体膜的反应结构式及其热和 pH 响应机理（b）[13]

聚 (*N*- 异丙基丙烯酰胺 )(PNIPAM) 是最典型的具有 LCST 相变的温敏性聚合物。因为具有接近人体温度的临界熔解温度，所以在生物医药、智能窗等领域有广泛的应用。在 PNIPAM 体系中，聚离子液体链段的引入可以有效改变其热响应性能。Wu 等[14] 研究了 P(NIPAM-*b*-BvimBr) 水溶液的组装性能、热相变行为及其微观动力学，结果表明 3- 乙烯基 -1- 丁基咪唑溴盐 ([Bvim]Br) 链段引入嵌段聚合物可形成核 - 壳胶束结构，具有较高的 LCST，且在水溶液中具有较强的滞后性。Yan 等[13] 用光交联的方法制备了温度和 pH 双响应型聚离子液体膜［图 5-1（b）］，研究发现该聚离子液体膜的透光率可随温度的变化而改变。

#### 5.1.1.2 高临界溶解温度 (UCST) 聚合物

UCST 型聚合物是指在高温下共溶而降温到临界温度以下发生相分离的一类聚合物[15]。两性聚离子液体，即重复单元结构中同时带有阴离子和阳离子，是典型的 UCST 聚合物。Roth 等[16]利用氨基两性离子液体对活性酯前驱体 ( 聚五氟苯基丙烯酸酯 ) 进行改性，提出一步法合成磺基甜菜碱聚合物的方法［图 5-2（a)］，并详细研究了疏水改性对磺基甜菜碱

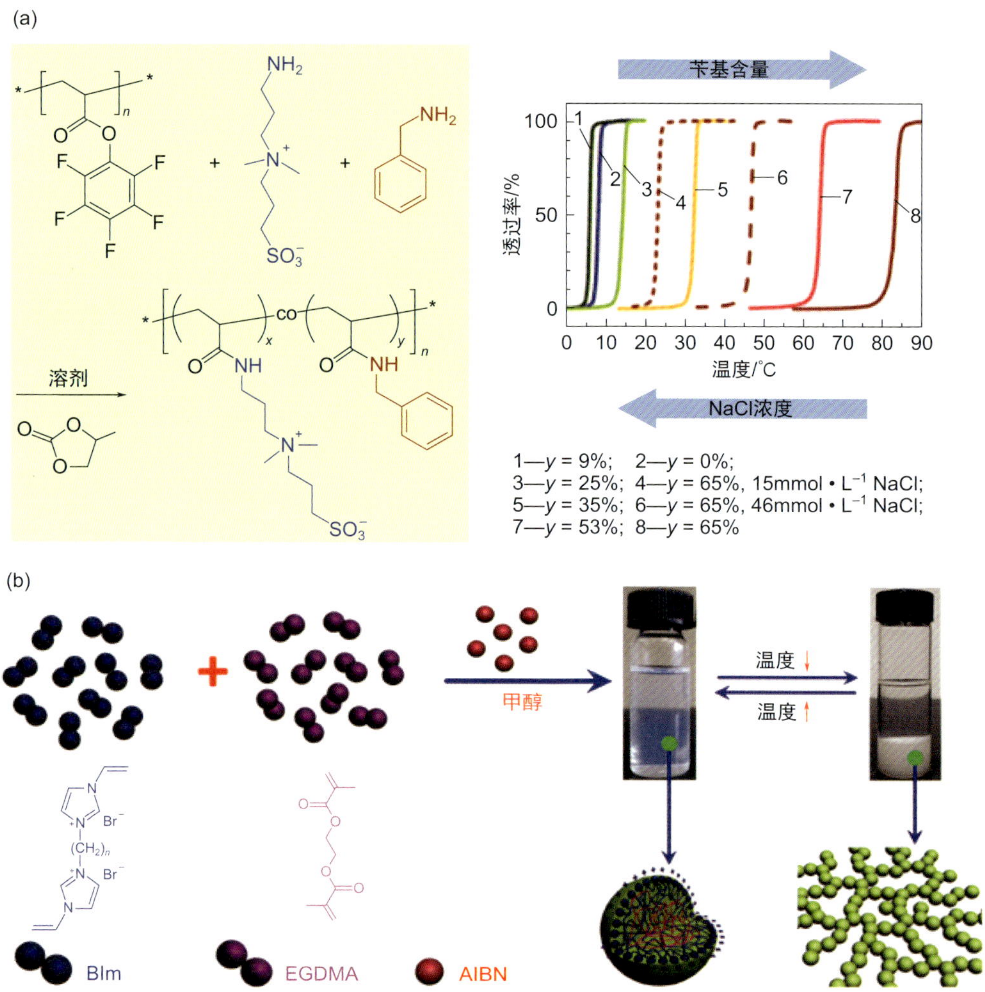


图 5-2　磺基甜菜碱聚合物和其水溶液的 UCST 性能[16]（a）和一步合成聚离子液体纳米凝胶及其随温度变化的热响应行为示意图（b）[18]

聚合物水溶液 UCST 的影响。另外，在不同摩尔比苄基丙烯酰胺组成的共聚物系列中，随着苄基含量的增加，共聚物的水溶性降低，UCST 升高。控制苄基丙烯酰胺摩尔比可以实现对磺基甜菜碱共聚物浊点的精准调控（6 ～ 82℃）。Zhu 等 [17] 对磺酸丁基甜菜碱 (SBB) 共聚物的水溶液行为进行了详细的比较研究。通过三种不同的合成路线制备聚磺酸丁基甜菜碱聚合物，并探讨了不同合成工艺对 SBB 同类型共聚物的适用范围和局限性。对于 SBB 甲基丙烯酸酯共聚物，随着聚合度的增加，UCST 从 27℃提高到 77℃。另外，聚合度相近但共聚单体配比不同的磺酸丙基甜菜碱 (SPB) 和 SBB 共聚物的 UCST 随着 SBB 含量的增加而升高，实现了 UCST 的可控调节。

离子液体单体与其他功能单体共聚是制备热响应型聚离子液体的有效方法。Xiong 等 [18] 通过乙二醇二甲基丙烯酸酯、二乙烯基苯和双乙烯基咪唑类单体 ([$C_n$vim]Br, $n$ = 6,8,12) 在选择性溶剂中一步交联共聚，制备热响应型高分子纳米凝胶［图 5-2（b）］。纳米凝胶的直径可通过改变离子液体单体和交联剂的投料比来进行调控。此外，为了实现此类纳米凝胶的热响应性能，增强羟基或羧基单体的氢键相互作用是该策略的关键 [19]。

### 5.1.2 聚离子液体在热致形状记忆领域的应用

热致形状记忆聚合物 (SMPs)，是指具有初始形状的聚合物在一定的条件下改变其初始形状并固定后，可以通过温度刺激恢复其初始形状的高分子材料，也是一类可编程材料 [20, 21]。具有形状记忆功能的聚离子液体相对较少，Livi 等 [22] 报道了一种含有一个或两个咪唑单元的环脂肪族环氧功能化离子液体 (CEILs)［图 5-3（a）］，并以此为原料制备了可热固化、3D 平板印刷的聚离子液体。该聚离子液体具有优良的形状固定、保持和恢复的形状记忆行为。Yan 等 [23] 通过主 - 客体相互作用制备了宏观溶胀度可控的形状记忆聚离子液体［图 5-3（b）］。通过 β- 环糊精与 $[TFSI]^-$ 形成包合物，实现聚离子液体凝胶疏水 - 亲水的转变，使得聚离子液体凝胶在 β- 环糊精溶液中吸水率更高，并且被扭曲的凝胶能快速恢复到初始形状，表现出较好的形状记忆效应。

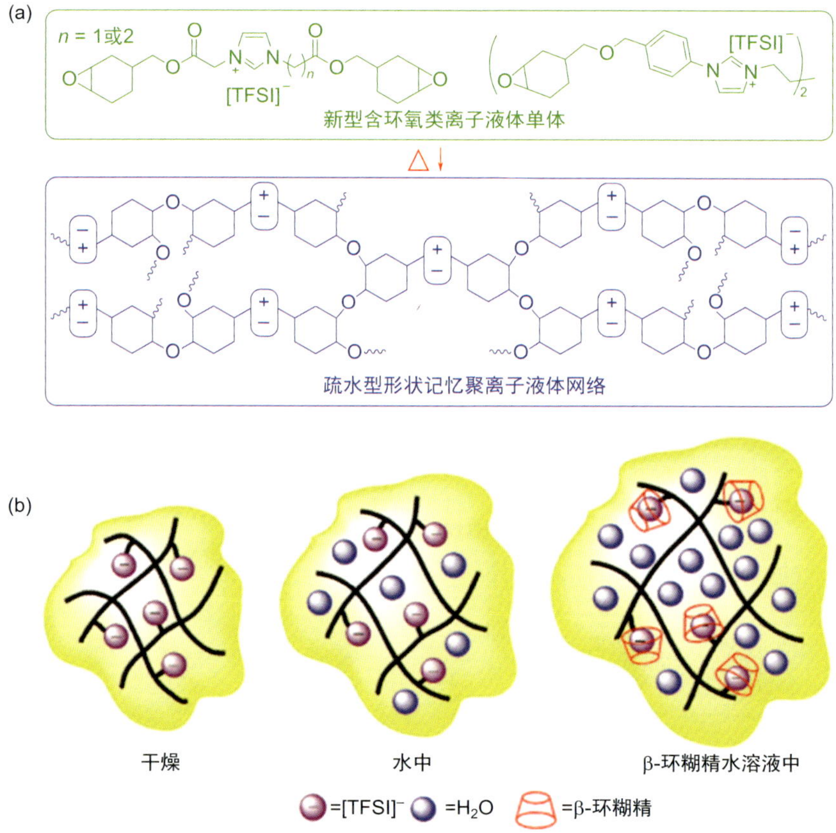


图 5-3 基于 CEILs 单体的聚离子液体网络合成路径[22]（a）和聚离子液体凝胶分别浸泡在水和 β-环糊精溶液中的示意图（b）[23]

此外，具有特定官能团的离子液体可以作为交联剂，制得离子型 SMPs。Singha 等[24]以 PCL/MDI 体系为基础，以季铵盐离子液体为交联剂，合成了具有良好形状恢复和形状固定性能的形状记忆聚氨酯 (PU-IL)［图 5-4（a）］。既有共价交联又有离子交联的 PU-IL 不仅具有较高的形状恢复率 (98%)，还表现出良好的形状固形性 (98%)。Yan 等[25]利用双羟基咪唑阳离子为交联剂制得离子型 SMPs［图 5-4（b）］，基于咪唑基离子团簇和强分子间氢键作用赋予了离子型 SMPs 自修复性能。

(a)

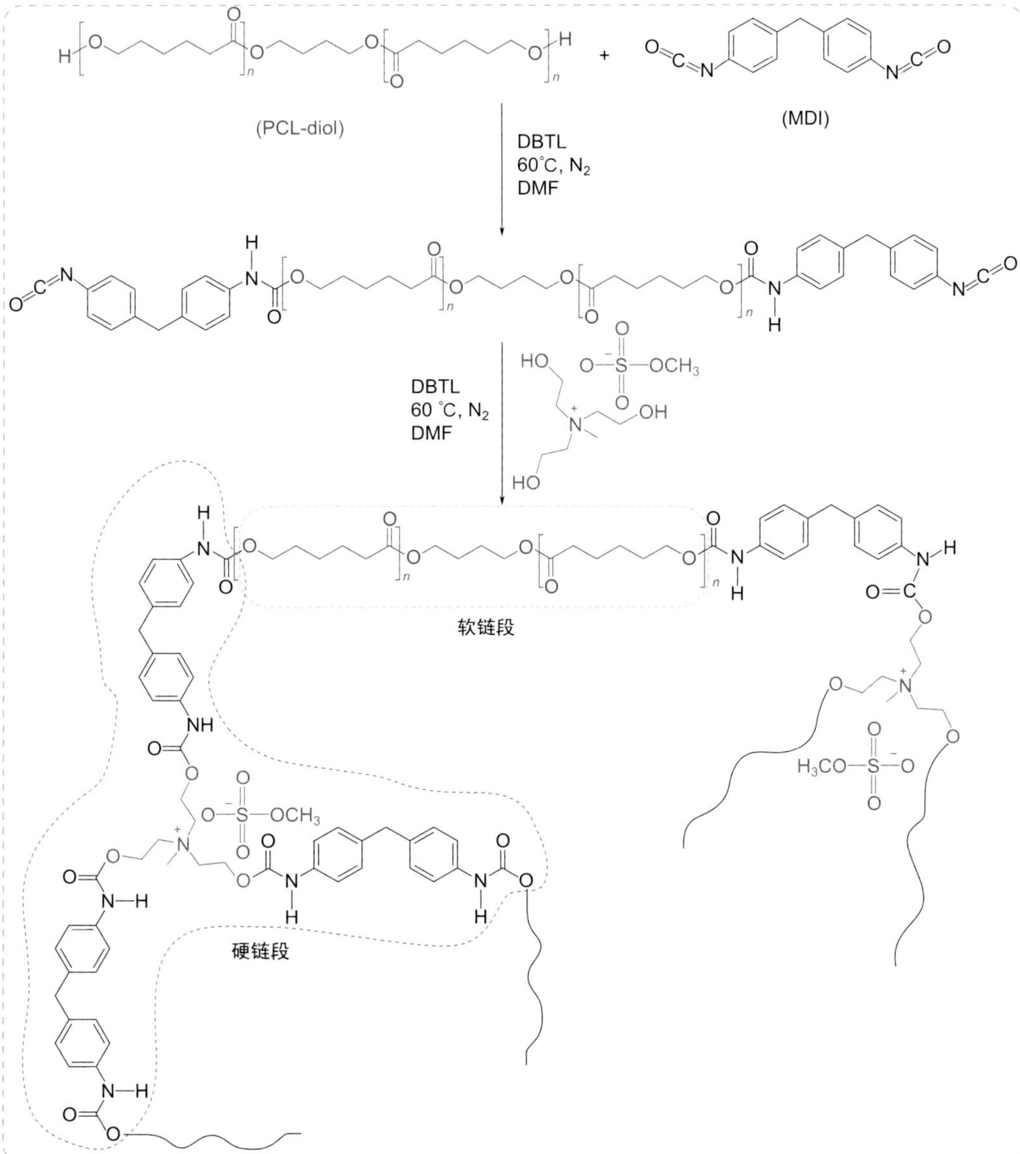


图 5-4

(b)

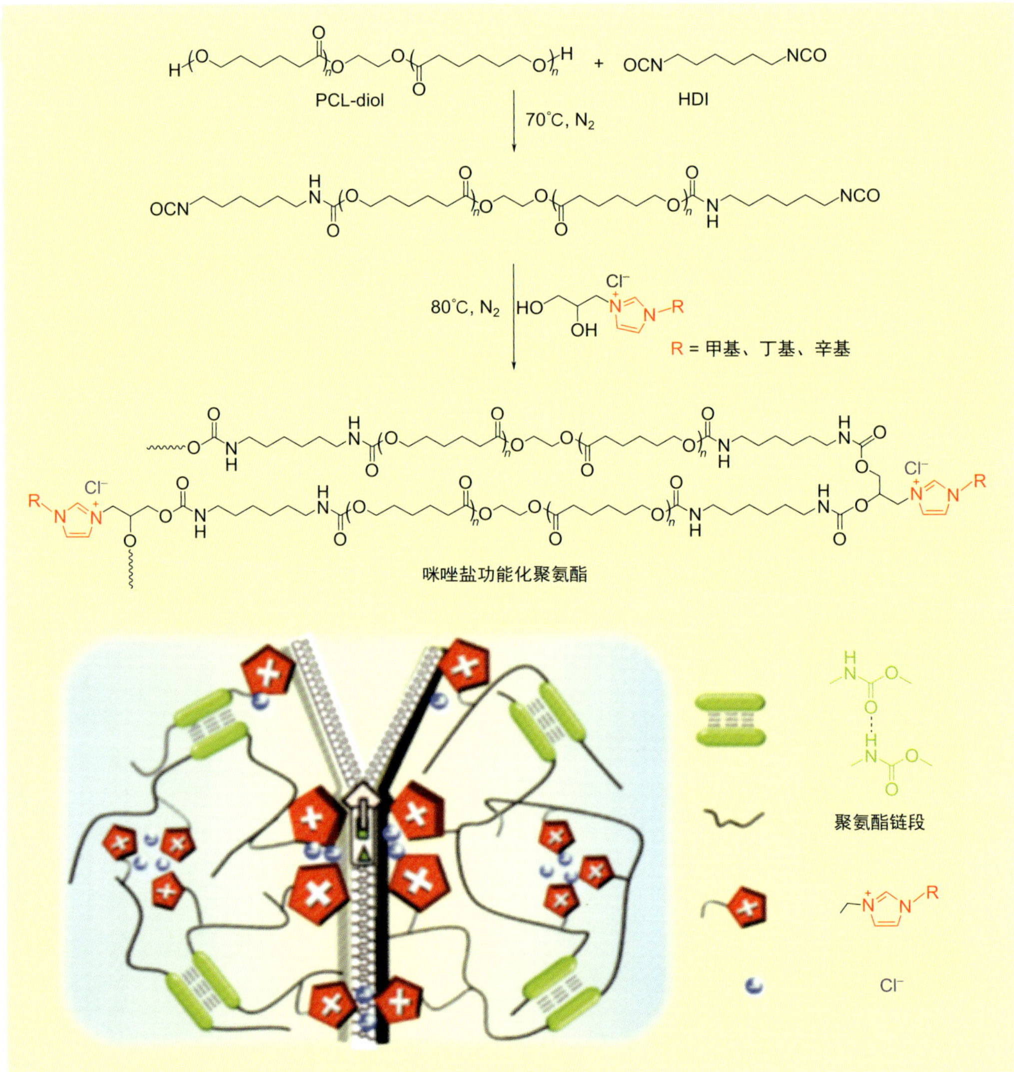


图 5-4 PU-IL 的合成（a）[24] 和咪唑功能化离子 SMPs 的合成路线和自修复机制（b）[25]

## 5.1.3 聚离子液体在热致变色领域的应用

热致变色材料，是指在温度刺激下，自身的光学性质随之发生可逆变化的功能性材料，在智能窗、防伪、能源器件等领域有着广泛的应用前景[26, 27]。

温敏型聚合物因其溶解和析出伴随着透过率的变化而应用到热致变色领域。Yan 等[28]利用二烯丙基紫精作为交联剂，NIPAM 与 [Bvim]Br 作为单体，制得了热、电双响应变色的聚离子液体凝胶，并应用于智能窗［图 5-5（a)]。通过调节 NIPAM 和 [Bvim]Br 的摩尔比，可以调控聚离子液体凝胶的热致变色温度。因此，该双刺激响应型聚离子液体在智能窗和智能显示系统中具有潜在的应用前景。Kim 等[29]将热致变色、电致变色和导电能力聚集在单一分子中，合成了双响应聚离子液体电解质，制得的双稳态智能窗，不

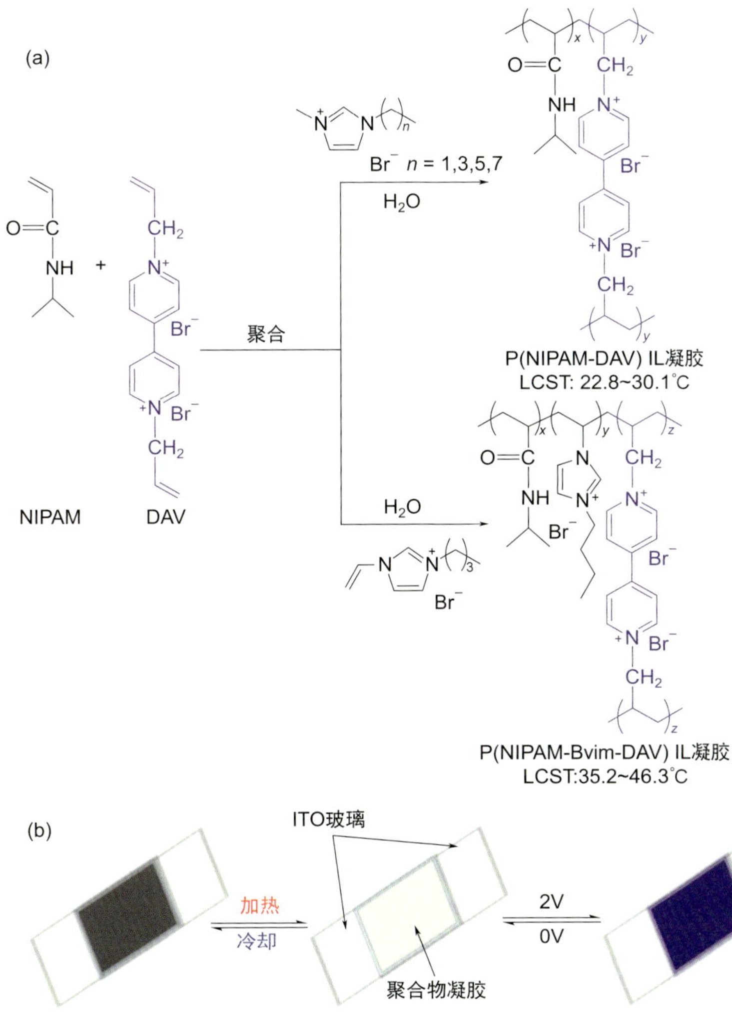


图 5-5　基于聚离子液体电、热双响应变色凝胶的合成（a）及其智能变色机理（b）[28]

仅可以调控太阳能的输入，还可以提供更舒适的色调，提升人们在室内环境中的感受和情绪。

聚离子液体还可以用于热致变色材料载体。Mecerreyes 等 [30] 提出了金、银纳米棒等不可逆热变色染料在聚离子液体纳米复合材料中的新应用。通过咪唑盐聚离子液体在含有金纳米棒的溶液中进行阴离子交换，将纳米棒束缚在聚合物内，制得了具有热致变色功能的纳米复合材料。他们探究了温度对薄膜中金或银纳米棒形状和颜色的影响，金纳米棒复合材料最多可观察到两次热变色跃迁，银纳米棒复合材料最多可观察到三次跃迁。Charpentier 等 [31] 利用离子液体 / 聚离子液体 / 甲醇与乙酰丙酮氧钒的混合物，采用溶胶 - 凝胶法制备了热致变色薄膜，在 400℃退火后形成透明的 $VO_2$ 薄膜。结果表明，离子液体和聚离子液体的分解可以抑制钒的氧化，从而诱导 $VO_2$ 单斜晶的形成。$VO_2$ 薄膜表现出优异的热致变色性能，具有 20.3% 的太阳透过率的调节效率。

此外，聚离子液体在温度响应材料中还有一些其他潜在应用，如热控制药物释放等。Chen 等 [32] 以 $CuCo_2S_4$ 纳米颗粒为核，以聚 ( 四丁基鏻苯乙烯磺酸盐 )(P[$P_{4,4,4,4}$][SS]) 为壳，构建了一种新型杂化药物纳米载体，实现了 pH/ 热双响应药物控释，并且可以通过改变聚离子液体阳 / 阴离子基团类型来调节药物纳米载体的响应灵敏度。该方法为聚离子液体在智能药物载体及药物控释上的应用提供了新的途径。

# 5.2 电响应型聚离子液体

电响应聚合物，是一类结构和性能可以对非常轻微的电刺激产生显著反应的聚合物材料 [33, 34]。它们比传统聚合物更智能、更便捷，并且在电子、软机器人和机电工程应用中越来越普遍。聚离子液体由于其可设计的阳离子和阴离子结构、良好的离子传导能力，而应用于电响应材料 [35]。

## 5.2.1 聚离子液体在电致变色领域的应用

电致变色是指器件的光学特性 ( 透过率、吸收率、反射率等 ) 通过外加电压进行可逆调节的现象。电致变色器件由于其独特的节能和环保性能在节能智能车窗、汽车后视镜、电子显示等领域得到了广泛的研究和应用。电解质是电致变色器件的重要组成部分，为变色反应提供所必需的补偿离子，其性能直接影响器件的响应速率、光学对比度和使用寿命。聚合物凝胶电解质易加工封装且具有较高的离子电导率，因而被广泛用于电致变色器件中。聚离子液体兼具聚合物和离子液体电解质的优点，被认为是最有前途的聚合物电解质之一。

Torresi 等 [36] 使用 1- 氯丙基 -3- 乙烯基咪唑溴盐 ([$C_3$Clvim]Br) 与紫精化合物共聚合，制备了电致变色聚离子液体电解质（图 5-6）。该聚离子液体电解质显色 ( 紫色 ) 时间为 20s，显色效率为 60cm$^2$ • C$^{-1}$，400 次循环后开始失去电活性。尽管聚离子液体电解质性能与离子液体或小分子电致变色材料相比，其着色时间、着色效率以及循环寿命还存在一定差距，但聚离子液体基固态电解质具有更好的机械强度以及安全性。

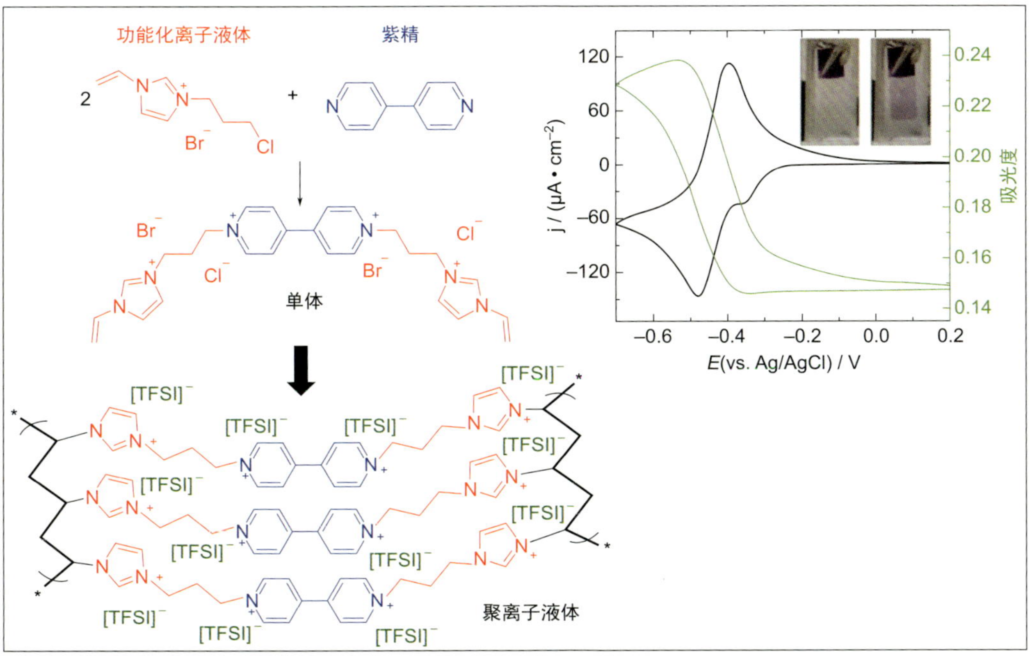


图 5-6 聚离子液体结构及电化学和光谱吸收性质 [36]

Shaplov 等[37]用咪唑盐聚离子液体电解质制备了固态电致变色器件。该器件在 620nm 波长下的显色效率为 $390cm^2 \cdot C^{-1}$，最大光学对比度达 22%（图 5-7）。Frisbie 等[38]采用 1- 乙基 -3- 甲基咪唑双 ( 三氟甲磺酰基 ) 亚胺盐 ([Emim][TFSI])、联吡啶盐和 PS- PMMA 共聚物成功组装了柔性电致变色器件，其显色效率为 $105cm^2 \cdot C^{-1}$，并在空气中具有良好的运行稳定性。

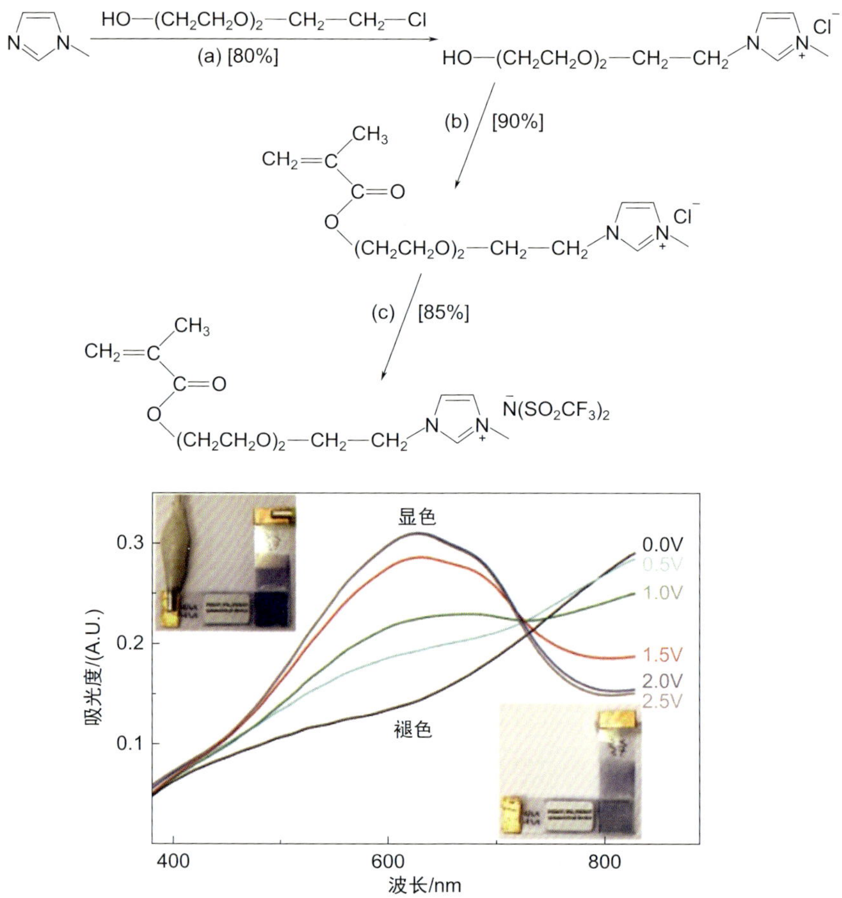


图 5-7　聚离子液体结构和器件的吸收光谱以及变色展示[37]

电化学反射镜通常是指将金属电沉积在透明导电衬底上形成具有反射率的反射态的电致变色装置。然而，在开路状态下，金属薄膜在电解液中的溶解会抑制它们的可持续应用。电解质在决定其双稳态方面起着至关重要的作用。为探讨可逆电化学银镜用(聚)离子液体电解质的本征性质，Yan 等[39]合成并研究了一系列具有不同取代基的单、双咪唑离子液体和聚离子液体。结果表明，随着咪唑环上 N-3 位上烷基链长度的增加，银纳米颗粒的沉积尺寸变小，沉积密度增大。双咪唑离子液体具有较高的电荷密度，使得 Ag 纳米粒子较小且分布均匀。当单离子液体聚合时，可以观察到更致密的金属银膜。此外，高黏度电解液降低了离子迁移率，减慢了银纳米颗粒的电沉积速率，从而使银纳米颗粒沉积均匀致密。即使外部电压被切断，仍然能保持 64% 的反射率。这种在开路状态下的长记忆效应归因于聚离子液体的高黏度性质，可以保护金属膜在电压关断状态下不受电解液中溴离子的影响（图 5-8）。

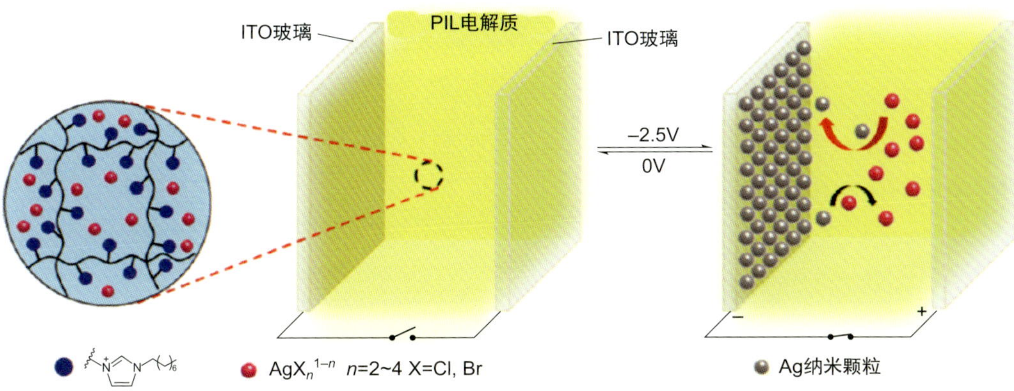


图 5-8 基于聚离子液体的银可逆电沉积 (RED) 器件制备示意图[39]
RED 器件表现为透明状态 ( 无外部电压 ) 和反射 ( 镜像 ) 状态 (−2.5V)

Yan 等[40]合成了一种咪唑基阴离子交换膜，作为锌/紫精混合电池柔性电致变色锌镜的隔膜（图 5-9）。电池充电时，锌电沉积在电极上形成一个反射镜，当锌反射镜溶解时，储能被释放。另外，咪唑基阴离子交换膜的使用有效避免了紫精离子渗透造成的短路。这些研究扩展了聚离子液体在电致变色器件中的实际应用。

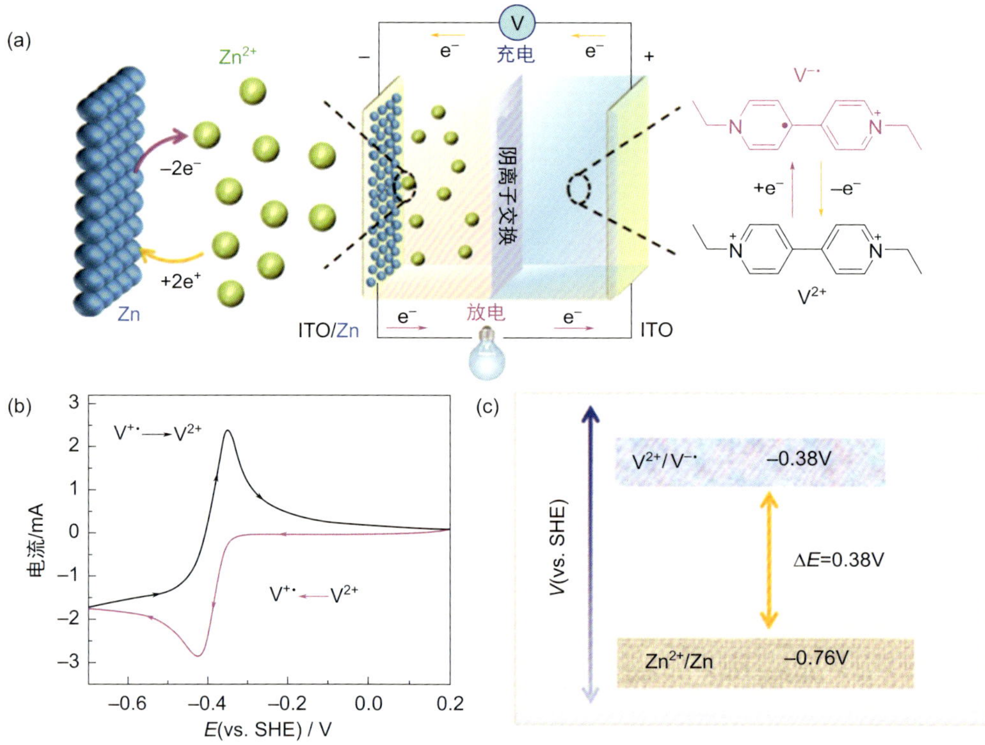


图 5-9 可切换 Zn- 电沉积器件示意图（a），$V^{2+}$（5% 质量分数的 $V^{2+}$ 在 1mol·$L^{-1}$ NaCl 中）的循环伏安曲线（b）和 $V^{2+}$ 阴极和 Zn 阳极的能级跃迁图（c）[40]

## 5.2.2 聚离子液体在电致驱动领域的应用

电致驱动材料可以在电场作用下产生蠕动变形或偏转位移，或在应力作用下产生响应电荷[41]。这种特性使得电致驱动材料在传感器、驱动器、微机电系统、扬声器等方面有着巨大的应用潜力。电致驱动材料可分为离子型和电子型两种类型。离子型电致驱动材料的致动过程主要体现为离子的迁移和扩散，主要包括导电聚合物、离子聚合物凝胶、聚合物 - 金属复合材料和碳纳米管等，该类材料在较低的激活电压下即可产生较大的弯曲位移。在聚离子液体中强静电相关性往往会增强离子对的相互作用，在没有电场的情况下，自由离子的浓度会非常小，这使聚离子液体成为研究从离子对主导态过渡到自由（或游离）离子态材料性质（电气和机械性质）的理想模型系统。

Sumpter 等[42]研究了聚离子液体薄膜的局部电荷传输和结构变化。充电动力学和稳态电流电压关系的实验数据可以通过外加电场下离子的解离来解释［称为维恩效应，图 5-10（a）］。昂萨格的维恩效应理论与电荷输运的泊松 - 能斯特 - 普朗克形式相结合，与实验结果非常吻合。理论和实验之间的一致性可以用来预测聚离子液体薄膜结构与性能之间的关系。当超过一定的阈值电压时，聚离子液体薄膜会出现明显的软化，并在扫描探针显微镜针尖下形成孔洞［图 5-10（b）］。薄膜出现的软化现象可能是由于其玻璃化转变温度降低，外加电场的增加导致离子电离增强。

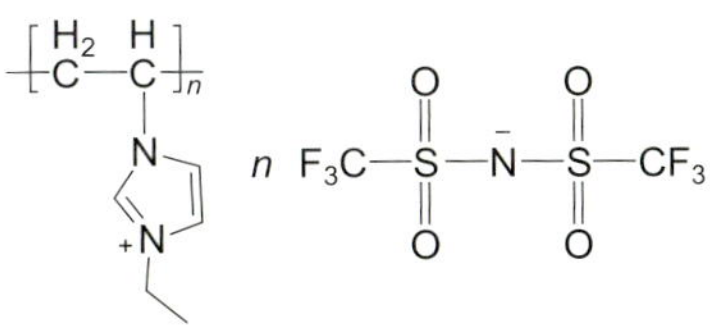


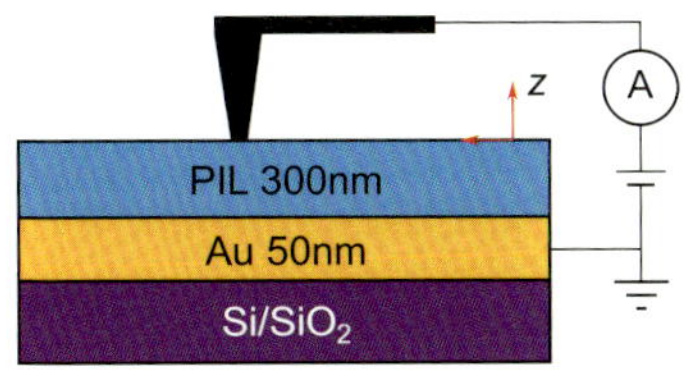


图 5-10　PIL 的化学式（a）和扫描探针显微镜示意图（b）[42]

扫描探针读取电流响应和 $z$ 变化应用于预定义位置的阶跃直流偏置波形

## 5.2.3 聚离子液体在电致黏附领域的应用

电致黏附，即由电场引起可逆转换的黏附，发生在非黏性阳离子和阴离子的水凝胶之间，具有运行安静、低能耗、响应速度快、黏附力可精准控制等优势，已经在工业、智能制造、生物医学等领域引起关注[43]。Kikuchi 等[44]报道了涉及两种带相反电荷的聚电解质水凝胶的“电黏附”现象。首先，两种结构组成不同的固体凝胶（板状或条状）沿着一个面紧密接触，一种凝胶的主链主要是阳离子，另一种凝胶是阴离子的主链。此后，以特定方向对上述紧密接触的两块凝胶施加直流电压后，二者在几秒后变得牢固黏附。电黏附的机制目前仍未完全明确，但主要涉及凝胶 - 凝胶界面处聚合物链和阴阳离子的分子重排。到目前为止，电致黏附还没得到广泛应用，但是“电黏附”的现象获得学术界的广泛关注和研究。

Zhang 等[45]将烷氧基链引入聚离子液体的阳离子主链中，再选择合适的阴离子，可以将非胶黏剂和常规的聚离子液体转化为高效的黏合剂（图 5-11）。

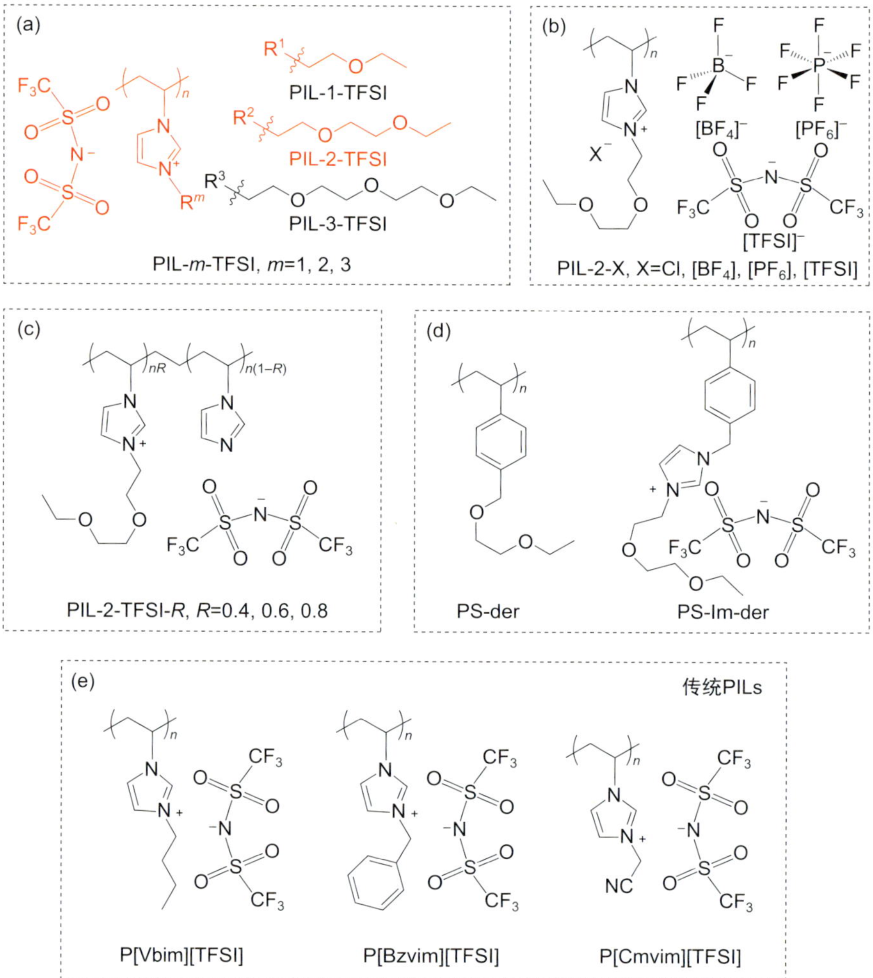


图 5-11　烷氧基 PIL(PIL-*m*-TFSI) 及其他参考样品的结构 [45]

（a）不同烷氧基链长度的 PIL-*m*-TFSI (*m* 为烷氧基链中氧原子数)；（b）不同阴离子的 PIL-2-X (X 代表阴离子类型)；（c）不同季铵化程度的 PIL-2-TFSI-*R*；（d）有 (PS-Im-der) 或 (PS-der) 离子单元的聚合物；（e）不含烷氧基的常规聚离子液体

热稳定好且不易燃的非邻苯二酚类黏合剂对玻璃、陶瓷、不锈钢、铝和聚合物等基材具有强大、持久、可回收的黏附效果。这些烷氧基聚离子液体在空气中对玻璃的最大黏附强度可达 5.96MPa，明显高于大多数邻苯二酚胶黏剂和市售胶黏剂。黏附强度与聚离子液体结构密切相关，烷氧基和离子基团均是实现强黏结的先决条件。实验与理论结合分析认为，烷氧基引起玻璃化转变温度降低、氢键相互作用和静电相互作用增强，是高界面黏附能的主要原因。由于离子液体独特的结构以及与 CNTs 或 AgNFs 之间良好的相容性，聚离子液体黏合剂还可进一步设计为光控或柔性导电黏附的多功能材料。与非离子黏结材料不同的是，在外加电场作用下，PIL-2-TFSI 对 ITO 涂层玻璃的黏结强度可从 5.2MPa 提高到 7.0MPa( 提高 35%)。这些新型的离子液体基胶黏剂及其复合材料将在真空黏合、电极黏合、生物黏合等领域具有巨大应用潜力（图 5-12）。

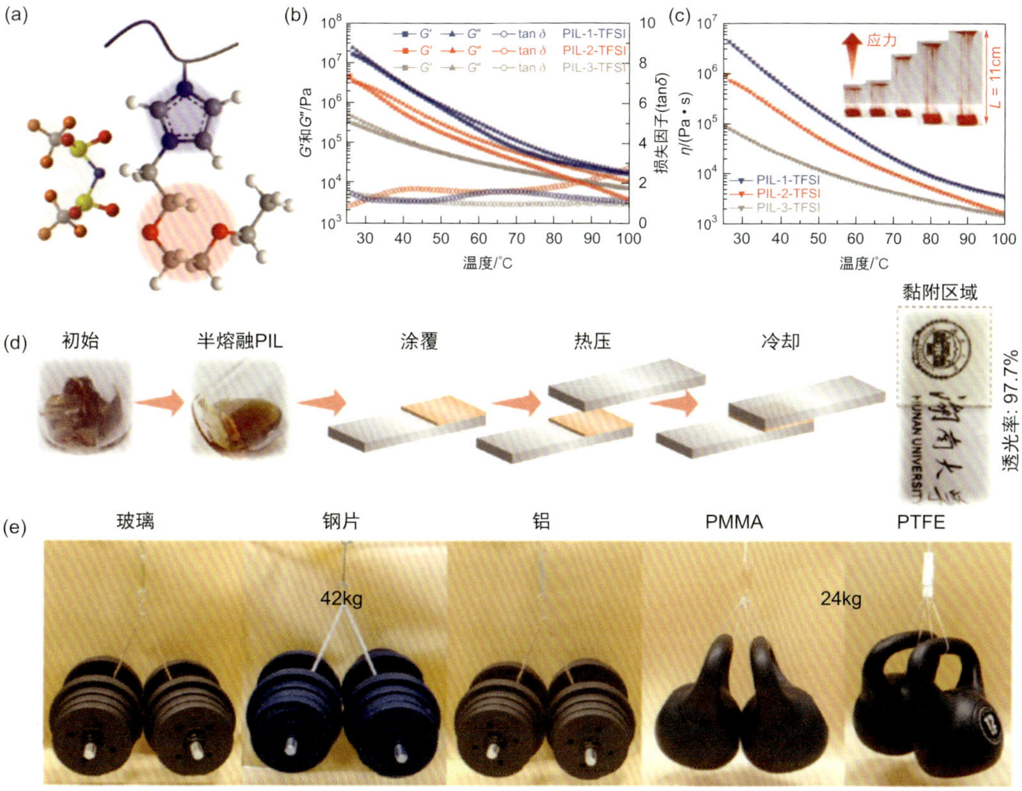


图 5-12 PIL-2-TFSI 的结构与性能 [45]

(a) PIL-2-TFSI 结构示意图；(b)，(c) 烷氧基 PIL 的温度依赖流变试验（角频率 = 10rad·$s^{-1}$，应变 = 1%)，(c) 的插图为 PIL-2- TFSI 在 80℃的拉丝过程，PIL 用少量甲基红染色，以便观察清楚；(d) 烷氧基 PIL 与高透光率 PIL-2-TFSI 粘接玻璃片的粘接过程示意图；(e) PIL-2-TFSI 在各种基材上的宏观黏附试验（在玻璃、SS、Al、PMMA、PTFE 上的黏附面积分别为 12$cm^2$、12$cm^2$、13$cm^2$、15$cm^2$、15$cm^2$）

Yan 等[46] 利用二茂铁 (Fc) 和 β- 环糊精 (β-CD) 对聚离子液体膜进行表面改性，合成了一种坚固、柔韧的聚合物搭扣（图 5-13）。在不使用任何固化剂的情况下，仅通过 β-CD 和 Fc 分子之间的分子识别，PIL-β-CD 和 PIL-Fc 膜在机械压缩下即可实现相互黏附。这种聚合物搭扣在空气和水溶液（包括酸碱水和人工海水）中显示出很强的附着力，可以通过机械和化学方法可逆解开和固定。由于聚离子液体膜固有的离子导电性，制备的聚离子液体膜具有附着可逆性，并且可以通过施加的电压进行电化学控制。

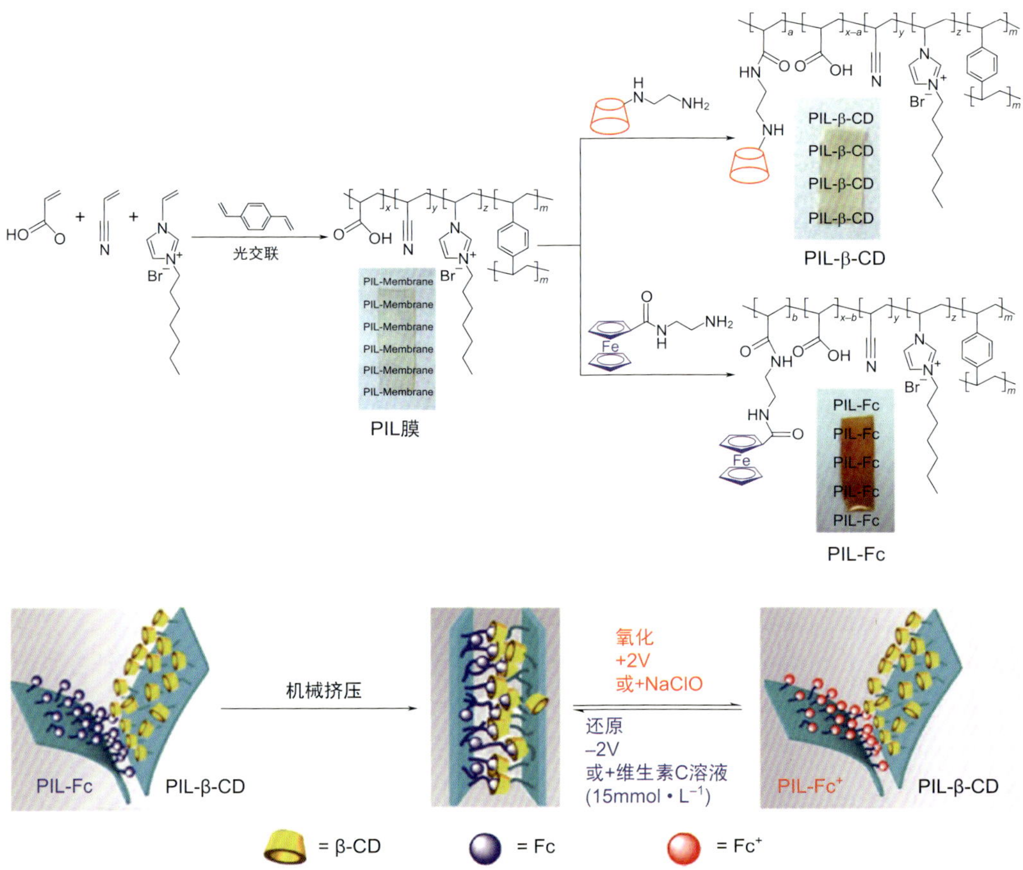


图 5-13　PIL-β-CD 和 PIL-Fc 膜的合成示意图，以及基于 β-CD 和 Fc 改性 PIL 膜表面的可逆搭扣吸附策略[46]

# 5.3 光响应型聚离子液体

光响应材料能够实现快速、无创、高时空分辨率地远程控制，近些年来受到了广泛关注。在聚离子液体中引入光响应基团可以得到具有光响应的功能材料，称为光响应型聚离子液体，其表现出光响应以及离子液体的特性。光响应型聚离子液体通常是通过光响应基团与离子液体以共价键或离子配对形成的。光响应型聚离子液体通常是含有光活性基团的聚合物[47-49]，如偶氮苯、二苯乙烯和肉桂酸盐。在紫外光或可见光的照射下，光响应型聚离子液体的化学结构和（或）物理性质发生可逆变化，其功能基团在光的照射下形成离子或两性离子，从而导致聚合物的黏度、电导率或颜色等发生改变[50]。

## 5.3.1 聚离子液体在光致变色领域的应用

光致变色材料能够通过吸收可见光或近紫外光而引起颜色的变化。光致变色材料有两种变色机理：一种是可见光或近紫外区域辐射引起物质顺反异构或其他结构变化，如三苯基甲烷、偶氮苯、螺吡喃等；另一种是对紫外区辐射吸收，产生光电效应。2009 年 Pina 等[51]将甲基橙 (MO) 作为反离子与适当的有机阳离子 { 如 1- 丁基 -3- 甲基咪唑阳离子 ($[Bmim]^+$)、双羟乙基己基锍阳离子 ($[(C_2OH)_2C_6S]^+$) 和三己基十四烷基鏻阳离子 ($[P_{6,6,6,14}]^+$)} 结合，开发了光致变色离子液体。然而，由于 MO 顺式异构体不稳定，在室温下其光致变色性能很快消失，同样，MO 基材料的顺式异构体在有机溶剂和液膜中也不稳定。通过共价键将具有光响应特性的二芳基乙烯或螺吡喃衍生物与离子液体相结合，可以获得具有稳定异构体形式的离子液体基光响应材料。但这种基于离子液体的光响应材料的合成过程相对复杂。Yan 等[52]合成了一系列灵敏、可调的联吡啶基光致变色材料（图 5-14），并且研究了分子间作用力、阴离子大小对光致变色机理和响应速率的影响。研究发现，双氢键在取代基上的引入增强了分子间相互作用，降低了分子间距，促进了电子转移效应，显著加快了光致变色速率。此外，改变阴离子的大小可以调节光致变色速率，阴离子越大，分子间距越大，电子转移越弱，光致变色速率越低。将联吡啶衍生物印刷在 PET 薄膜或纸张上，可作为传感器来监测发光二极管屏幕发出的近紫外辐射。

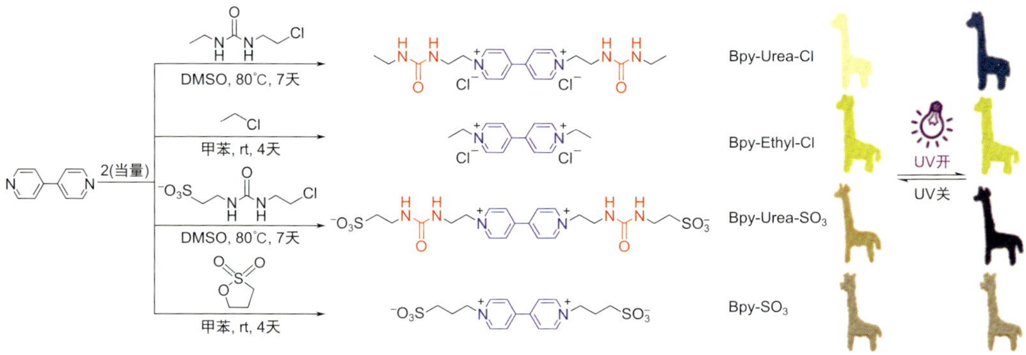


图 5-14 联吡啶衍生物（固体粉末）的合成路线及其在紫外线照射下的颜色变化[52]

Sanhueza 等[53] 报道了基于聚癸基紫精的光致变色材料（图 5-15）。以 PV10 为聚正离子，PSS 或 Alg 为聚负离子。在太阳光下，PV10/Alg 晶片表现出快速的光致变色反应，而 PV10/PSS 晶片则没有这种反应。PV10/Alg 晶片的光致变色响应允许在分钟量级上着色，其动力学常数为 $0.007s^{-1}$，而变色在小时量级时，其动力学常数为 $0.0003s^{-1}$。该研究证明了紫精聚合物反离子性质的重要性，通过改变反离子可以获得具有可调节着色的聚合物。

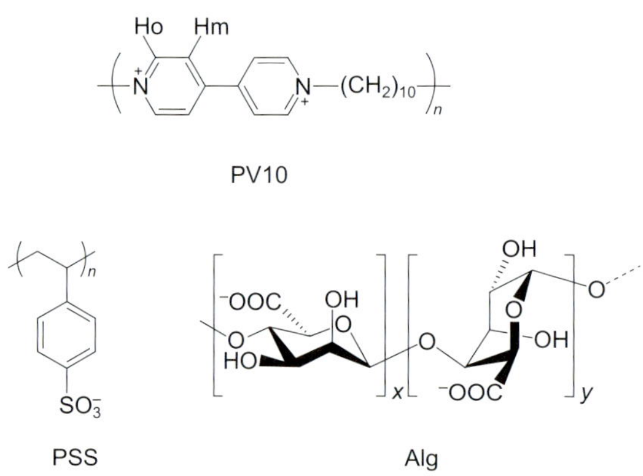


图 5-15 PV10、PSS 和 Alg 的分子结构[53]

## 5.3.2 聚离子液体在光致驱动领域的应用

以紫外线或可见光来驱动材料理化性质发生变化的材料都可称为光驱动材料。聚离子液体可以与偶氮苯等传统光响应基团结合[54, 55]，制备光驱动材料。Mochida 等[56] 报道了一种钌配合物 $\{Ru(C_5H_5)[C_6H_3(OC_6H_{12}CN)_3]\}^+$ 和聚阴离子 $[—CH_2—CH(SO_2N—SO_2CF_3)—]^{n-}$ 组成的光反应型聚离子液体。在紫外光照射下，该聚离子液体可通过阳离子的光化学反应转变成弹性体。光和热导致弹性体配位结构转变，使得黏弹性和离子电导率发生可逆变化，证明这是阳离子可逆固化的结果。Alaniz 等[57] 将含咪唑基团的二芳基烯共价连接到聚 ( 环氧乙烷 ) 骨架上（图 5-16）。紫外光照射后，聚合物的固态电导率下降了近 70%，再用可见光照射，其电导率可恢复。使用含咪唑 DAE（二芳基乙烯，DAE）作为离子共价连接到聚 ( 环氧乙烷 ) 骨架

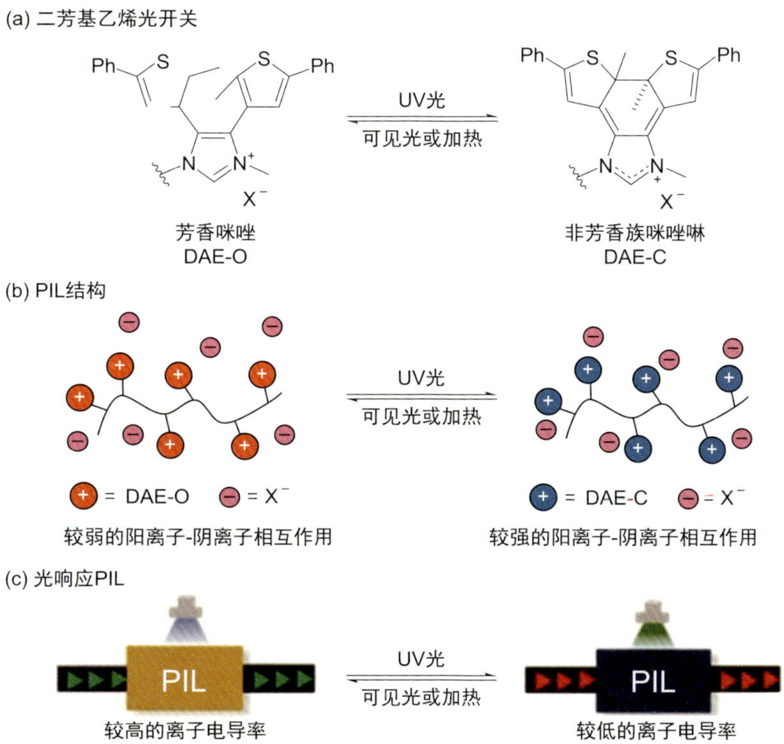


图 5-16　含咪唑 DAE 的光致变色机理 ( a )；阳离子 - 阴离子相互作用的 PIL 方案 ( b )；具有可调光响应离子电导率的固态聚离子液体薄膜 ( c ) [57]

上，结果显示：开环异构体的咪唑环与包含 $4n+2\pi$ 电子的重叠 π 轨道共轭，这些电子具有显著的芳香特性和离域正电荷。具有相关电子重排的环闭合异构体，在紫外光照射后导致含有更多局部正电荷的非芳香咪唑啉环。开环异构体 (DAE-O) 由于芳香咪唑环而产生离域阳离子变化，而闭环异构体 (DAE-C) 则具有更多的定域正电荷。这使得移动阴离子和含有 DAE 阳离子的咪唑之间的结合可以被控制，从而可以可逆地调节聚离子液体固体膜的离子电导率。这种新型的光响应式系统将为聚离子液体材料带来了新的机遇，在智能电路和可穿戴光电探测器等领域具有一定的应用潜力。

2021 年，Bates 等 [58] 利用光激发以及偶氮苯聚离子液体与半导体聚合物之间的电荷转移制备了有机光电探测器（图 5-17）。结果显示：紫外线和可见光在 10s 内诱导恒定电压下的电流增加 $10^2$ ～ $10^3$ 倍，当灯关闭时，电流立即衰减。这种光介导的性能在多个开 / 关循环中具有抗疲劳性，并且可以用可见区域内的波长（660nm 和 700nm）进行调控。光诱导载流子密度的前沿能级计算表明，这种光响应型的电流响应与一般由偶氮苯设计而成的光响应聚离子液体不同，不是由偶氮苯可逆的反→顺式异构化引起的，

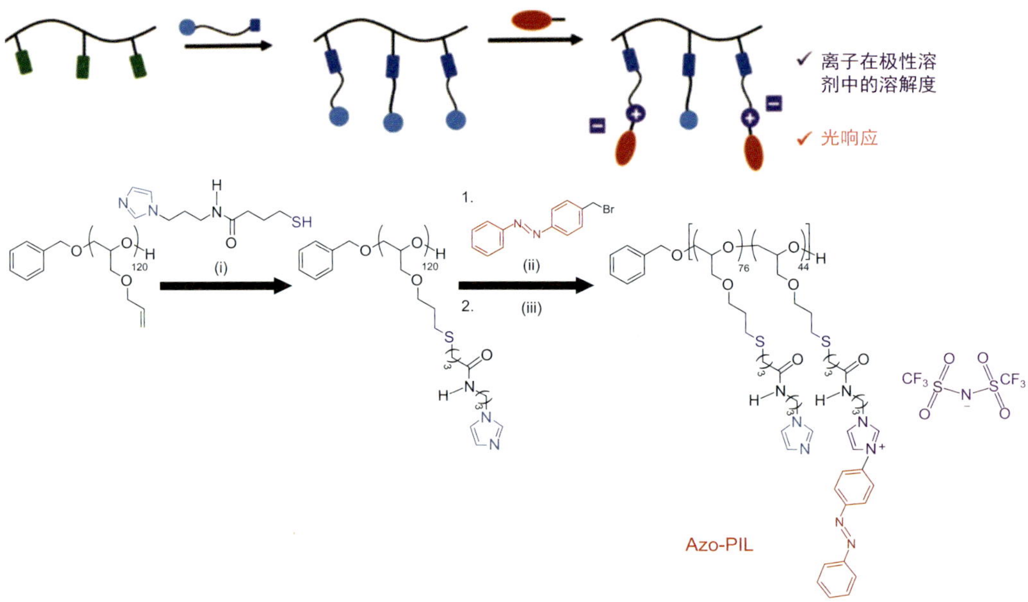


图 5-17 聚丙烯基缩水甘油醚后聚合改性合成偶氮聚离子液体 [58]

而是由光激发以及偶氮苯聚离子液体与半导体聚合物之间的电荷转移引起的，并且电荷转移发生在 Azo-PIL 和半导体聚合物 (PhF-2, 3) 的界面上。

### 5.3.3 聚离子液体在光热材料领域的应用

光热材料是把吸收的光能转变为热能的一类材料。随着光学技术的发展，光热转换材料在化工、能源、传感及生命健康领域受到关注。目前，聚离子液体材料主要应用于海水淡化领域，其在孔径的有效控制和抗盐性方面有独特优势。一般而言，海水淡化光热材料的结构为：黑色疏水顶面作为光热转化区，有利于光吸收和蒸汽蒸发，下部为亲水性，有利于水的运输。Wang 等[59]可控制备了带电多孔聚合物膜 (CPM)。通过合理选择离子液体中的阴离子，可以调控 CPM 的孔径和结构，对 CPM（图 5-18）进行碳化处理，可以制备出连续的异原子掺杂多层多孔碳膜 (HCMs)。微 / 中孔有利于通过毛细效应提供较大的吸水活性表面积，而大孔则形成相互连通的三维通道，可作为加速物质扩散和提高交换效率的高速通道。所制备的多层多孔碳膜光热转化效率可达 74.69%，远高于相同辐照条件下水本身的转化率 (40.81%)。

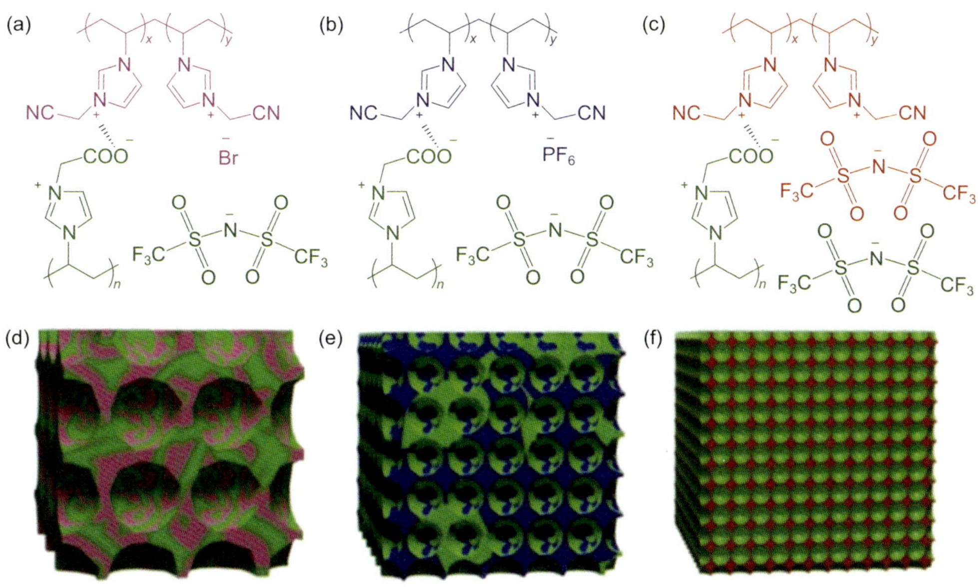


图 5-18 CPM 的化学结构和成孔机理示意图[59]

（a）、（d）CPM-1；（b）、（e）CPM-2；（c）、（f）CPM-3

Li 等 [60] 报道了涂覆强疏水炭黑及多孔超亲水聚离子液体 (C-PDVB-$BF_4$ILs) 的 Janus 光热材料。利用聚咪唑阳离子 ( 离子液体 ) 对盐溶液阳离子产生的 Donnan 排斥效应，结合其独特的 Janus 结构，C-PDVB-$BF_4$ILs 具有优异的耐盐性能。结果显示：制备的 C-PDVB-$BF_4$ILs 具有较高的孔隙率 (90.8%)、较低的热导率 (0.293W・$m^{-1}$・$K^{-1}$)、较低的表观密度 (40.0mg・$cm^{-3}$) 以及良好的光吸收性能 (92%)，是一种很有前景的太阳能蒸汽产生器件（图 5-19）。

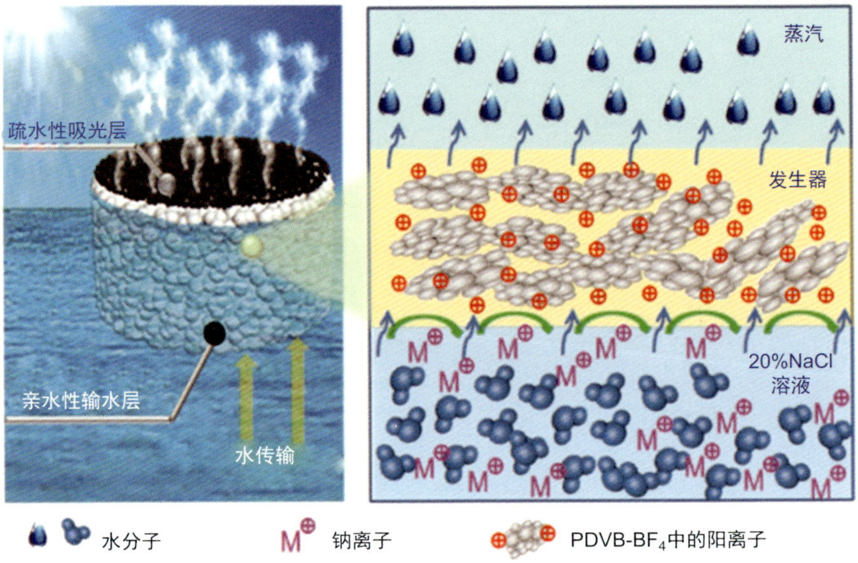


图 5-19　C-PDVB-$BF_4$ILs 光热效应机理示意图 [60]

## 5.4 pH 响应型聚离子液体

能够对外界环境 pH 值变化产生快速响应的材料称为 pH 响应型材料，对环境 pH 值的监测与调控在酶催化、药物递送、染料变色等领域的科学研究和工业应用中都非常重要。聚离子液体具有高导电性、难挥发性和高化学稳定性，主链或者侧基结构中通常具有弱酸性或弱碱性基团 ( 羧基、氨基、磺酸基等 )，可产生质子化或者去质子化过程而使分子链发生可逆的构象转变(分子链舒展或团聚、相变等)，因此具备优异的气体敏感性，能在极端环境下作为气体检测与检测传感器的理想电解质，在气体的捕获、催化、分离与传感领域备受青睐[61, 62]。

### 5.4.1 酸碱气体响应材料

$CO_2$ 刺激响应性首次由 Jessop 等[63]提出，他们基于脒类与醇的混合溶液，创建了一种 $CO_2$ 驱动的极性可切换的溶剂体系，其中非离子液体(如醇和胺)在暴露于 $CO_2$ 气氛时转化为离子液体，暴露于氮气或氩气时恢复为非离子液体。

当前，对 $CO_2$ 刺激响应的功能基团主要有脒基、胍基、氨基和咪唑环等。Yan 等[64]通过咪唑类离子液体单体与甲基丙烯酸 *N,N*- 二甲氨基乙酯共聚，合成了具有 $CO_2$ 刺激响应性的聚离子液体。向聚离子液体中鼓泡 $CO_2$ 气体后，制备的 PIL 溶液转化为透明且稳定的凝胶，在 $N_2$ 鼓泡后可恢复到初始溶液状态。在添加和去除 $CO_2$ 时，气体诱导的聚甲基丙烯酸 *N,N*- 二甲基氨基乙酯链段的可逆质子化行为使其与 PIL 阴离子之间存在静电相互作用，从而导致可逆的溶胶 - 凝胶转变。Wu 等[65]以低聚(乙二醇)和磺酸盐为原料，设计合成了一种具备可逆吸收和解吸 $CO_2$ 性能的微凝胶，具有抗聚电解质行为并与 $CO_2$ 物理交联，还可以通过添加 NaCl 或其他盐显著增强该响应灵敏度。

聚离子液体在极端环境下出色的稳定性与对不同气体的高溶解度，使其成为不同气体传感器件中的理想电解质。Wang 等[66]基于双(三氟甲磺酰基)亚胺阴离子 ($[TFSI]^-$) 的离子液体设计了一种氧气传感器。与基于水性电解质的传统克拉克电池相比，改进后的氧气传感器在性能和稳定性方面显著提高。氧的检测限低至 0.05%(体积分数)，氧分压在 0 ～ 20% 之间。Ji 等[67]通过循环伏安法在碳酸亚丙酯中的玻碳电极上研究了 $NH_3$ 的直接和间接电化学氧化。碳酸亚丙酯中 $NH_3$ 的电化学氧化是间接的，通过测量 $NH_3$ 和氢醌间接氧化反应的峰值电流并作为 $NH_3$ 浓度的函数，可以测量 10 ～ 100μL・$L^{-1}$ 范围内对 $NH_3$ 传感的间接分析效用，其灵敏度为 $1.29\times10^{-7}$A・$(\mu L/L)^{-1}$ 和 5μL・$L^{-1}$ 的 LOD。Toniolo 等[68]设计制备了一种基于离子液体的组装方便、灵敏且响应快速的无膜电流传感器，可用于检测气体环境中的氮氧化物。根据大气中可能的干扰物质 (CO、$H_2S$ 和 $SO_2$) 具有不同的氧化电位，该电流传感器可降低干扰并完成有效的 $NO_x$ 测定。在室温下，其检测限为 0.96nL・$L^{-1}$，100℃下其检测限下降到 0.55nL・$L^{-1}$。

### 5.4.2 pH 响应阴离子型聚离子液体

pH响应阴离子型聚离子液体的去质子化/质子化pH值范围较窄（4～8），在低 pH 值时质子化，而在较高 pH 值时发生去质子化，呈负电性。pH 响应阴离子型聚合物结构中典型的 pH 响应基团有—COOH、—$SO_3H$ 等。Hamzehzadeh 等 [69] 研究了 298.15K 下溶液 pH 值对 1- 丁基 -3- 甲基咪唑溴盐 ([Bmim]Br)/ 柠檬酸钾 / 水三元体系相行为的影响。结果表明，增加 pH 值将促进离子液体和盐在水中的分离。与酸性条件相比，碱性环境中具有较高价态的柠檬酸根离子具有更高的盐析性能，因此在碱性环境中更容易形成离子液体与水的两相状态。Yung 等 [70] 合成了一种 pH 响应型离子液体，对 $NH_3$ 和多种烷基胺均表现出较好的响应，在智能光流体、液体逻辑门、电子鼻和感官墨水领域具有较好的应用前景。

pH 响应功能材料在合成催化与设计、药物递送系统领域具有较好的应用，Wu 等 [71] 基于—COOH 和—$SO_3H$ 官能化离子液体合成了一种无需使用额外有机溶剂的金属盐催化剂，应用于在温和的反应条件下偶联二氧化碳和环氧化物以形成环状碳酸酯。这种离子液体催化既能够大大提高环状碳酸酯的产率同时也具有优异的重复效率。Chen 等 [72] 以 $CuCo_2S_4$ 纳米粒子为核心，采用聚 ( 四丁基鏻苯乙烯磺酸盐 ) 作为外壳设计了一种纳米载体。独特的聚离子液体外壳对 pH/ 热刺激敏感，并表现出有效的载药和受控药物释放行为。

### 5.4.3 pH 响应阳离子型聚离子液体

pH 响应阳离子型聚离子液体通常含有—$NH_2$、咪唑、季铵等基团，在酸性 pH 值条件下易被质子化，当 pH 值增大到碱性范围时聚合物链则呈中性。Yuan 等 [73] 开发了一种由聚离子液体和均苯三酸 (TA) 离子配位构成的一种多孔聚卡宾轴承膜致动器（图 5-20）。该致动器具有两个结构梯度，即

静电配位 (EC) 度和卡宾 -$NH_3$ 配合物 (CNA) 沿膜横截面的密度分布。在 $NH_3$ 的作用下，三氮唑会形成卡宾 -$NH_3$ 配合物 (CNA)，而在酸性条件下会破坏这种配位作用。后续利用聚卡宾致动器的 pH 响应性，将其应用于弱酸检测，具有较低的检测限及高灵敏度。Yuan 等[74] 通过在薄芯光纤干涉仪表面涂覆纳米多孔咪唑基聚离子液体薄膜制备高灵敏度的光纤 pH 传感器，通过各种形态的咪唑基聚离子液和聚丙烯酸之间的静电配位，制备了一种具有分层和独特孔结构的纳米多孔聚电解质膜，支持可逆的质子化和去质子化过程。该传感器具有优异的 pH 传感性能，且响应快速 ($t_r$=5s, $t_f$=12s)、灵敏度高 (2.04 ～ 2.48nm • $pH^{-1}$)。

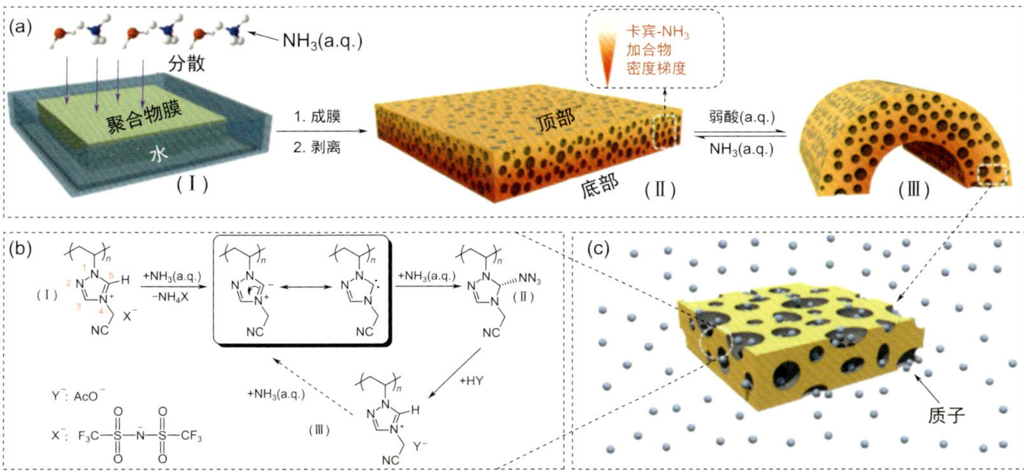


图 5-20　含聚卡宾的纳米多孔 Patriaz-TA 膜致动器的设计理念和化学结构演变示意图[73]

当环境 pH 值达到材料临界 pH 值附近，PIL 分子链发生可逆的构象转变，因此在分子链自组装领域有较好的应用。Alexander 等[75] 合成了一系列由中性官能团的永久亲水链和弱碱性侧链的丙烯酸酯聚合物组成的两亲性嵌段共聚物（图 5-21），该共聚单体含量、摩尔质量和嵌段比 / 组成的变化导致一系列 pH 响应。随 pH 值变化，咪唑基团发生质子化或去质子化，导致聚合物的构象改变，继而可逆自组装成胶束或螺旋结构。

Yan 等[76] 将 1- 丁基 -3- 乙烯基咪唑溴盐 ([Bvim]Br) 与丙烯腈共聚，再与阴离子染料 ( 甲酚红、甲基橙和溴麝香草酚蓝等 ) 进行阴离子交换，合成的塑料 pH 试纸在水溶液和有机溶液中均表现出增强的响应颜色变化，并且响应具有可逆性（图 5-22）。Deng 等 [77] 通过阴离子交换将染料小分子交换到离子液体上，制备了 pH 响应型离子液体。该 pH 响应型离子液体较原来的染料小分子熔点更低，溶解性更好，可以灵敏地检测水溶液或者非水溶液中的质子，并伴有不同的指示颜色。

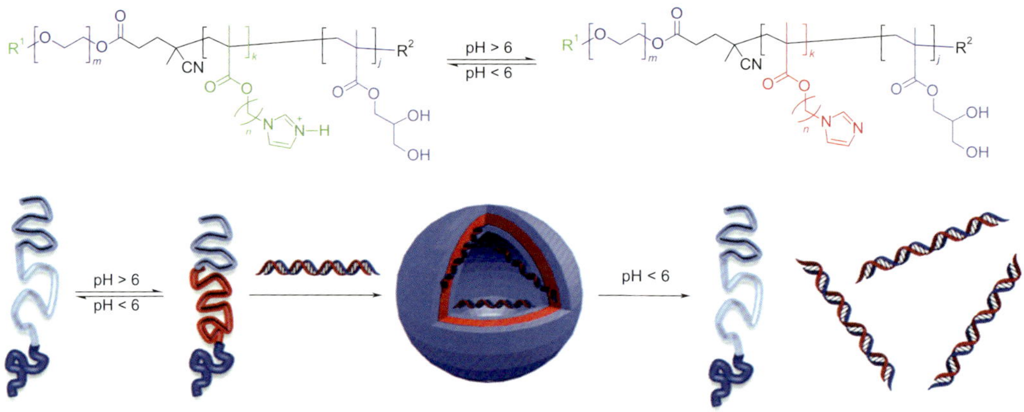


图 5-21　pH 响应型三嵌段共聚物的自组装 [75]

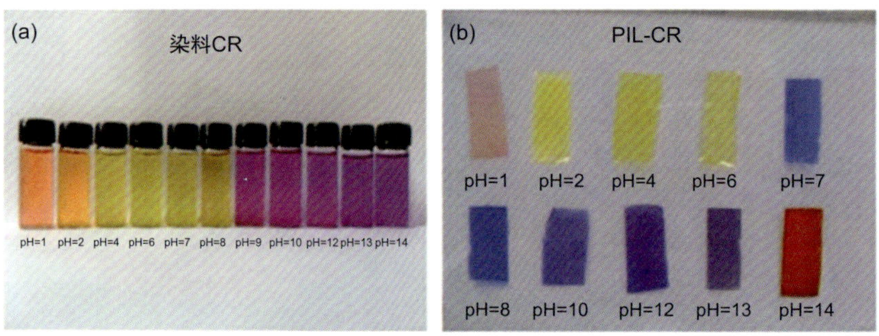


图 5-22　染料 CR 和 PIL-CR 膜在不同 pH 值下的指示图片 [76]

## 5.4.4 pH 响应两性离子聚合物

pH 响应两性离子聚合物同时具有可电离的弱酸性基团 (—COOH、—$SO_3H$

等 ) 与弱碱性基团 (—$NH_2$、咪唑环等 )。如图 5-23 所示，Mandal 等 [78] 通过咪唑与各种脂肪族和芳香族溴化物反应，合成了一系列 pH 响应型两性离子液体。该系列两性离子液体在水中对不同的 pH 值表现出不同的响应，根据溶液的 pH 值和取代基的性质从透明相转变为混浊相，并自关联成不同形态的分层聚集体。

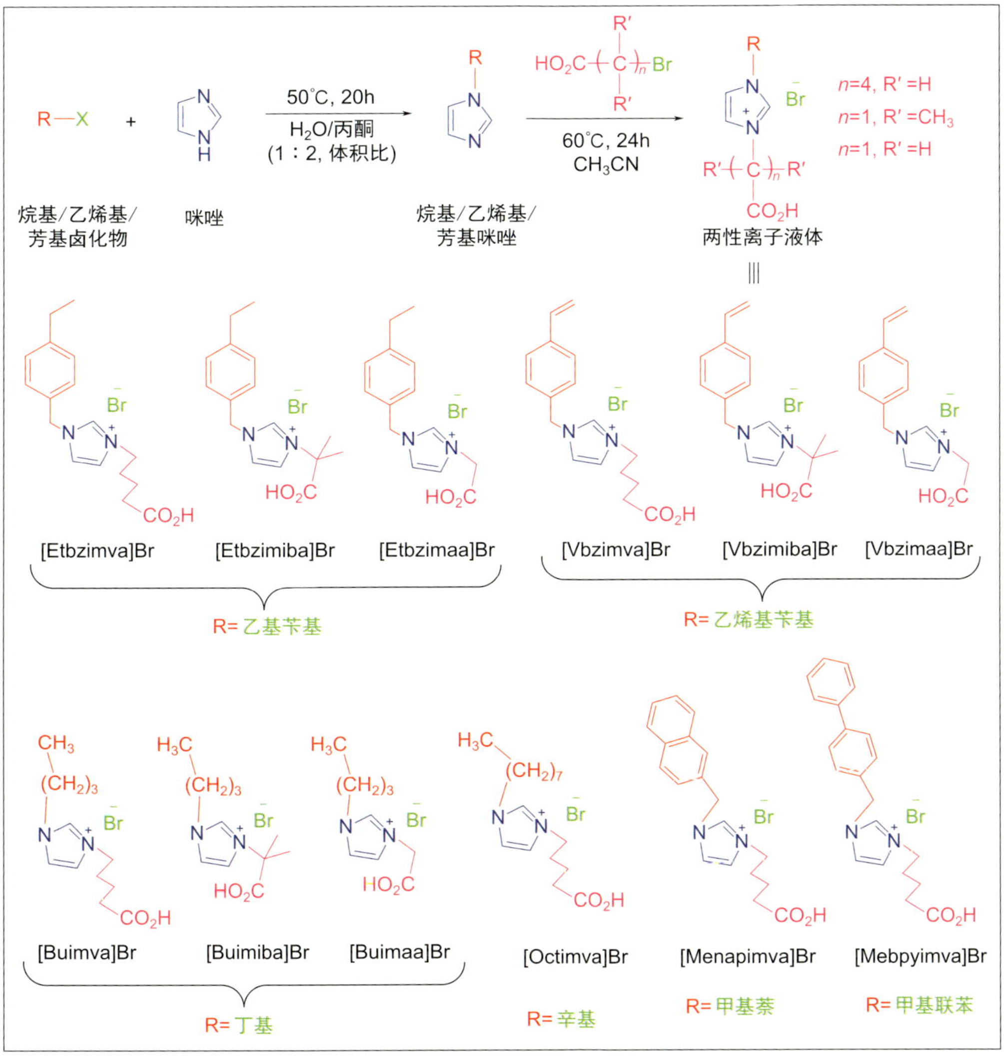


图 5-23　不同烷基 / 乙烯基 / 芳基咪唑及其相应两性离子液体的合成 [78]

两性离子聚合物分子链中同时包含正电与负电基团，具有较宽的pH值适用范围，同时对外来阴阳离子具有更好的亲和性，能够作为pH缓冲材料与溶剂应用。Yuan等[79]通过氢氧化1-烷基-3-甲基咪唑([Rmim]OH)与邻苯二甲酸和酒石酸合成了具有缓冲特性的新型离子液体，用于控制非水介质中pH值，并能增加$[RuCl_2(PPh_3)_3]$在环己烯加氢反应中的催化活性。Binnemans等[80-83]合成了三种带有羧基的酸性离子液体。由于两性离子羧酸盐配体和双(三氟甲磺酰基)亚胺阴离子（$[TFSI]^-$）能够形成铀酰配合物，这些离子液体对金属氧化物［如氧化铀(Ⅵ)］有较好的溶解能力。

## 5.5 离子响应型聚离子液体

聚离子液体主链或者侧基上阴阳离子的种类、数量及排布方式对其本身的黏度、电导率、极性与响应性等性质影响很大。因此，聚离子液体对外来离子的类型、强度、浓度等具有很强的敏感性，可以根据不同的阴离子或阳离子环境的变化，设计与开发针对目标离子的传感、检测与分离器件。

聚离子液体基多孔吸附材料用于改善底物的吸附性能已经得到了广泛的研究。离子液体蒸气压低、热稳定性高以及结构可设计性强的特点，为高温下合成含有杂原子掺杂碳材料提供了基础。同时，离子液体优异的相容性也为多孔吸附材料的表面修饰奠定了基础[84]。

Shemirani等[85]基于$Fe_3O_4$-纤维素纳米混合体、环氧氯丙烷和1-甲基咪唑开发了一种新型的聚离子液体，并作为一种绿色吸附剂用于刚果红染料的吸附。聚离子液体对刚果红吸附平衡时间短（11min），最大吸附量为131mg·g$^{-1}$。Li等[86]合成了一种基于功能性四辛基溴化铵包覆的$Fe_3O_4$吸附材料，并研究了其对亚甲基蓝的吸附性能，其最大吸附容量可达262mg·g$^{-1}$，且表现出优异的可重复性。Zhou等[87]合成了一系列羟基铵离子液体/层状双氢氧化物插层复合材料，用于阴离子染料活性橙5的吸附，其最大吸附量可达 300.9mg • $g^{-1}$。Qiao 等[88]以 1- 丁基 -3- 甲基咪唑六氟磷酸盐 ([Bmim][$PF_6$]) 为功能单体，二乙烯基苯 (DVB) 为交联剂，采用沉淀聚合法合成了离子液体改性聚合物微球。该微球对四种苏丹红染料具有良好的吸附性能，可作为固相萃取与高效液相色谱联用的特殊吸附剂，用于同时分离和测定食品样品中的四种苏丹红染料。Yuan 等[89]通过使用各种多价羧酸在二乙醚中静电交联咪唑盐聚离子液体，引入了一种无模板法制备介孔聚离子液体复合物。该复合物具有良好的结构稳定性和大的比表面积，最大吸附量可达 290$m^2$ • $g^{-1}$。它们从乙醇中去除甲基橙染料的能力甚至比活性炭和介孔二氧化硅还好。

## 5.6 基于聚离子液体的压力传感器

压力传感器是能感受到力学信号，并将其按照一定规律转换为其他可输出信号的装置。常用的压力传感器机制包括力 - 电、力 - 光转换等。其中，力 - 电转换最为常见。根据电信号的不同，力 - 电传感器一般可以分为三种：压电传感器、电阻传感器和电容传感器。传统力 - 电传感器主要以电子导体为主。近年来，随着柔性电子的兴起，离子导体凭借其所具有的柔性及可设计性，吸引了越来越多研究者的注意。聚离子液体作为一种优良的离子导体，同时具有良好的力学性能、宽电化学窗口和极强的可设计性，正逐渐成为离子型力 - 电传感器的主要材料。

### 5.6.1 压电型压力传感器

常规压力传感器普遍需要电源驱动，在健康监测以及人机交互等实际应用中受到一定的限制。压电型传感器是一种基于压电效应的自发电传感器，是一种无源传感器，其核心是一种机械能转化为电能的特殊材料。一般压电材料在受到外力后会发生极化，导致近压力端和远压力端出现电荷差异，产生可被检测到的电压，进而用来传感力学信号。

压电型传感器中用得比较多的压电材料有压电陶瓷和压电单晶中的石

英晶体。尽管这些材料具有良好的压电性能，但是由于其大多数为刚性材料，因此难以用于新兴的柔性传感器中。针对上述科学问题，科研工作者设计了一系列新型的离子压电智能器件。这类器件通常以柔性纳米复合导电材料为两端电极，依托可拉伸的离子聚合物材料为中间层，实现了无源且自驱动的柔性力学传感功能。

Chen 等人[90]设计了一种新型的智能离子压电材料，采用多孔石墨烯(H-RGO)、单壁碳纳米管 (CNTs) 和银的复合材料作为柔性电极，热塑性聚氨酯和 1- 乙基 -3- 甲基咪唑 - 双 ( 三氟甲磺酰基 ) 亚胺盐 ([Emim][TFSI]) 复合的离子聚合物作为中间层（图 5-24)。该设计的优势主要有两点：一是有利于形成有效的离子迁移通道；二是具有力、电学性能稳定的三维网络结构，从而保证了大应变下优异的力学传感稳定性。实验结果表明，在经历 6000 次大角度弯曲疲劳测试后，该传感器电压信号无明显衰减。同时，基于新型离子压电机制，即该传感器所产生的信号是源于材料变形过程中离子的各向异性传输累积，能够实现对不同形变方向的识别以及无源传感等新功能和新特性，大大改善了智能穿戴系统的集成度、便携性。所制备的集成传感阵列，可有效识别手指弯曲、手腕弯曲和旋转等多维度手部动作。基于这些优势，该团队成功将其应用于手语识别和编译，所制备的智能手套可以感知手部动作的变化，对不同构型甚至是细微变化、动作相近的手语做出精确的响应与识别。

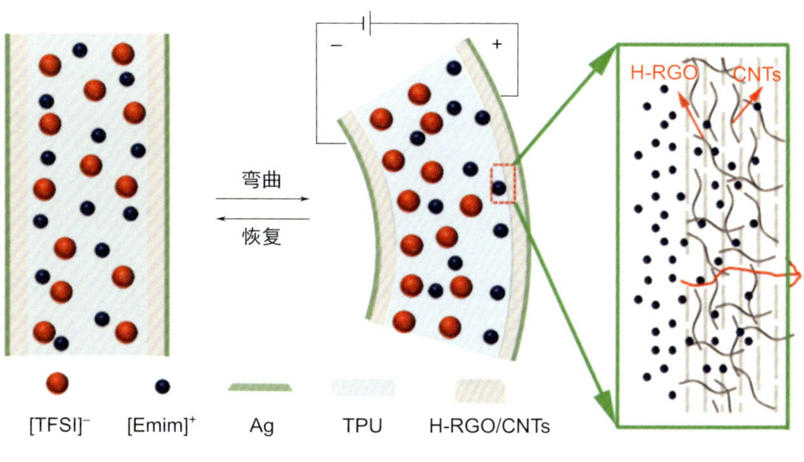


图 5-24　无源离子压电材料的结构及压电原理[90]

随着软体机器人和智能可穿戴电子设备的飞速发展，仿生智能纤维人工肌肉逐渐成为研究的热点。人工肌肉纤维具有与生物肌肉纤维相类似的功能和结构，在适当的外界刺激方式下，产生仿生物肌肉的感知传感和反馈驱动动作。它在软体机器人、智能穿戴以及辅助医疗等领域有重要的应用前景。目前已研究的众多人工肌肉纤维中，基于离子嵌入/脱出的电化学人工肌肉纤维具有的低工作电压、无明显热效应等特点引起科研人员的浓厚兴趣。但是电化学人工肌肉纤维仍然面临着一些挑战，例如基于液态的工作体系严重限制了其实际应用。全固态人工肌肉纤维驱动器和传感器的结构设计和功能优化是未来一段时间内研究的重点。

Li 等[91]从材料选择和结构设计出发，设计并制备了一种基于聚合物和离子液体的纳米纤维鞘层的电化学人工肌肉纤维。首先利用原位静电纺丝技术在碳纳米管 (CNT) 纤维表面制备了一层均匀的 PVDF-HFP 纳米纤维层。然后，将所制备得到的复合纤维 PVDF-HFP/CNT 捻成螺旋结构，通过自绞合、剪切等技术分别构建正负电极。最后，将该纤维浸泡于离子液体中形成电化学人工肌肉。PVDF-HFP 纳米纤维层具有大量的孔隙结构，可以储存离子，以保证器件具有良好的离子传导率。该纤维还具有良好的力学性能，可以作为两个电极之间的阻隔，避免器件发生短路。离子液体具有较低的蒸气压和宽的电化学窗口，因此该器件可在宽环境湿度和温度下长期储存在空气中，弯折后也能够稳定工作。

### 5.6.2 电阻型压力传感器

电阻型压力传感器具有信号采集能力强、传感器结构简单和易于制造的优势，比其他压力传感智能器件较早商业化，成为目前应用最广泛的传感器。电阻型压力传感器的转换原理是通过施加外部压力使器件变形，从而间接改变传感器内部导电填料的分布密度和接触状态。然而，随着柔性压力传感器的发展，诸如零待机功耗、高灵敏度和宽线性响应范围等关键特性成为新挑战。聚离子液体同时具备离子液体和聚合物的优点，并克服了离子液体的流动性，因而成为柔性电阻型压力传感智能器件的更好选择。

Zhu 等[92]将 1-[6-(丙烯酰氧基)己基]-3-乙基咪唑双(三氟甲磺酰基)亚胺盐离子液体 ([$EIC_6A$][TFSI]) 与丙烯酸丁酯 (BA) 共聚，以聚乙二醇二丙烯酸酯 (PEGDA) 作为交联剂制备了一种离子弹性体。这种基于聚离子液体的离子弹性体具有良好的透明度、拉伸性能和高稳定性。当其被应用于电阻型压力传感器时，传感性能稳定可靠、重复性好，表现出良好的电气耐久性和动态机电可靠性。离子弹性体具有疏水和不易泄漏等特性，可用来制造水下传感器。当其应用于水下传感器时，在同一压力下其在水下相对阻力的变化远小于在空气中。水下传感器的成功制造，表明离子弹性体在水下电阻型压力传感智能器件方面具有巨大的应用潜力。

Zhang 等[93]在 1-丁基-3-甲基咪唑四氟硼酸盐 ([Bmim][$BF_4$]) 中，以丙烯酸酯端基超支化聚合物为宏观交联剂，1-丁基-3-乙烯基咪唑四氟硼酸盐 ([Bvim][$BF_4$]) 为单体，通过原位光聚合制备了以聚离子液体为离子导电网络的 3D 打印单网络化学离子凝胶，该聚离子液体凝胶具有高拉伸性能（断裂伸长率＞1000%）、良好的室温离子导电性（电导率 $5.8mS \cdot cm^{-1}$）、高热机械稳定性（耐温性温度 −60 ～ 250℃），以及优异的热稳定性（热分解温度＞330℃）。基于该聚离子液体凝胶的传感器具有优良的传感性能，可以用来检测压力、应变等。

虽然电阻型压力传感器的研究取得了较好的进展，但仍然面临许多挑战。未来，人们将开发更多不同结构的聚离子液体，结合柔性电子导电材料和 3D 打印等技术，制造出更灵敏、更高效的传感和能源器件。

### 5.6.3 电容型压力传感器

电容型压力传感器是一种利用电容作为敏感元件，将被测压力转换成电容值的压力传感器。电容型压力传感器具有高灵敏度、快速响应、设备结构简单及低功耗等特点。电容型压力传感器通常由平行导电电极和积累电荷的介电层组成。在外力作用下，电极之间电介质层的接触面积、厚度和介电常数发生变化，会导致电容发生变化。离子导电材料使用离子作为电流载体，如离子液体和离子凝胶，并已在可穿戴传感设备中得到应用。将离子传输结构并入聚合物链可以获得具有良好介电性和理想力学性能的离子导电材料。环境中无处不在的噪声源（如湿度影响）和介电材料的固有缺陷，包括力学性能差和极化性能低，可能导致压力传感器传感性能不稳定，会极大地影响电容测量的准确性和可靠性。

Sun等[94]将聚(1-丁基-3-乙烯基咪唑)双(三氟甲磺酰基)亚胺盐(P[Bvim][TFSI])导电介质与聚丙烯腈复合，制备了一种基于疏水聚离子液体纳米纤维膜(PILNM)的可水洗电容型压力传感纺织品。聚离子液体阴离子结构的变化会导致电纺聚合物亲水性的变化。聚离子液体由于离子基团之间的静电相互作用，缺乏独特的黏弹性行为，这是形成细而软的纤维所必需的。柔性和线型大分子聚丙烯腈被用来帮助聚离子液体形成纳米纤维。因此，制得的纺织品具有良好的力学性能和防潮传感性能。具有丰富离子和微孔结构的PILNM膜是一种理想的新型聚合物介电材料，可以在微刺激下放大信号。在湿度干扰（高达70%的相对湿度）和重复洗涤（超过10次洗涤）下，PILNM表现出非常高的稳定的传感信号。基于PILNM的耐磨压力传感纺织品对低压和弯曲弦长变化具有高灵敏度，即使在严重变形下也具有低压检测极限。由于其优越的性能，基于PILNM的可穿戴式压力传感纺织品穿着舒适，适用于监测不同身体位置的不同人体运动和脉冲振动。同时，组装的多个可穿戴压力传感阵列可以在空间上映射压力刺激的接触区域，并同步反映手指的运动。

Yan等[95]采用电场诱导阳离子交联剂迁移策略制备梯度离子凝胶，即在外部电场的诱导下，在阴极和阳极之间的UV固化树脂内形成离子浓度梯度。该离子凝胶在阳极和阴极之间表现出超过四个数量级的离子浓度差异，使得基于梯度离子凝胶的柔性离子电子学传感器同时具有高灵敏度和更宽的检测范围（$3\times10^2$ ～ $2.5\times10^6$Pa）。此外，梯度离子凝胶优异的结构稳定性使得其服役时也显示出良好的长期稳定性（即使在10000次循环加载后）和宽温度范围（−108 ～ 300℃）。梯度离子凝胶可用于柔性离子电子学传感器，具有高灵敏度和广泛的传感范围，能够承受冷冻加热循环、电击等。它们还可以集成到机器人的软抓地力应用程序中，为离子凝胶用于复杂和危险环境中的智能传感器提供可能（图5-25）。

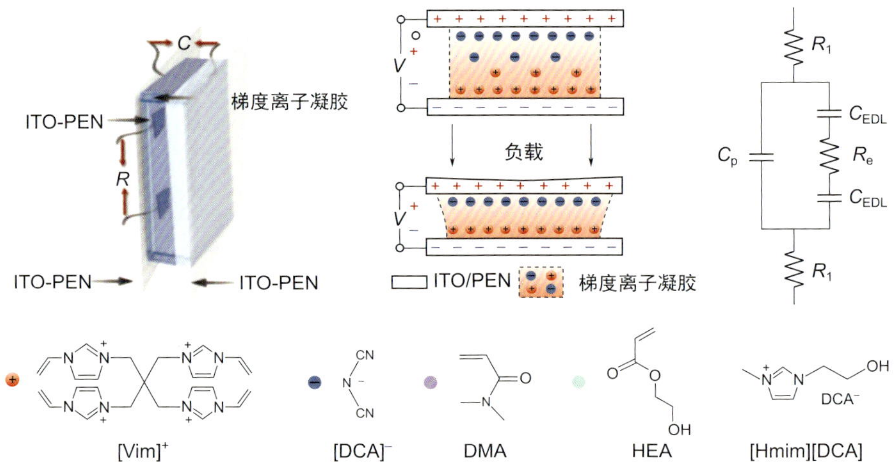


图 5-25　基于梯度离子凝胶的电容型压力传感器[95]

# 5.7 基于聚离子液体的自修复材料

由于离子液体具有丰富的离子基团，因此可以和聚合物网络形成可逆的离子键、氢键等。较好的相互作用力可以有效地将离子液体固定在聚合物网络中形成离子凝胶。离子凝胶保留了离子液体不易挥发、分解温度高等优势，极大地拓宽了传统水凝胶的使用温度范围。加之出色的导电性，离子凝胶在智能穿戴、柔性传感、软体机器人和能源存储等领域展现了出色的应用前景。

自修复型离子凝胶是将离子液体固定在聚合物网络中，通过非共价键(离子键、氢键、疏水相互作用、偶极-偶极相互作用和主客体相互作用)或可逆共价键(包括二硫键、亚胺键、酰腙键、苯硼酸酯配合物等)交联而制备的，这些材料同时具有良好的离子导电性和弹性。由于离子液体的凝固点低、分解温度高、不易挥发，自修复型离子凝胶的工作温度范围宽，且不会随着时间的推移出现失重或电导率和力学性能的恶化。在受到外力破坏或者在长期的循环载荷中发生疲劳时，可逆的非共价交联和动态共价键可以在几秒到几小时之间实现自修复，从而恢复受损的力学性能和导电性。自修复的特性极大地增强了离子凝胶的环境耐受性和适应性，提高了其使用寿命。

Qi 等[96]通过羟丙基纤维素(HPC)与 $\alpha$- 硫辛酸(LA)二硫键之间的氢键作用成功地制备了双网络结构的离子凝胶。结果表明，所制备的离子凝胶具有高透明度、高强度、良好的拉伸性能、可愈合性等优点。通过应变拉伸试验定量评估了离子凝胶的愈合能力。机械愈合效率(MSE)定义为愈合后的拉伸能力与原始拉伸能力之比。该离子凝胶在室温下 24h 的 MSE 为 24.3%，自愈合性能较差。与此相反，热刺激下离子凝胶破裂的聚合物网络具有较快的自愈合速度。MSE 随修复温度的升高而升高，这是因为处理温度大大加快了聚合物链的重排速度。离子凝胶在 100℃处理 1h 时，MSE 达到 92.2%。在这种情况下，应力和应变几乎恢复到原值。这主要是高温下 PLA 的二硫键和氢键可能进一步被激发并在损伤界面中轻微电离，导致聚合物链的迁移和重组。因此，通过聚合物网络的重建将双网络离子凝胶修复。

Sun 等[97]通过浇铸聚乙烯醇(PVA)- 聚乙烯基吡咯烷酮(PVP)配合物和 1-乙基 -3- 甲基咪唑双氰胺盐([Emim][DCA])水溶液，制备了离子凝胶。由于 PVA 和 PVP 之间丰富的氢键与 PVA 结晶段作为纳米填料的协同作用，制备的离子凝胶具有良好的力学性能，其拉伸应力为 7.7MPa，应变为 821%，具有良好的弹性。在水作用下，离子凝胶可以在 1h 内实现完全自愈合。离子凝胶的愈合是通过 PVA 和 PVP 之间氢键的可逆性实现的。当水作用于离子凝胶的断裂表面时，PVA 和 PVP 之间的氢键被打破，从而增加了 PVA 和 PVP 链在断裂表面上的活动性。因此，一旦分离的离子凝胶部分相互接触，在熵变化和网络密度梯度驱动下，PVA、PVP 和 [Emim][DCA] 就会迁移到断裂表面之间的空隙中。此后，在愈合区域 PVA 和 PVP 之间的氢键随着水分的蒸发而重组，从而使离子凝胶的力学性能和电导率完全恢复。

Liu 等[98]制备了一种具有超高拉伸性、水下稳定性和快速自愈性的半结晶氟化共聚离子凝胶(SFCI)。其中疏水离子液体([Bmim][TFSI])通过独特的离子 - 偶极子相互作用选择性富集于含氟共聚物基体的氟丙烯酸酯段结构域。得益于 [Bmim][TFSI] 和氟丙烯酸酯段结构域之间的可逆离子 - 偶极子相互作用，以及半结晶聚乙二醇结构域的物理交联效应，SFCI 表现出超拉伸能力（断裂伸长率＞ 6000%）和室温快速自修复性（切割后愈合率＞ 96%，30min 自愈）。将 4 个方形的 SFCI-2 薄膜样品在 25℃下接触，几秒内便会自愈合成一个完整的薄膜，所得到的自愈合膜成功充气成一个大气球而不破裂（图 5-26）。

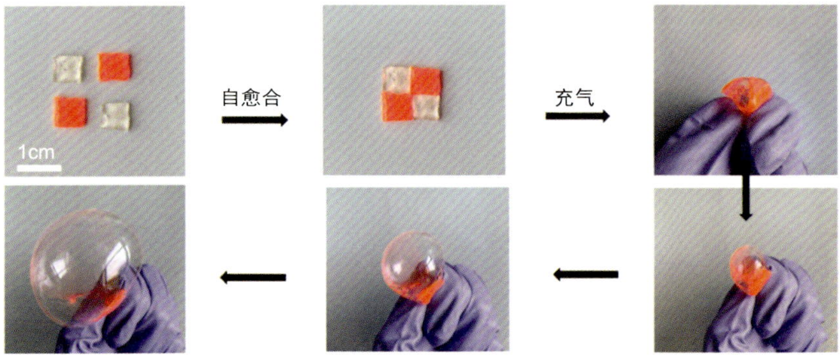


图 5-26　自愈合 SFCI-2 薄膜样品的充气实验 [98]

Sun 等 [99] 通过在氢键和超分子聚离子液体共聚网络中加载离子液体和锂盐，制备了用于锂离子电池的可愈合、高导电、柔韧和不易燃的离子凝胶电解质。该离子凝胶电解质即使在电解液损坏的情况下，也能自动修复电池内外的损伤，恢复电池的性能，从而显著提高电池的可靠性。所制备的离子凝胶包含 UPy 基团之间的四重氢键以及带电咪唑阳离子和 $[TFSI]^-$ 之间的静电相互作用。氢键和静电相互作用的可逆性和动态性赋予了离子凝胶修复损伤的能力。此外，Sun 等 [100] 将离子液体浸渍到聚氨酯 (PU) 网络中，制备了具有良好愈合性和高灵敏度的超耐用离子皮肤。聚氨酯网络由结晶聚 (ε- 己内酯 ) 和柔性聚乙二醇组成，它们与受阻脲键和氢键动态交联。该离子凝胶具有高的机械强度、良好的弹性，其杨氏模量接近天然皮肤，同时还拥有良好的自愈合性能。

Yue 等 [101] 将柔韧性、疏水性和耐溶剂的聚合物基质与疏水性离子液体结合起来。由于聚丙烯酸酯是具有良好拉伸性和附着力的软聚合材料，选择氟化单体 2,2,2- 三氟乙基丙烯酸酯作为聚合单体，丙烯酰胺作为共聚单体，引入氢键相互作用来调节离子凝胶的力学性能。离子液体 1- 乙基 -3- 甲基咪唑双 ( 三氟甲磺酰基 ) 亚胺盐 ([Emim][TFSI]) 由于其高化学稳定性、低熔点和高电导率被选择为电解质盐。丰富的非共价相互作用，包括氢键和离子偶极相互作用，使离子凝胶具有优异的机械强度、弹性和室温下的快速自修复能力。离子凝胶在20℃愈合1h后可以延伸到大约十倍于初始长度，愈合效率为26%［图5-27（a）］。当愈合时间延长至24h，离子凝胶展现出的最大抗拉强度0.55MPa和断裂应变1800%，与原始力学性能相当。

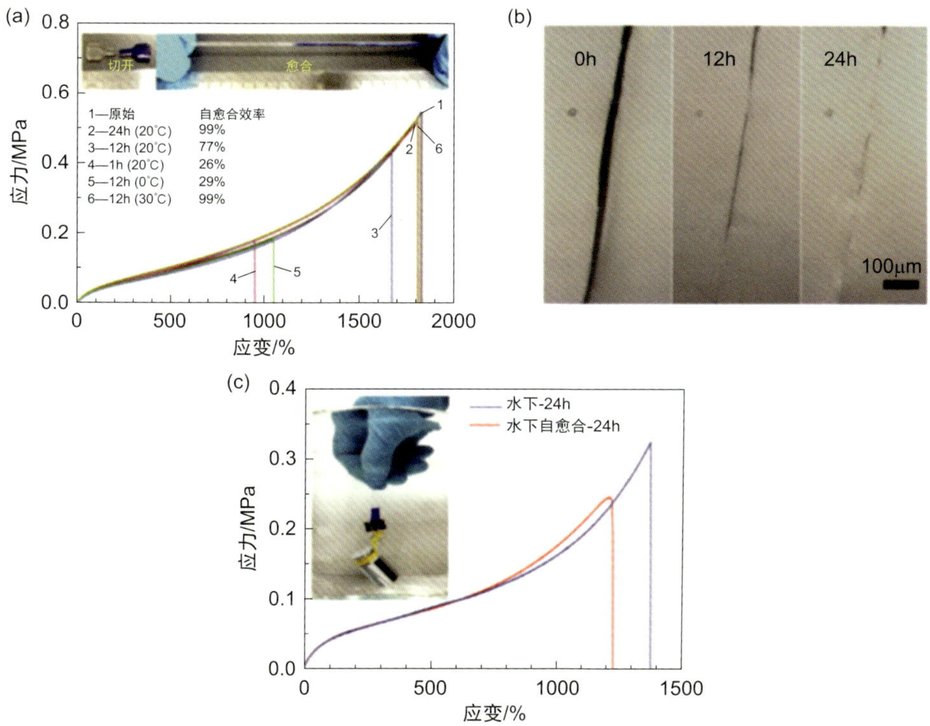


图 5-27　样品在不同愈合时间和温度下的应力－应变曲线（a）、室温下两切割片之间愈合裂缝的光学显微镜图像（b），以及原始和水下修复后样品的应力－应变曲线（c）[101]

聚离子液体在自修复材料中的应用近年来已经被广泛研究。然而，由于自修复离子凝胶主要是基于非共价键或可逆共价键，在循环载荷下虽然可以在一定程度上恢复受损的力学性能，但长期载荷会对离子凝胶造成不可逆的疲劳损伤，赋予凝胶材料自修复性能的同时牺牲了其弹性和耐疲劳性能。传统的共价网络凝胶具有出色的弹性，开发新的能量耗散机制以平衡离子凝胶的自修复、弹性和耐疲劳性能是当前存在的巨大挑战。

## 参考文献

[1] Gao F, Li X, Qin Y, et al. Dual - Stimuli - Responsive Photoluminescence of Enantiomeric Two - Dimensional Lead Halide Perovskites. Advanced Optical Materials, 2021,9:2100003.

[2] Li H, Wang H, Xu Z, et al.Thermal-Responsive and Fire-Resistant Materials for High-Safety Lithium-Ion Batteries. Small, 2021,17:2103679.

[3] Wang Z, Li C, Zhao X, et al.Thermo- and Photo-Responsive Composite Hydrogels with Programmed Deformations. Journal of Materials Chemistry B, 2019,7:1674-1678.

[4] Yang H, Leow W R, Chen X. Thermal-Responsive Polymers for Enhancing Safety of Electrochemical Storage Devices. Advanced Materials, 2018,30:1704347.

[5] Zhou L, Ye J, Fu J, et al.4D Printing of High-Performance Thermal-Responsive Liquid Metal Elastomers Driven by Embedded Microliquid Chambers. ACS Applied Materials & Interfaces, 2020,12:12068-12074.

[6] Li Y, Guo H, Gan J, et al.Novel Fast Thermal-Responsive Poly(N-Isopropylacrylamide) Hydrogels with Functional Cyclodextrin Interpenetrating Polymer Networks for Controlled Drug Release. Journal of Polymer Research, 2015,22:91.

[7] Ur Rehman H, Chen Y, Hedenqvist M, et al.Self-Healing Shape Memory Pupcl Copolymer with High Cycle Life. Advanced Functional Materials, 2018,28:1704109.

[8] Wang Z, Hou X, Duan N, et al.Shape- and Color-Switchable Polyurethane Thermochromic Actuators Based on Metal-Containing Ionic Liquids. ACS Applied Materials & Interfaces, 2021,13:28878-28888.

[9] Lutz J, Akdemir Ö, Hoth A. Point by Point Comparison of Two Thermosensitive Polymers Exhibiting a Similar Lcst: Is the Age of Poly(NIPAM) Over? Journal of the American Chemical Society, 2006,128:13046-13047.

[10] Zhang K, Feng X, Ye C, et al.Hydrogels with a Memory: Dual-Responsive, Organometallic Poly(Ionic Liquid)s with Hysteretic Volume-Phase Transition. J Am Chem Soc, 2017,139:10029-10035.

[11] Wiedmann S, Kerscher B, Lienert C, et al.Tailoring Poly(2-Oxazoline)-Based Polymeric Ionic Liquids as Thermoresponsive Molecular Brushes and Programmable Dispersants for Silver Nanoparticles. Macromolecules, 2020,53:6703-6710.

[12] Li W, Wu P. Unusual Thermal Phase Transition Behavior of an Ionic Liquid and Poly(Ionic Liquid) in Water with Significantly Different LCST and Dynamic Mechanism. Polymer Chemistry, 2014,5:5578-5590.

[13] Chen F, Guo J, Xu D, et al.Thermo- and pH-Responsive Poly(Ionic Liquid) Membranes. Polymer Chemistry, 2016,7:1330-1336.

[14] Wang Z, Lai H, Wu P. Influence of Pil Segment on Solution Properties of Poly(N-Isopropylacrylamide)-b-Poly(Ionic Liquid) Copolymer: Micelles, Thermal Phase Behavior and Microdynamics. Soft Matter, 2012,8:11644-11653.

[15] Biswas Y, Maji T, Dule M, et al.Tunable Doubly Responsive Ucst-Type Phosphonium Poly(Ionic Liquid): A Thermosensitive Dispersant for Carbon Nanotubes. Polymer Chemistry, 2016,7:867-877.

[16] Woodfield P, Zhu Y, Pei Y, et al.Hydrophobically Modified Sulfobetaine Copolymers with Tunable Aqueous Ucst through Postpolymerization Modification of Poly(Pentafluorophenyl Acrylate). Macromolecules, 2014,47:750-762.

[17] Zhu Y, Noy J, Lowe A, et al.The Synthesis and Aqueous Solution Properties of Sulfobutylbetaine (Co)Polymers: Comparison of Synthetic Routes and Tuneable Upper Critical Solution Temperatures. Polymer Chemistry, 2015,6:5705-5718.

[18] Zhang J, Liu J, Zuo Y, et al.Preparation of Thermo-Responsive Poly(Ionic Liquid)s-Based Nanogels via One-Step Cross-Linking Copolymerization. Molecules, 2015,20:17378-17392.

[19] Zuo Y, Jiao Z, Ma L, et al.Hydrogen Bonding Induced Ucst Phase Transition of Poly(Ionic Liquid)-Based Nanogels. Polymer, 2016,98:287-293.

[20] Zarek M, Layani M, Cooperstein I, et al. 3D Printing of Shape Memory Polymers for Flexible Electronic Devices. Adv Mater, 2016,28:4449-4454.

[21] Zhang Y, Yin X, Zheng M, et al. 3D Printing of Thermoreversible Polyurethanes with Targeted Shape Memory and Precise in Situ Self-Healing Properties. Journal of Materials Chemistry A, 2019,7:6972-6984.

[22] Radchenko A, Duchet-Rumeau J, Gérard J, et al. Cycloaliphatic Epoxidized Ionic Liquids as New Versatile Monomers for the Development of Shape Memory Pil Networks by 3D Printing. Polymer Chemistry, 2020,11:5475-5483.

[23] Yuan C, Guo J, Yan F. Shape Memory Poly(Ionic Liquid) Gels Controlled by Host-Guest Interaction with β -

Cyclodextrin. Polymer, 2014,55:3431-3435.
[24] Behera P, Mondal P, Singha N. Polyurethane with an Ionic Liquid Crosslinker: A New Class of Super Shape Memory-Like Polymers. Polymer Chemistry, 2018,9:4205-4217.
[25] Duan N, Sun Z, Ren Y, et al. Imidazolium-Based Ionic Polyurethanes with High Toughness, Tunable Healing Efficiency and Antibacterial Activities. Polymer Chemistry, 2020,11:867-875.
[26] Lee H, Cai Y, Velioglu S, et al. Thermochromic Ionogel: A New Class of Stimuli Responsive Materials with Super Cyclic Stability for Solar Modulation. Chemistry of Materials, 2017,29:6947-6955.
[27] Wei X, Yu L, Jin X, et al. Solar-Thermochromism of Pseudocrystalline Nanodroplets of Ionic Liquid-Niiicomplexes Immobilized inside Translucent Microporous PVDF Films. Advanced Materials, 2009,21:776-780.
[28] Chen F, Ren Y, Guo J, et al. Thermo- and Electro-Dual Responsive Poly(Ionic Liquid) Electrolyte Based Smart Windows. Chemical Communications, 2017,53:1595-1598.
[29] Rathod P, Puguan J, Kim H. Self-Bleaching Dual Responsive Poly(Ionic Liquid) with Optical Bistability toward Climate-Adaptable Solar Modulation. Chemical Engineering Journal, 2021,422:1385-8947.
[30] Tollan C, Marcilla R, Pomposo J, et al. Irreversible Thermochromic Behavior in Gold and Silver Nanorod/ Polymeric Ionic Liquid Nanocomposite Films. ACS Applied Materials & Interfaces, 2009,1:348-352.
[31] Nazari S, Charpentier P. Stabilizing Vanadyl Acetylacetonate Using Imidazolium Ionic Liquids for $VO_2$ Thermochromic Thin Films. Thin Solid Films, 2021,725:138640.
[32] Fan S, Hao Y, Zhang W, et al. Poly(Ionic Liquid)-Gated $CuCo_2S_4$ for pH-/Thermo-Triggered Drug Release and Photoacoustic Imaging. ACS Applied Materials & Interfaces, 2020,12:9000-9007.
[33] Theato P, Sumerlin B, O'Reilly R, et al. Stimuli Responsive Materials. Chemical Society Reviews, 2013,42:7055-7056.
[34] Sun L, Huang W, Ding Z, et al. Stimulus-Responsive Shape Memory Materials: A Review. Materials & Design, 2012,33:577-640.
[35] Guo J, Qiu L, Deng Z, et al. Plastic Reusable Ph Indicator Strips: Preparation via Anion-Exchange of Poly(Ionic Liquids) with Anionic Dyes. Polymer Chemistry, 2013,4: 1309-1312.
[36] Corrêa C M, Córdoba de Torresi S I, Benedetti T M, et al. Viologen-Functionalized Poly(Ionic Liquids): Spectroelectrochemical and Qcm-D Studies. Journal of Electroanalytical Chemistry, 2018:819:365-373.
[37] Shaplov A, Ponkratov D, Aubert P, et al. A First Truly All-Solid State Organic Electrochromic Device Based on Polymeric Ionic Liquids. Chemical Communications, 2014,50:3191-3193.
[38] Moon H, Lodge T, Frisbie C. Solution Processable, Electrochromic Ion Gels for Sub-1 V, Flexible Displays on Plastic. Chemistry of Materials, 2015,27:1420-1425.
[39] Hou X, Wang Z, Zheng Z, et al. Poly(Ionic Liquid) Electrolytes for a Switchable Silver Mirror. ACS Applied Materials & Interfaces, 2019,11:20417-20424.
[40] Wang C, Wang Z, Ren Y, et al. Flexible Electrochromic Zn Mirrors Based on Zn/Viologen Hybrid Batteries. ACS Sustainable Chemistry & Engineering, 2020,8:5050-5055.
[41] Spillman W, Sirkis J, Gardiner P. Smart Materials and Structures: What Are They? Smart Materials and Structures, 1996,5:247-254.
[42] Kumar R, Bocharova V, Strelcov E, et al. Ion Transport and Softening in a Polymerized Ionic Liquid. Nanoscale, 2015,7:947-955.
[43] Kim H, Paquin L, Barney C, et al. Low-Voltage Reversible Electroadhesion of Ionoelastomer Junctions. Advanced Materials, 2020,32:2000600.
[44] Asoh T, Kikuchi A. Electrophoretic Adhesion of Stimuli-Responsive Hydrogels. Chemical Communications, 2010,46:7793-7795.
[45] Zhang J, Chen Z, Zhang Y, et al. Poly(Ionic Liquid)s Containing Alkoxy Chains and Bis(Trifluoromethanesulfonyl) Imide Anions as Highly Adhesive Materials. Advanced Materials, 2021,33:2100962.
[46] Guo J, Yuan C, Guo M, et al. Flexible and Voltage-Switchable Polymer Velcro Constructed Using Host-Guest Recognition between Poly(Ionic Liquid) Strips. Chemical Science, 2014,5:3261-3266.
[47] Coleman S, Byrne R, Alhashimy N, et al. Photochromic Imidazolium Based Ionic Liquids Based on Spiropyran. Physical Chemistry Chemical Physics, 2010,12:7009-7017.
[48] Yam V, Lee J, Ko C, et al. Photochromic Diarylethene-Containing Ionic Liquids and N-Heterocyclic Carbenes. Journal of the American Chemical Society, 2009,131:912-913.
[49] Nakashima T, Miyamura K, Sakai T, et al. Photo-, Solvent-, and Ion-Controlled Multichromism of Imidazolium-

Substituted Diarylethenes. Chemistry-A European Journal, 2009,15:1977-1984.
[50] Banerjee P, Anas M, Jana S, et al. Recent Developments in Stimuli-Responsive Poly(Ionic Liquid)s. Journal of Polymer Research, 2020,27:1572-8935.
[51] Branco L, Pina F. Intrinsically Photochromic Ionic Liquids. Chemical Communications, 2009,6204-6206.
[52] Liu L, Ren Y, Pan J, et al. Printable UV-Light Sensor for Human Eye Protection. ACS Applied Materials & Interfaces, 2020,12:1495-1503.
[53] Sanhueza L, Castro J, Urzua E, et al. Photochromic Solid Materials Based on Poly(Decylviologen) Complexed with Alginate and Poly(Sodium 4-Styrenesulfonate). The Journal of Physical Chemistry B, 2015,119:13208-13217.
[54] Xiao S, Lu X, Lu Q. Photosensitive Polymer from Ionic Self-Assembly of Azobenzene Dye and Poly(Ionic Liquid) and Its Alignment Characteristic toward Liquid Crystal Molecules. Macromolecules, 2007,40:7944-7950.
[55] Wu A, Lu F, Zhao M, et al. Photo and Humidity Responsive Mesoporous Poly(Ionic Liquid) Membrane for Selective Dye Adsorption. ChemistrySelect, 2017,2:1878-1884.
[56] Sumitani R, Mochida T. Metal-Containing Poly(Ionic Liquid) Exhibiting Photogeneration of Coordination Network: Reversible Control of Viscoelasticity and Ionic Conductivity. Macromolecules, 2020,53:6968-6974.
[57] Nie H, Schauser N, Dolinski N, et al. Light-Controllable Ionic Conductivity in a Polymeric Ionic Liquid. Angewandte Chemie International Edition, 2020,59:5123-5128.
[58] Scheuermann A, Wakidi H, Lill A, et al. Multiwavelength Photodetectors Based on an Azobenzene Polymeric Ionic Liquid. ACS Applied Polymer Materials, 2021,3:5125-5133.
[59] Shao Y, Jiang Z, Zhang Y, et al. All-Poly(Ionic Liquid) Membrane-Derived Porous Carbon Membranes: Scalable Synthesis and Application for Photothermal Conversion in Seawater Desalination. ACS Nano, 2018,12:11704-11710.
[60] Xiao C, Liang W, Chen L, et al. Janus Poly(Ionic Liquid) Monolithic Photothermal Materials with Superior Salt-Rejection for Efficient Solar Steam Generation. ACS Applied Energy Materials, 2019,2:8862-8870.
[61] Ferreira T, Ribeiro R, Mota J, et al. Ionic Liquid-Impregnated Metal-Organic Frameworks for $CO_2$/$CH_4$ Separation. ACS Applied Nano Materials, 2019,2:7933-7950.
[62] Dong Y, Dai C, Lei Z. Separation of the Methanol-Ethanol-Water Mixture Using Ionic Liquid. Industrial & Engineering Chemistry Research, 2018,57:11167-11177.
[63] Jessop P, Heldebrant D, Li X, et al. Reversible Nonpolar-to-Polar Solvent. Nature, 2005,436:1102.
[64] Zhang J, Xu D, Guo J, et al. $CO_2$ Responsive Imidazolium-Type Poly(Ionic Liquid) Gels. Macromolecular Rapid Communications, 2016,37:1194-1199.
[65] Wang X, Qiu H, Wu Q, et al. Salt-Enhanced $CO_2$-Responsiveness of Microgels. ACS Macro Letters, 2020,9:1611-1616.
[66] Wang Z, Lin P, Baker G, et al. Ionic Liquids as Electrolytes for the Development of a Robust Amperometric Oxygen Sensor. Analytical Chemistry, 2011,83:7066-7073.
[67] Ji X, Banks C, Silvester S, et al. Electrochemical Ammonia Gas Sensing in Nonaqueous Systems: A Comparison of Propylene Carbonate with Room Temperature Ionic Liquids. Electroanalysis, 2007,19:2194-2201.
[68] Toniolo R, Dossi N, Pizzariello A, et al. A Membrane Free Amperometric Gas Sensor Based on Room Temperature Ionic Liquids for the Selective Monitoring of Nox. Electroanalysis, 2012,24:865-871.
[69] Zafarani-Moattar M, Hamzehzadeh S. Effect of pH on the Phase Separation in the Ternary Aqueous System Containing the Hydrophilic Ionic Liquid 1-Butyl-3-Methylimidazolium Bromide and the Kosmotropic Salt Potassium Citrate at T=298.15K. Fluid Phase Equilibria, 2011,304:110-120.
[70] Yung K, Schadock-Hewitt A, Hunter N, et al. 'Liquid Litmus': Chemosensory pH-Responsive Photonic Ionic Liquids. Chemical Communications, 2011,47:4775-4777.
[71] Xiao L, Lv D, Wu W. Brønsted Acidic Ionic Liquids Mediated Metallic Salts Catalytic System for the Chemical Fixation of Carbon Dioxide to Form Cyclic Carbonates. Catalysis Letters, 2011,141:1838-1844.
[72] Fan S, Hao Y, Zhang W, et al. Poly(Ionic Liquid)-Gated $CuCo_2S_4$ for pH-/Thermo-Triggered Drug Release and Photoacoustic Imaging. ACS Applied Materials & Interfaces, 2020,12:9000-9007.
[73] Sun J, Zhang W, Guterman R, et al. Porous Polycarbene-Bearing Membrane Actuator for Ultrasensitive Weak-Acid Detection and Real-Time Chemical Reaction Monitoring. Nature Communications, 2018,9:1717.
[74] Zhao Q, Yin M, Zhang A, et al. Hierarchically Structured Nanoporous Poly(Ionic Liquid) Membranes: Facile Preparation and Application in Fiber-Optic pH Sensing. Journal of the American Chemical Society, 2013,135:5549-5552.

[75] Matini T, Francini N, Battocchio A, et al. Synthesis and Characterization of Variable Conformation pH Responsive Block Co-Polymers for Nucleic Acid Delivery and Targeted Cell Entry. Polymer Chemistry, 2014,5:1626-1636.

[76] Guo J, Qiu L, Deng Z, et al. Plastic Reusable pH Indicator Strips: Preparation via Anion-Exchange of Poly(Ionic Liquids) with Anionic Dyes. Polymer Chemistry, 2013,4:1309-1312.

[77] Zhang Q, Zhang S, Liu S, et al. Ionic Liquid-Modified Dyes and Their Sensing Performance toward Acids in Aqueous and Non-Aqueous Solutions. Analyst, 2011,136:1302-1304.

[78] Biswas Y, Ghosh P, Mandal T. Chemical Tuning of Zwitterionic Ionic Liquids for Variable Thermophysical Behaviours, Nanostructured Aggregates and Dual-Stimuli Responsiveness. Chemistry-A European Journal, 2018,24:13322-13335.

[79] Ou G, Zhu M, She J, et al. Ionic Liquid Buffers: A New Class of Chemicals with Potential for Controlling pH in Non-Aqueous Media. Chemical Communications, 2006(44),4626-4628.

[80] Nockemann P, Thijs B, Parac-Vogt T, et al. Carboxyl-Functionalized Task-Specific Ionic Liquids for Solubilizing Metal Oxides. Inorganic Chemistry, 2008,47:9987-9999.

[81] Nockemann P, Thijs B, Hecke K, et al. Polynuclear Metal Complexes Obtained from the Task-Specific Ionic Liquid Betainium Bistriflimide. Crystal Growth & Design, 2008,8:1353-1363.

[82] Nockemann P, Thijs B, Lunstroot K, et al. Speciation of Rare-Earth Metal Complexes in Ionic Liquids: A Multiple-Technique Approach. Chemistry-A European Journal, 2009,15:1449-1461.

[83] Nockemann P, van Deun R, Thijs B, et al. Uranyl Complexes of Carboxyl-Functionalized Ionic Liquids. Inorganic Chemistry, 2010,49:3351-3360.

[84] Deng Y, Shi F, Beng J, et al. Ionic Liquid as a Green Catalytic Reaction Medium for Esterifications. Journal of Molecular Catalysis A: Chemical, 2001,165:33-36.

[85] Beyki M, Bayat M, Shemirani F. Fabrication of Core-Shell Structured Magnetic Nanocellulose Base Polymeric Ionic Liquid for Effective Biosorption of Congo Red Dye. Bioresource Technology, 2016,218:326-334.

[86] Li L, Duan H, Wang X, et al. Fabrication of Novel Magnetic Nanocomposite with a Number of Adsorption Sites for the Removal of Dye. International Journal of Biological Macromolecules, 2015,78:17-22.

[87] Zhou Q, Chen F, Wu W, et al. Reactive Orange 5 Removal from Aqueous Solution Using Hydroxyl Ammonium Ionic Liquids/Layered Double Hydroxides Intercalation Composites. Chemical Engineering Journal, 2016,285:198-206.

[88] Yan H, Gao M, Qiao J. New Ionic Liquid Modified Polymeric Microspheres for Solid-Phase Extraction of Four Sudan Dyes in Foodstuff Samples. Journal of Agricultural and Food Chemistry, 2012,60:6907-6912.

[89] Zhao Q, Soll S, Antonietti M, et al. Organic Acids Can Crosslink Poly(Ionic Liquid)S into Mesoporous Polyelectrolyte Complexes. Polymer Chemistry, 2013,4:2432.

[90] Zhao J, Han S, Yang Y, et al. Passive and Space-Discriminative Ionic Sensors Based on Durable Nanocomposite Electrodes toward Sign Language Recognition. ACS Nano, 2017,11:8590-8599.

[91] Ren M, Qiao J, Wang Y, et al. Strong and Robust Electrochemical Artificial Muscles by Ionic-Liquid-in-Nanofiber-Sheathed Carbon Nanotube Yarns. Small, 2021,17:2006181.

[92] Ming X, Zhang C, Cai J, et al. Highly Transparent, Stretchable, and Conducting Ionoelastomers Based on Poly(Ionic Liquid)S. ACS Applied Materials & Interfaces, 2021,13:31102-31110.

[93] Wang Z, Zhang J, Liu J, et al. 3D Printable, Highly Stretchable, Superior Stable Ionogels Based on Poly(Ionic Liquid) with Hyperbranched Polymers as Macro-Cross-Linkers for High-Performance Strain Sensors. ACS Applied Materials & Interfaces, 2021,13:5614-5624.

[94] Wang Z, Si Y, Zhao C, et al. Flexible and Washable Poly (Ionic Liquid) Nanofibrous Membrane with Moisture Proof Pressure Sensing for Real-Life Wearable Electronics. ACS Applied Materials & Interfaces, 2019,11:27200-27209.

[95] Ren Y, Liu Z, Jin G, et al. Electric-Field-Induced Gradient Ionogels for Highly Sensitive, Broad-Range-Response, and Freeze/Heat-Resistant Ionic Fingers. Advanced Materials, 2021,33:2008486.

[96] Dang C, Shao C, Liu H, et al. Cellulose Melt Processing Assisted by Small Biomass Molecule to Fabricate Recyclable Ionogels for Versatile Stretchable Triboelectric Nanogenerators. Nano Energy, 2021,90:106619.

[97] Weng D, Xu F, Li X, et al. Polymeric Complex-Based Transparent and Healable Ionogels with High Mechanical Strength and Ionic Conductivity as Reliable Strain Sensors. ACS Applied Materials & Interfaces, 2020,12:57477-57485.

[98] Shi P, Wang Y, Tjiu W, et al. Highly Stretchable, Fast Self-Healing, and Waterproof Fluorinated Copolymer Ionogels with Selectively Enriched Ionic Liquids for Human-Motion Detection. ACS Applied Materials & Interfaces, 2021,13:49358-49368.

[99] Guo P, Su A, Wei Y, et al. Healable, Highly Conductive, Flexible, and Nonflammable Supramolecular Ionogel Electrolytes for Lithium-Ion Batteries. ACS Applied Materials & Interfaces, 2019,11:19413-19420.

[100] Li T, Wang Y, Li S, et al. Mechanically Robust, Elastic, and Healable Ionogels for Highly Sensitive Ultra-Durable Ionic Skins. Advanced Materials, 2020,32:2002706.

[101] Xu L, Huang Z, Deng Z, et al. A Transparent, Highly Stretchable, Solvent-Resistant, Recyclable Multifunctional Ionogel with Underwater Self-Healing and Adhesion for Reliable Strain Sensors. Advanced Materials, 2021,33:2105306.

| 序号 | 离子液体简称 | 中文全称 | 结构式 |
|---|---|---|---|
| 1 | [CNvim][TFSI] | 1-氰基-3-乙烯基咪唑双(三氟甲磺酰基)亚胺盐 | 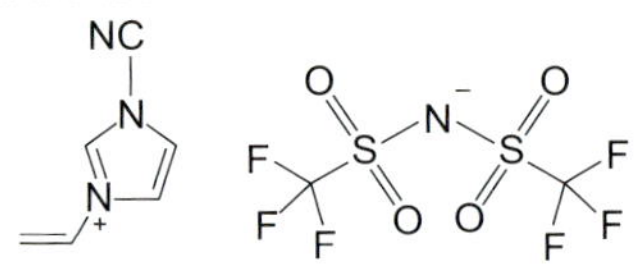 |
| 2 | [Ovim]Br | 1-辛基-3-乙烯基咪唑溴盐 | 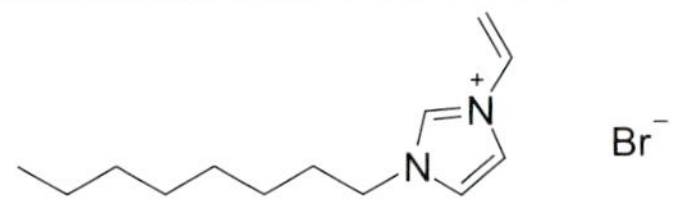 |
| 3 | $[C_6(vim)_2]Br_2$ | 1,1′-(己烷-1,6-二基)双(3-乙烯基咪唑)二溴盐 | 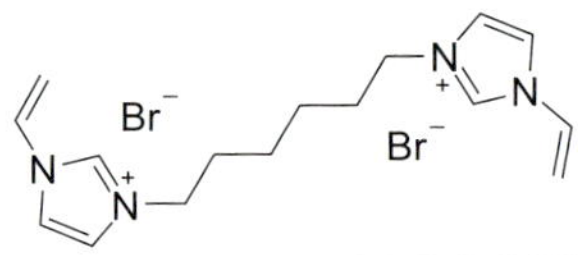 |
| 4 | [Amim]Cl | 1-烯丙基-3-甲基咪唑氯盐 | 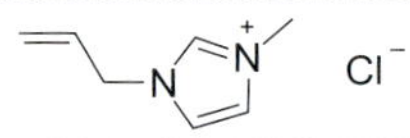 |
| 5 | $[Amim][PF_6]$ | 1-烯丙基-3-甲基咪唑六氟磷酸盐 | 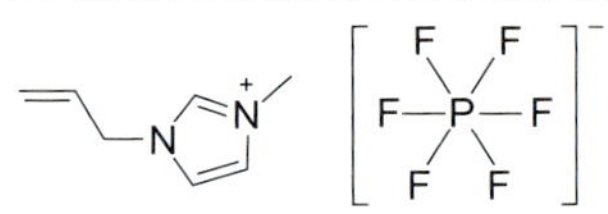 |
| 6 | [Mtma][TFSI] | [2-(甲基丙烯酰氧基)乙基]三甲基铵双(三氟甲磺酰基)亚胺盐 | 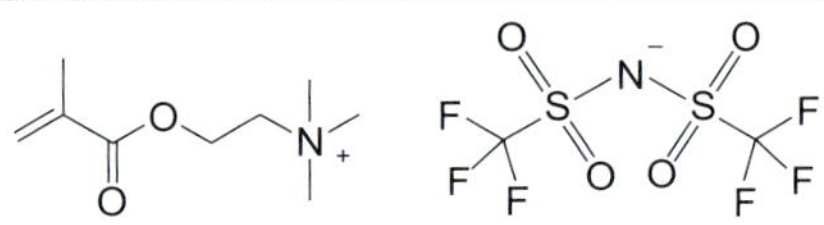 |
| 7 | [Veim][TFSI] | 1-乙烯基-3-乙基咪唑双(三氟甲磺酰基)亚胺盐 | 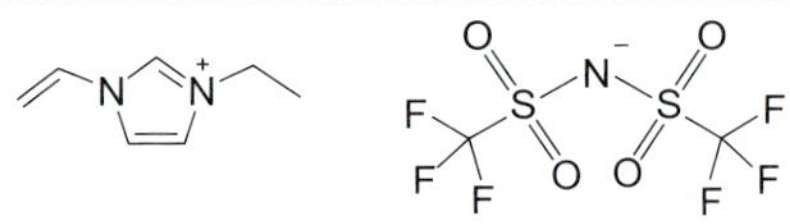 |
| 8 | $[Vbbim][BF_4]$ | 1-(4-乙烯基苄基)-3-丁基咪唑四氟硼酸盐 | 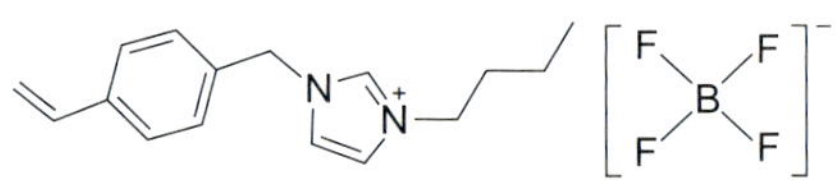 |
| 9 | DPPIT | 1-(3′-吡咯丙基)-3-癸基咪唑四氟硼酸盐 | 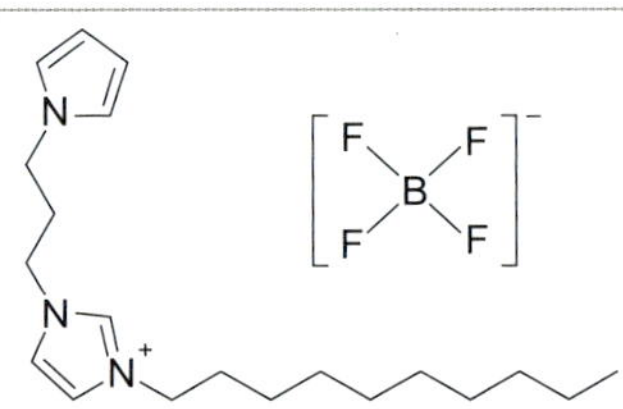 |
| 10 | PPBIB | 1-(3′-(吡咯丙基)-3-丁基咪唑溴盐 | 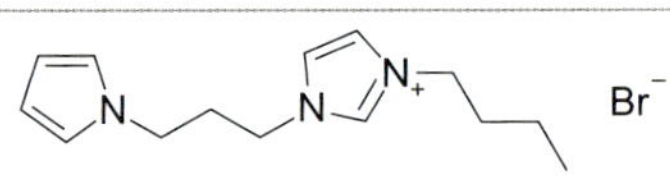 |
| 11 | HMPPPB | 1-甲基-1-(3′-吡咯丙基)-4-羟基哌啶溴盐 | 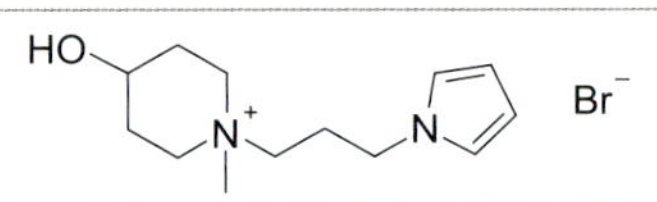 |

续表

| 序号 | 离子液体简称 | 中文全称 | 结构式 |
|---|---|---|---|
| 12 | [Ch]Cl | 氯化胆碱 | 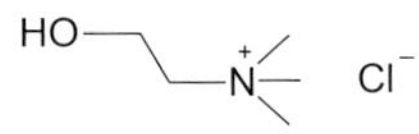 |
| 13 | MPC | 胆碱 2- 甲基丙烯酰氧基乙基磷酰内盐 | 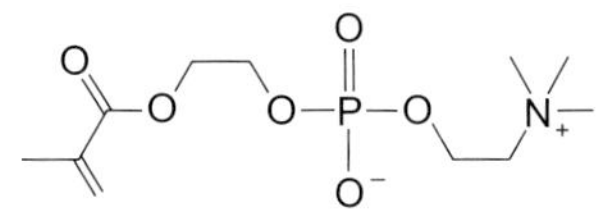 |
| 14 | DDA | 二烯丙基二甲基铵氯盐 | 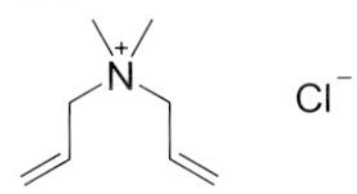 |
| 15 | $[(MB)_2im][PF_6]$ | *N*, *N*- 双 [2- 甲基丁基 ] 咪唑六氟磷酸盐 | 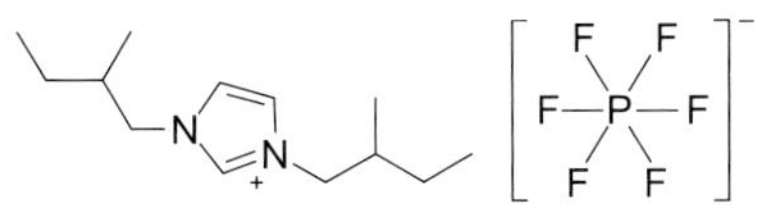 |
| 16 | $[Bvim]^+$ | 1- 丁基 -3- 乙烯基咪唑阳离子 | 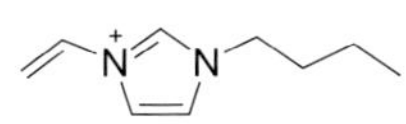 |
| 17 | [Baim]Cl | 1- 丁基 -3- 烯丙基咪唑氯盐 | 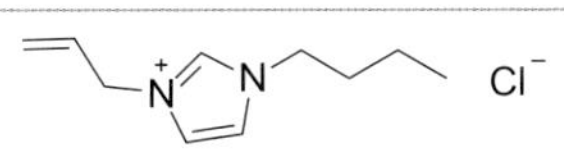 |
| 18 | $[C_{12}vim]Br$ | 1- 十二烷基 -3- 乙烯基咪唑溴盐 | 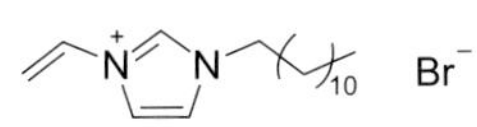 |
| 19 | [Avim]Cl | 1- 烯丙基 -3- 乙烯基咪唑氯盐 | 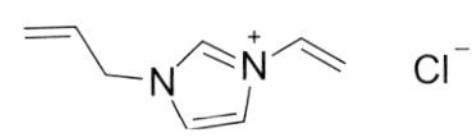 |
| 20 | $[Admim]^+$ | 1- 烯丙基 -2, 3- 二甲基咪唑阳离子 | 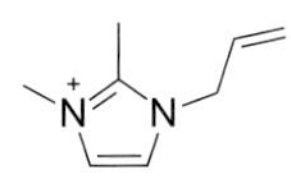 |
| 21 | $[BCNim]^+$ | 1,3- 双氰基咪唑阳离子 | 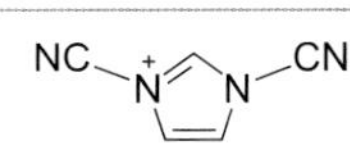 |
| 22 | $[ICTF]^+$ | 氰基双取代紫精阳离子 | 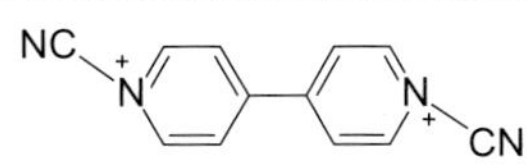 |
| 23 | $[TAG]^+$ | 三氨基胍阳离子 | 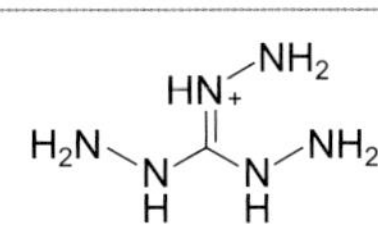 |
| 24 | $Viologen\text{-}Ph\text{-}NH_2$ | 1,1′- 双 (4- 氨基苯基 )-4,4′- 联吡啶二氯盐 | 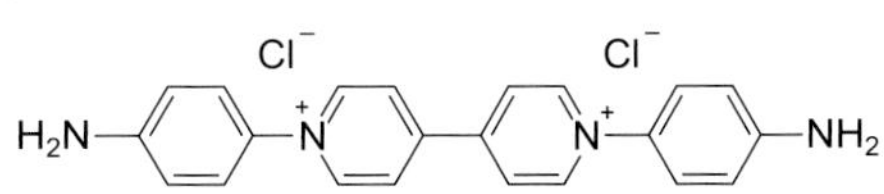 |

续表

| 序号 | 离子液体简称 | 中文全称 | 结构式 |
|---|---|---|---|
| 25 | EB | 溴化乙锭 | 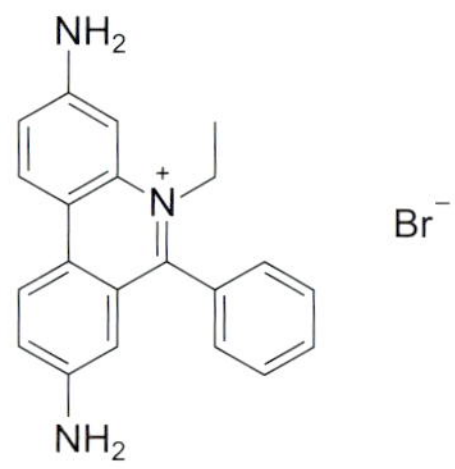 |
| 26 | Pa-$SO_3$R | 2,5- 二氨基苯磺酸盐 | 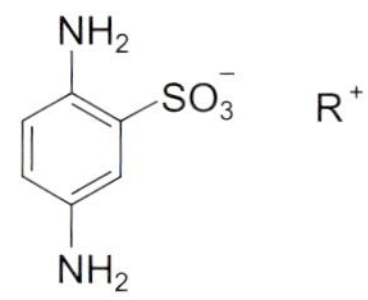 |
| 27 | [CDDB]$^+$ | 联吡啶双季铵阳离子 | 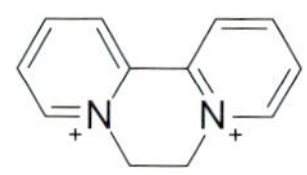 |
| 28 | [$P_{1,4,4,4}$][FSI] | 三异丁基甲基鏻双(氟磺酰基)亚胺盐 | 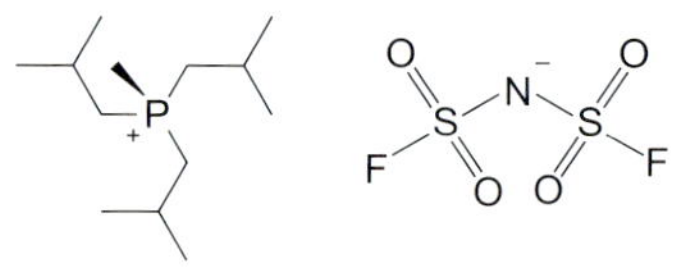 |
| 29 | [Dmpyr][FSI] | *N*,*N*- 二甲基吡咯烷双(氟磺酰基)亚胺盐 | 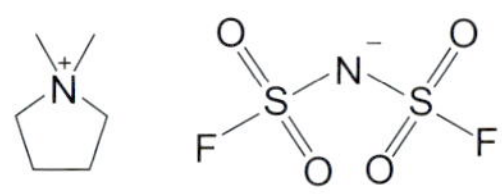 |
| 30 | P[Dadma][FSI] | 聚[二烯丙基二甲基铵]双(氟磺酰基)亚胺盐 | 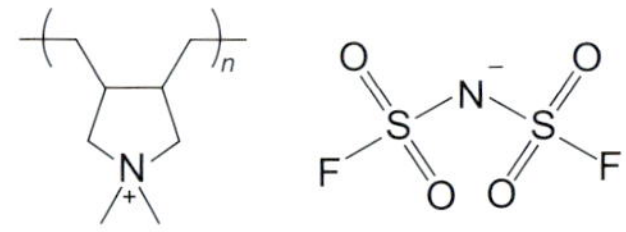 |
| 31 | P[Dadma][TFSI] | 聚[二烯丙基二甲基铵]双(三氟甲磺酰基)亚胺盐 | 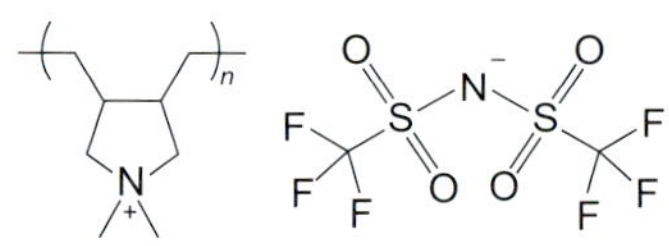 |
| 32 | [Bmim][TFSI] | 1- 丁基 -3- 甲基咪唑双(三氟甲磺酰基)亚胺盐 | 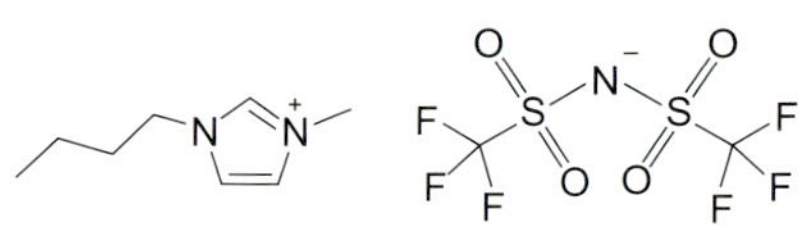 |

续表

| 序号 | 离子液体简称 | 中文全称 | 结构式 |
|---|---|---|---|
| 33 | [Eim][TfO] | 3- 乙基咪唑三氟甲磺酸盐 | 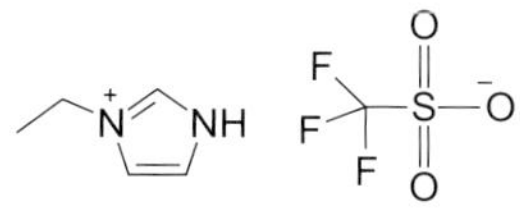 |
| 34 | $[Dhim]^+$ | 1,3- 二己基咪唑阳离子 | 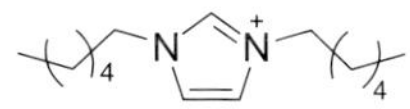 |
| 35 | $[Dhmim]^+$ | 1,3- 二己基 -2- 甲基咪唑阳离子 | 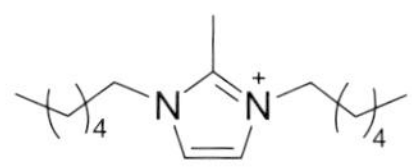 |
| 36 | $[Dhtmim]^+$ | 1,3- 二己基 -2,4,5- 三甲基咪唑阳离子 | 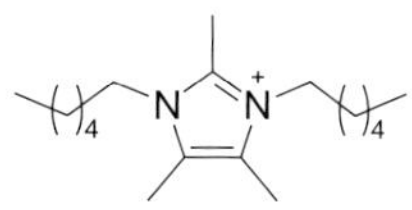 |
| 37 | $[Dhtpim]^+$ | 1,3- 二己基 -2,4,5- 三苯基咪唑阳离子 | 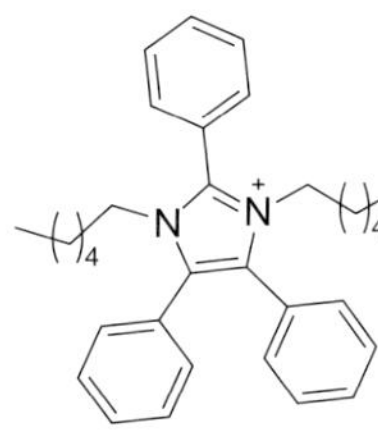 |
| 38 | $[Dhpdmim]^+$ | 1,3- 二己基 -2- 苯基 -4,5- 二甲基咪唑阳离子 | 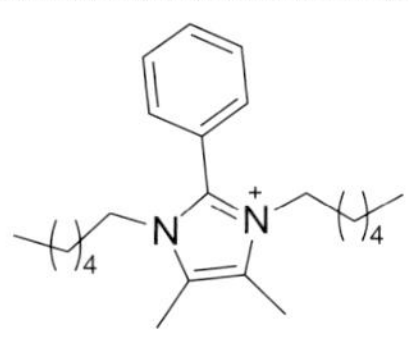 |
| 39 | [Bvim]Br | 1- 烯乙基 -3- 丁基咪唑溴盐 | 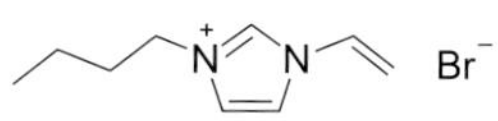 |
| 40 | $P[(EMA\text{-}mvim)]^+$ | 聚 ( 甲基丙烯酸乙酯 - 共 - 甲基乙烯基咪唑 ) 阳离子 | 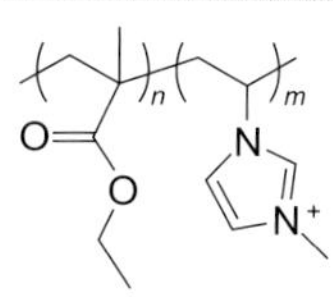 |
| 41 | $P[Vim]^+$ | 聚乙烯基咪唑阳离子 | 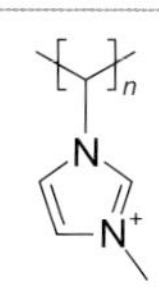 |
| 42 | $[(OH)C_2C_1im]Cl$ | 1- 羟乙基 -3- 甲基咪唑氯盐 | 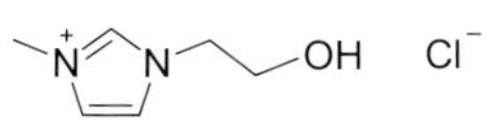 |

续表

| 序号 | 离子液体简称 | 中文全称 | 结构式 |
| --- | --- | --- | --- |
| 43 | $[P_{4,4,4,4}][SS]$ | 四丁基鏻苯乙烯磺酸盐 | 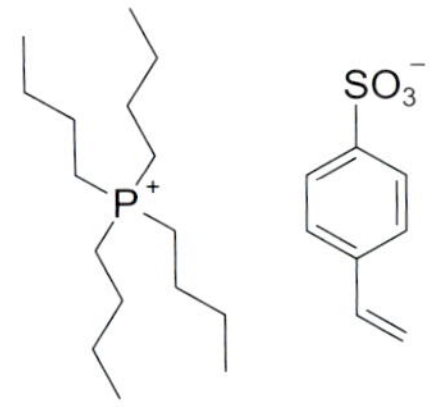 |
| 44 | $[C_n vim]Br$, $n = 6, 8, 12$ | 双乙烯基烷基咪唑溴盐 | 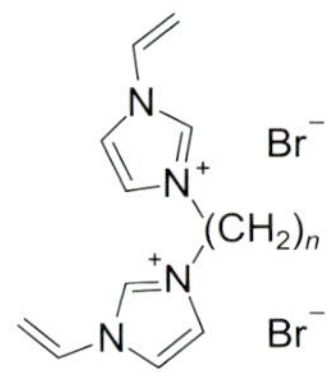 |
| 45 | $[C_3Clvim]Br$ | 1- 氯丙基 -3- 乙烯基咪唑溴盐 | 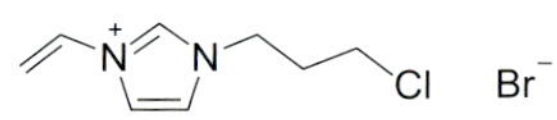 |
| 46 | $[Bmim]^+$ | 1- 丁基 -3- 甲基咪唑阳离子 | 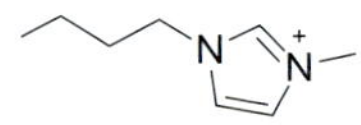 |
| 47 | $[(C_2OH)_2C_6S]^+$ | 双羟乙基己基锍阳离子 | 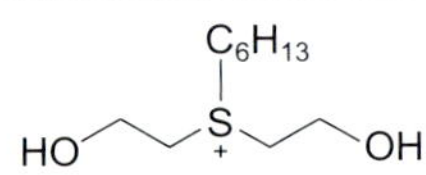 |
| 48 | $[P_{6,6,6,14}]^+$ | 三己基十四烷基鏻阳离子 | 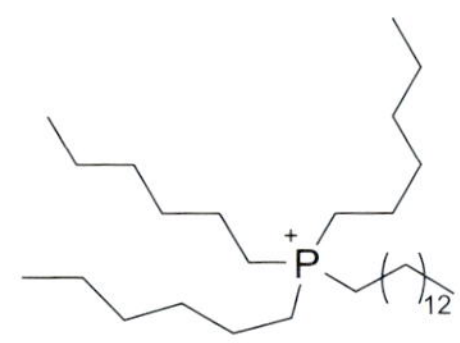 |
| 49 | $[TFSI]^-$ | 双(三氟甲磺酰基)亚胺阴离子 | 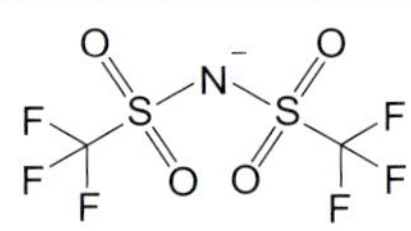 |
| 50 | $[Bmim]Br$ | 1- 丁基 -3- 甲基咪唑溴盐 | 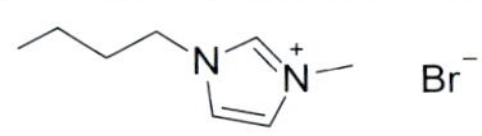 |
| 51 | $[Mim]^+$ | 1- 甲基咪唑阳离子 | 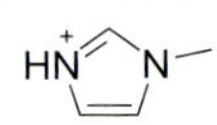 |
| 52 | $[Bmim][PF_6]$ | 1- 丁基 -3- 甲基咪唑六氟磷酸盐 | 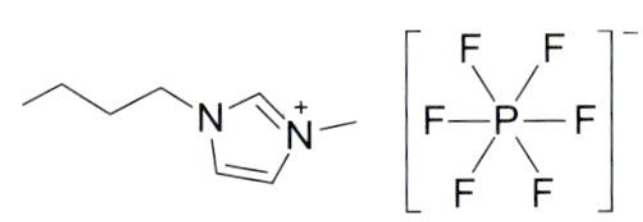 |

续表

| 序号 | 离子液体简称 | 中文全称 | 结构式 |
| --- | --- | --- | --- |
| 53 | [Emim][TFSI] | 1- 乙基 -3- 甲基咪唑双 ( 三氟甲磺酰基 ) 亚胺盐 | 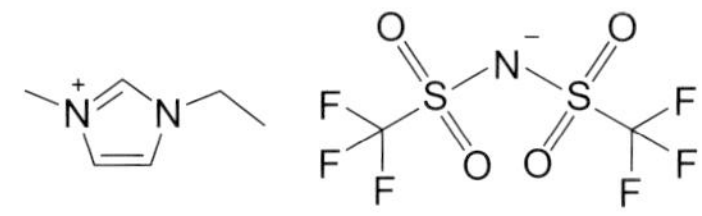 |
| 54 | $[EIC_6A][TFSI]$ | 1-[6-( 丙烯酰氧基 ) 己基 ]-3-乙基咪唑双 ( 三氟甲磺酰基 ) 亚胺盐 | 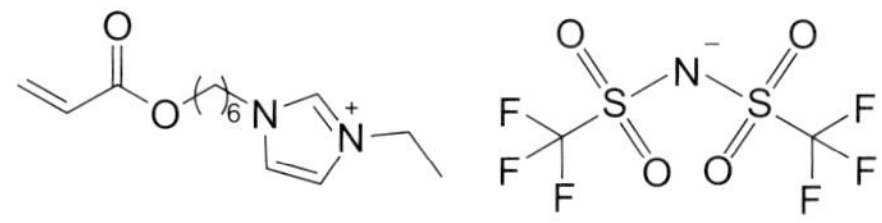 |
| 55 | $[Bmim][BF_4]$ | 1- 丁基 -3- 甲基咪唑四氟硼酸盐 | 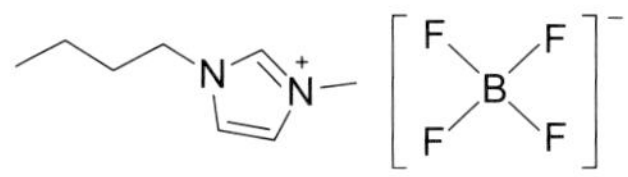 |
| 56 | $[Bvim][BF_4]$ | 3- 乙烯基 -1- 丁基咪唑四氟硼酸盐 | 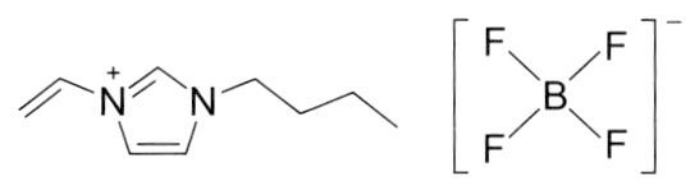 |
| 57 | [Bvim][TFSI] | 1- 乙烯基 -3- 丁基咪唑双 ( 三氟甲磺酰基 ) 亚胺盐 | 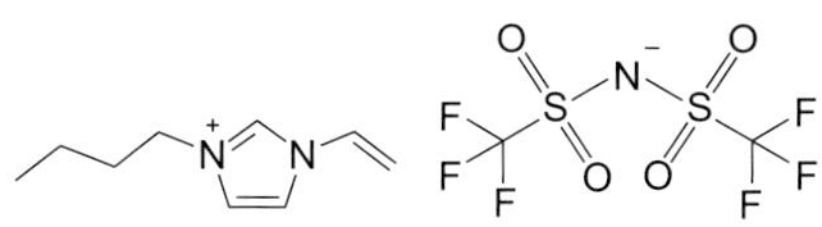 |
| 58 | [Emim][DCA] | 1- 乙基 -3- 甲基咪唑双氰胺盐 | 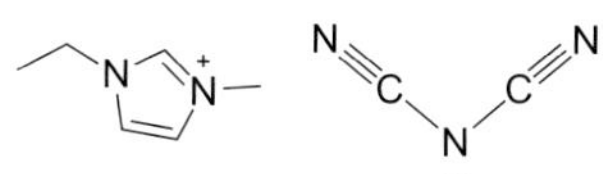 |
| 59 | $[QAPPT]^+$ | 聚 ( 对三联苯 - 共 -*N*,*N*′- 二甲基哌啶 ) 阳离子 | 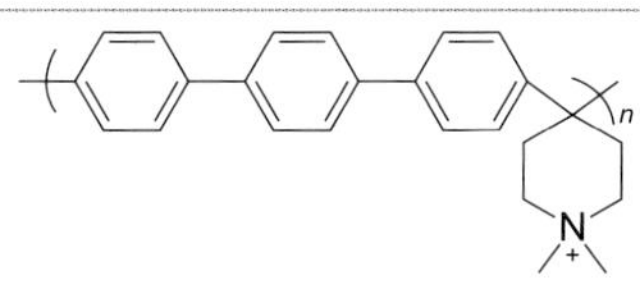 |
| 60 | [Rmim]OH | 氢氧化 1- 烷基 -3- 甲基咪唑 | 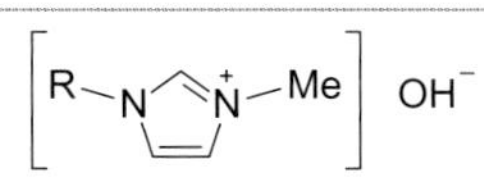 |

## C



## D



## E



## F



## G



## H



## J



## K



## L



## M



## N



## Q